有限群理论基础
及其在物理与化学中的应用

Essentials of Finite Group Theory and Their Applications for Physics and Chemistry

张乾二　曹泽星　吴　玮　林梦海　编著

科学出版社
北　京

内 容 简 介

本书根据张乾二院士长期为厦门大学化学系研究生开设的群论课程讲义整理而成。本书主要介绍有限群的基础知识，特别是群的表示理论、分子对称群、置换群的不可约表示等，还介绍群论在分子轨道理论、晶体结构、分子光谱及基本粒子中的应用。各章均附有习题供读者参考使用。

本书适合高等院校化学、物理及材料物理化学专业研究生及高年级本科生阅读参考，并可作为上述专业研究生教材。

图书在版编目(CIP)数据

有限群理论基础及其在物理与化学中的应用/张乾二等编著. —北京: 科学出版社, 2018. 5

ISBN 978-7-03-057173-1

Ⅰ. ①有… Ⅱ. ①张… Ⅲ. ①有限群-应用-物理学-研究②有限群-应用-化学-研究 Ⅳ. ①O152.1②O4③O6

中国版本图书馆 CIP 数据核字 (2018) 第 077068 号

责任编辑: 牛宇锋 / 责任校对: 何艳萍
责任印制: 吴兆东 / 封面设计: 陈 敬

科学出版社 出版
北京东黄城根北街 16 号
邮政编码: 100717
http://www.sciencep.com

北京中石油彩色印刷有限责任公司 印刷
科学出版社发行 各地新华书店经销
*
2018 年 5 月第 一 版 开本: 720 × 1000 B5
2022 年 7 月第五次印刷 印张: 14 1/2
字数: 278 000

定价: 108.00 元

(如有印装质量问题, 我社负责调换)

前 言

《有限群理论基础及其在物理与化学中的应用》一书是根据张乾二教授为厦门大学化学系理论化学方向研究生开设的群论课程讲义整理而成的。

早在20世纪80年代，张乾二教授为量子化学方向研究生制订培养计划时，就确定学生除了学习量子化学基本原理外，还要学习群论和角动量理论等专业课程。他制订教学大纲、编写教案，并率先为研究生开设这两门专业课。当时他担任厦门大学化学系系主任，后又兼任中国科学院福建物质结构研究所所长，多年往返厦门、福州、北京三地，只好把角动量理论课程交给助手承担，自己还坚持承担群论课程的讲授工作。

在群论课程讲授过程中，张乾二教授借鉴了几乎所有的群论经典名著，并根据国内学生的特点，编写出自己的讲义。讲义首先从抽象群介绍群的基础知识，然后重点阐述群的表示理论、对称点群的不可约表示、置换群的不可约表示。课程后半部分，张乾二教授结合自己的科研工作，介绍群论在分子轨道理论、价键理论、分子光谱、晶体结构等方面的应用。课程内容独具特色，在全国化学系研究生教学中独树一帜。

张乾二教授一直希望将群论讲义整理成书，但他除了承担教学和科研工作外，还承担着大量的行政工作，导致此事一拖再拖，未能如愿。后来他两次意外受重伤，加上年近九旬，已经无法承担这样的工作。现在由他的学生将讲义整理成书。其中，曹泽星承担第1、3、7章的编写，吴玮承担第4章的编写，林梦海承担第2、5、6章的编写，林梦海负责全书的统稿工作。

虽然执笔者努力编写，但由于能力有限，无法完全再现张乾二教授授课的精彩内容，实属遗憾。书中难免有不足之处，敬请读者批评指正。

编写组

2017年12月

目　　录

第1章 群论基础

对称是自然界与人类社会常见的一种现象。新春五瓣红梅开满枝头、六瓣水仙发出阵阵幽香，使人觉得生活美好；北京紫禁城的建筑沿着中轴线排列，显得庄重雄伟，天坛的回音壁圆形建筑产生奇妙的回音效果。这都是对称的魅力。

对称性包括两个方面，一是变换，二是不变性。例如，北京天安门城楼，中间存在一个对称面，经过反映变换，城楼建筑还是保持不变。又如祈年殿中心一个对称轴，转动任意角度，圆形建筑图形保持不变。物理现象的许多规律或守恒定律常常和一些对称性质相关，如从体系的转动对称性可以推导出角动量守恒定律。

数学中有一门学科——群论，是专门研究对称性问题的，也是一门庞大的学科。研究对象可大至时间空间的对称性，小至原子分子的结构。涉及学科从经典物理到量子物理，从基本粒子的发现到原子中电子运动及各种分子的转动、振动。群论能简化分子轨道和相关物理量矩阵元的计算，讨论络合物的能级分裂，确定化学反应的始态与终态的关联，得到光谱的选择定则。特别是近几十年，群论在亚核物理学的发展中发挥了巨大的作用，也建立了 SU_n 群，预测了重子、轻子、胶子等的发现。

群包括有限群和无限群。常见的群有分子对称点群、置换群、晶体的空间群。此外，还有旋转群、李群。本书主要介绍有限群的基本原理、点群不可约表示及其在物理与化学的应用。

本章我们先介绍群的基本概念，包括群的定义、陪集、子群和同构、同态的概念。从抽象群出发，介绍一般群的结构和乘法表。对有限群来说，群的全部性质体现在群的乘法表中。

1.1 基本概念

1.1.1 群的定义

设 G 是一些元素的集合，$G=\{e,\ a,\ b,\ c,\cdots\}=\{g\}$，在 G 中定义了一种代数运算，称为乘法，记作 “$\cdot$”。如果 G 对这种运算满足下面四个条件：

(1) 完备集合。$a\cdot b\in c$(一般 $a\cdot b\neq b\cdot a$)。

(2) 满足乘法结合律。$a\cdot b\cdot c=(a\cdot b)\cdot c=a\cdot(b\cdot c)$。

(3) 存在唯一的单位元。群中任意的一个元素 a，有 $e\cdot a=a\cdot e=a$。

(4) 群中每个元素具有逆元素。对任意 $a \in G$，都可以找到一个元素 $a^{-1} \in G$，使

$$a \cdot a^{-1} = a^{-1} \cdot a = e,$$

则称 G 为一个群。群元素的个数称为群的阶，记为 g。g 为有限数，称为有限群；g 为无限，称为无限群。无限群分为离散的无限群和连续的无限群。为了简便起见，我们常用 ab 表示 a 与 b 的乘积。如果群 G 中任意两个元素的乘积满足交换律，即 $ab = ba$，那么称 G 为交换群或阿贝尔群。

由群的定义，可以得到群的几个基本性质。

(1) 逆元素是唯一的。假设存在另一个逆元素 a'，按定义，有

$$a' = a'\left(aa^{-1}\right) = (a'a)a^{-1} = a^{-1}.$$

则 a'、a^{-1} 必为同一个群元素。

(2) 逆元素的逆就是群元素本身。因为

$$\left(a^{-1}\right)^{-1} = \left(a^{-1}\right)^{-1}\left(a^{-1}a\right) = \left[\left(a^{-1}\right)^{-1}\left(a^{-1}\right)\right]a = a.$$

(3) 两元素乘积的逆为交换顺序后逆的乘积

$$(ab)^{-1} = b^{-1}a^{-1}. \tag{1-1-1}$$

同样可以证明：

$$(ab\cdots hk)^{-1} = k^{-1}h^{-1}\cdots b^{-1}a^{-1}. \tag{1-1-2}$$

因为

$$(ab\cdots hk)^{-1}(ab\cdots hk) = k^{-1}h^{-1}\cdots b^{-1}a^{-1}(ab\cdots hk),$$
$$e = \left(k^{-1}h^{-1}\cdots b^{-1}\right)\left(a^{-1}a\right)(b\cdots hk) = \left(k^{-1}h^{-1}\cdots\right)\left(b^{-1}b\right)(\cdots hk) = \cdots = e.$$

1.1.2 同构关系

群中定义的"乘法"是广义的，可以是不同的代数运算，也可以是对称点群中的连续对称操作。例如，对于 C_n 旋转轴 (n=1，2，3，$\cdots$，N)，C_n^1 定义绕 z 轴旋转 $2\pi/n$ 角度；σ 为对称面，对应的操作是将物体从平面的一边反映到另一边，对称面分为水平对称面 σ_{h}、垂直对称面 σ_{v}、平分相邻 C_2 轴夹角的对称面 σ_{d}；还有反演操作对应的对称中心 i，将每个向量变换到反方向。C_2 和 σ_{h} 的"乘积"为其连续的对称操作，即 $C_2 \cdot \sigma_{\mathrm{h}} = i$。

群的例子　对称操作的集合 $\{e, \sigma\}$、$\{e, i\}$、$\{e, C_2\}$ 分别构成 2 阶群，集合 $\{1, i, -1, -i\}$ 对数乘运算构成一个 4 阶群。类似地，对称操作集合 $\left\{e, C_4, C_4^2, C_4^3\right\}$

也构成一个 4 阶群。如表 1-1 和表 1-2 所示，这些不同形式的 2 阶、4 阶群可以分别由抽象群 $\{e, a|a^2=e\}$ 和 $\{e, a, a^2, a^3|a^4=e\}$ 表示。

表 1-1　2 阶群

e	a	$a^2=e$
e	σ	$a=\sigma$
e	i	$a=i$
e	C_2	$a=C_2$

表 1-2　4 阶群

e	a	a^2	a^3	$a^4=e$
1	i	-1	$-i$	$a=i$
e	C_4	C_4^2	C_4^3	$a=C_4$

对于更高阶的群，群的具体形式会进一步增加。例如，6 阶群常见的例子有：

(1) $C_{3\text{v}}$ 点群。三角锥形的分子 NH_3、PCl_3、CH_3Cl、$SPCl_3$ 等均属于 $C_{3\text{v}}$ 点群的对称性 (图 1-1)。如果约定转动为逆时针方向，有

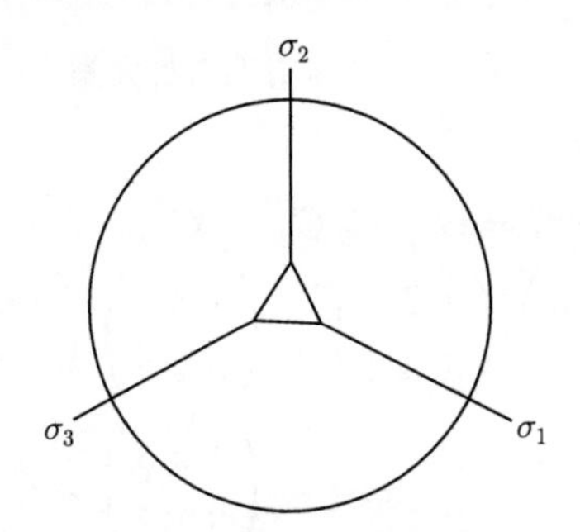

图 1-1　$C_{3\text{v}}$ 点群的对称性

$$
\begin{aligned}
C_{3\text{v}}:&\left\{e, C_3, C_3^2, \sigma_1, \sigma_2, \sigma_3\right\},\\
&\sigma_1\sigma_2=C_3, \quad \sigma_2\sigma_1=C_3^2,\\
&C_3\sigma_1=\sigma_3, \quad \sigma_1 C_3=\sigma_2,\\
&\sigma_1^{-1}=\sigma_1, \quad (C_3)^{-1}=C_3^2.
\end{aligned}
$$

(2) D_3 点群。如果分子除了一个 C_3 对称主轴外，还有三个垂直于该轴的二次轴 C_2，该类分子结构则具有 D_3 点群对称性，如卤代乙烷分子 C_2Cl_6 既不交叉也不重叠的构象属于 D_3 点群。D_3 点群元素集合为 $\left\{e, C_3, C_3^2, C_2', C_2'', C_2'''\right\}$。

(3) S_3 置换群。三个数字的所有置换构成一个 6 阶群 (图 1-2)。

以上三个 6 阶群的群元素及其对应的乘法运算具有如下的对应关系：

$$
\begin{array}{lcccccc}
S_3 & \begin{pmatrix} 1\,2\,3 \\ 1\,2\,3 \end{pmatrix} & \begin{pmatrix} 1\,2\,3 \\ 2\,3\,1 \end{pmatrix} & \begin{pmatrix} 1\,2\,3 \\ 3\,1\,2 \end{pmatrix} & \begin{pmatrix} 1\,2\,3 \\ 1\,3\,2 \end{pmatrix} & \begin{pmatrix} 1\,2\,3 \\ 2\,1\,3 \end{pmatrix} & \begin{pmatrix} 1\,2\,3 \\ 3\,2\,1 \end{pmatrix}, \\
D_3 & E & C_3 & C_3^2 & C_2^{'} & C_2^{''} & C_2^{'''}, \\
C_{3\mathrm{v}} & E & C_3 & C_3^2 & \sigma_1 & \sigma_2 & \sigma_1.
\end{array}
$$

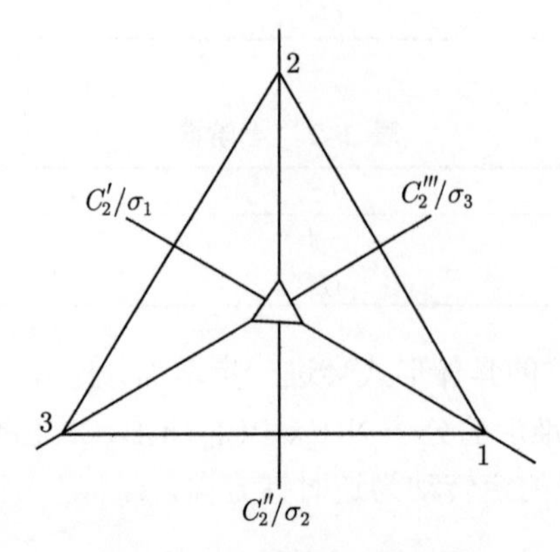

图 1-2　6 阶群的对称元素

$$
\sigma_2\sigma_1 = C_3^2,\ C_2^{''}C_2^{'''} = C_3^2,
$$

$$
\begin{pmatrix} 1\,2\,3 \\ 3\,2\,1 \end{pmatrix}\begin{pmatrix} 1\,2\,3 \\ 1\,3\,2 \end{pmatrix} = \begin{pmatrix} 1\,3\,2 \\ 3\,1\,2 \end{pmatrix}\begin{pmatrix} 1\,2\,3 \\ 1\,3\,2 \end{pmatrix} = \begin{pmatrix} 1\,2\,3 \\ 3\,1\,2 \end{pmatrix} = C_3^2.
$$

根据这些 6 阶群及前面 4 阶群、2 阶群的对应关系，如果对 n 阶群 G 和群 F 有一一对应的关系 (图 1-3)：

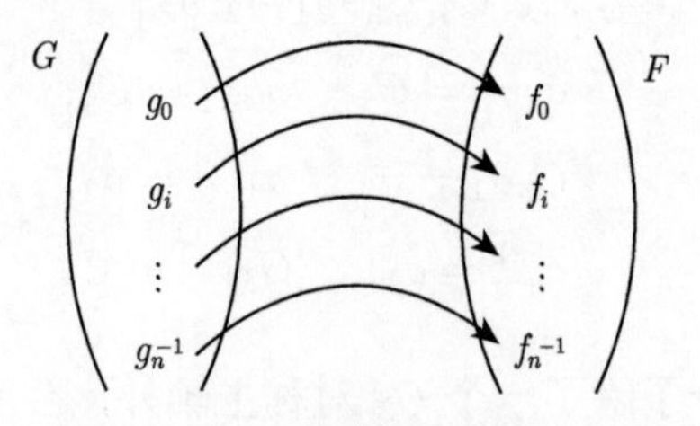

图 1-3　群 G 和群 F 的对应关系

$$
g_i \leftrightarrow f_i,\ g_j \leftrightarrow f_j
$$

$$
g_ig_j \leftrightarrow f_if_j, \cdots
$$

称群 G 和群 F 同构。

表 1-3 给出 6 阶同构群及其抽象群的形式。显然，同构群具有相同的性质，对 6 阶抽象群的研究便可以获得其他不同形式 6 阶群的性质。

表 1-3 6 阶群

	e	a	a^2	b	ab	a^2b	
$C_{3\text{v}}$	e	C_3	C_3^2	σ_1	σ_2	σ_3	$a^3=e, b^2=e$
D_3	e	C_3	C_3^2	C_2'	C_2''	C_2'''	$ab=ba^2$
S_3	$\begin{pmatrix}1\,2\,3\\1\,2\,3\end{pmatrix}$	$\begin{pmatrix}1\,2\,3\\2\,3\,1\end{pmatrix}$	$\begin{pmatrix}1\,2\,3\\3\,1\,2\end{pmatrix}$	$\begin{pmatrix}1\,2\,3\\1\,3\,2\end{pmatrix}$	$\begin{pmatrix}1\,2\,3\\3\,2\,1\end{pmatrix}$	$\begin{pmatrix}1\,2\,3\\2\,1\,3\end{pmatrix}$	

1.1.3 子群

定义 如果群 G 的一个子集 H 的运算构成一个群，则称 H 是 G 的一个子群，记为 $H\subset G$。任意一个群 G，其单位元 $\{e\}$ 和 G 本身 $\{g\}$ 都是 G 的子群，这两种子群称为平凡子群，其余的子群称为真子群，即

$$G=\{g_0,g_1,\cdots,g_{n-1}\},\ g=n.$$

子集 $H=\{h_0,h_1,\cdots,h_{k-1}\}$，$h=k$，$H\subset G$，且 $\{h\}$ 子集元素满足 G 的结合律等群的条件。

子群例子 对于 6 阶群 $C_{3\text{v}}$：$\{E,\ C_3,\ C_3^2,\ \sigma_1,\ \sigma_2,\ \sigma_3\}$，其子集合 $\{E,\ C_3,\ C_3^2\}$ 构成一个 3 阶真子群，子集合 $\{E,\sigma_i\}$ 构成一个 2 阶真子群。

判别方法 容易证明，群 G 的一个非空子集 H 是群 G 的子群，需要满足下面一些条件。

(1) 判别方法 1。

充分必要条件：

① 如果 a，$b\in H$，则 $ab\in H$；

② 如果 $a\in H$，则 $a^{-1}\in H$。

证明 上述条件显然是必要的。为证明充分条件，只需证明单位元素 $e\in H$ 就行了。取 $a\in H$，由条件②有 $a^{-1}\in H$，由条件①有 $aa^{-1}=e\in H$。

(2) 判别方法 2。

充分必要条件：如果 a，$b\in H$，则 $ab^{-1}\in H$。

证明 条件的必要性是显然的，现在证明条件的充分性。取 $a\in H$，则 $aa^{-1}=e\in H$。由此又有 $ea^{-1}=a^{-1}\in H$，亦即 $b^{-1}\in H$，$a(b^{-1})^{-1}=ab\in H$，故 H 是 G 的子群。

1.1.4 循环子群

如果群 G 中有

$$\begin{cases} a^l = a^m,\ a^{l-m} = e,\ l - m = k, \\ a^k = e. \end{cases}$$

把元素 a 所有幂组合起来，构成一个循环子群，即

$$\{e, a, a^2, \cdots, a^{k-1} | a^k = e\}, \quad k\text{阶循环子群}.$$

k 称为 a 的阶，a 称为循环子群的生成元。

循环子群例子 对于 6 阶群 D_3：$\{E,\ C_3,\ C_3^2,\ C_2^{'},\ C_2^{''},\ C_2^{'''}\}$，其子集合 $\{E,\ C_3,\ C_3^2\}$ 构成一个 3 阶循环子群，子集合 $\{E,\ C_2\}$ 构成一个 2 阶循环子群。每一个 n 阶群一定存在一个 n 阶循环子群。

1.2 抽象群的结构

1.2.1 群的乘法表

群的概念和性质可以方便地呈现在群的乘法表的形式中。表 1-4 为 n 阶群 $G = \{g\}$ 的乘法表。由于群的乘法一般不满足交换律，习惯上，表中乘积的次序为列元素 × 行元素。

表 1-4 n 阶群 G 的乘法表

G	g_0	g_1	$\cdots$	g_i	$\cdots$	g_{n-1}
g_0	g_0	g_1	$\cdots$	g_i	$\cdots$	g_{n-1}
g_1	g_1g_0	g_1g_1	$\cdots$	g_1g_i	$\cdots$	g_1g_{n-1}
$\vdots$	$\vdots$	$\vdots$		$\vdots$		$\vdots$
g_j	g_jg_0	g_jg_1	$\cdots$	g_jg_i	$\cdots$	g_jg_{n-1}
$\vdots$	$\vdots$	$\vdots$		$\vdots$		$\vdots$
g_{n-1}	$g_{n-1}g_0$	$g_{n-1}g_1$	$\cdots$	$g_{n-1}g_i$	$\cdots$	$g_{n-1}g_{n-1}$

重排定理 乘法表中任意一行或任意一列元素不存在相同元素，只是所有群元素的重新排列。

证明 假设在 k 行中存在两个相同的元素，即

$$g_kg_i = g_kg_j,$$
$$g_k^{-1}(g_kg_i) = g_k^{-1}(g_kg_j),$$
$$eg_i = eg_j \Rightarrow g_i = g_j.$$

所以

$$g_i\{g_0, g_1, \cdots, g_{n-1}\} = \{g_0, g_1, \cdots, g_{n-1}\}g_i = G.$$

1.2.2 拉格朗日定理

为了讨论群的陪集，先介绍拉格朗日定理：有限群子群的阶等于有限群阶的整数因子，即

如果

$$G = \{g_0, g_1, \cdots, g_{n-1}\}, \quad g = n.$$
$$H \subset G, H = \{h_0, h_1, \cdots, h_{k-1}\}, \quad h = k.$$

有

$$g = n = mk, \quad m\text{为整数}. \tag{1-2-1}$$

例子

3 阶群 g=3=3×1，子群的阶 h =1 或 3，只有平凡子群。类似地：

4 阶群 g=4=2×2，真子群的阶为 2。

5 阶群 g=5=5×1，无真子群。

6 阶群 g=6=2×3，真子群的阶为 2 或 3。

1.2.3 群的陪集分解

设 H 是群 G 的子群，$H = \{e, h_1, h_2, \cdots, h_{k-1}\}$，$g_i \notin H, g_i \in G$，$g_i$ 左乘、右乘子群 H 中的一切元素所得的集合

$$g_iH = \{g_ih_\mathrm{a}\,|h_\mathrm{a} \in H|\},$$
$$Hg_i = \{h_\mathrm{a}g_i\,|h_\mathrm{a} \in H|\},$$

分别称为左陪集、右陪集。

陪集定理 所有的左陪集 (或右陪集) 中没有完全相同的元素 (要么两个陪集的元素完全相同)，即 $aH = bH$ 或 $aH \cap bH = \varnothing$。

证明 假设陪集 aH 和 bH 含有公共元素 c，有

$$c \in aH,\ c \in bH,$$
$$c = ah_i,\ c = bh_j,$$
$$cH = ah_iH = bh_jH \Rightarrow aH = bH.$$

即只要存在公共元素，两个陪集就完全相等。

因此有限群 G 可对子群 H 的陪集分解为

$$\begin{aligned} G &= \{g_iH\,|i = 0,\ 1, \cdots, m-1|\} \\ &= \{Hg_i\,|i = 0,\ 1, \cdots, m-1|\}, \end{aligned}$$

或表示成互不相交陪集的并：

$$\begin{aligned} G =& g_0H \cup g_1H \cup g_2H \cup \cdots \cup g_{m-1}H \\ =& Hg_0 \cup Hg_1 \cup Hg_2 \cup \cdots \cup Hg_{m-1}. \end{aligned} \tag{1-2-2}$$

例子 设群 G 为 $C_{3\mathrm{v}}$ 群，子群 H 为 C_3 群，即

$$\begin{aligned} C_{3\mathrm{v}}&: \left\{e, C_3, C_3^2, \sigma_1, \sigma_2, \sigma_3\right\}, \\ H &= \left\{e, C_3, C_3^2\right\}, \\ \sigma H &= \{\sigma_1, \sigma_2, \sigma_3\}, \\ C_{3\mathrm{v}} &= H \cup \sigma H. \end{aligned}$$

由群 G 对子群陪集分解式 (1-2-2)，可以导出子群的阶一定是群的整数因子，即拉格朗日定理。

1.2.4 抽象群结构

现在我们系统地研究低阶抽象群的可能结构。对于 1 阶群、2 阶群、3 阶群，只有循环群结构，即

$$\begin{aligned} &g_1 = 1,\ G_1 = \{e\}, \\ &g_2 = 2,\ G_2 = \{e, a\,|a^2 = e\}, \\ &g_3 = 3,\ G_3 = \{e, a, a^2\,|a^3 = e\}. \end{aligned}$$

其中，3 阶抽象群的循环群结构具有许多不同的表现形式：

$$C_3: \left\{E, C_3, C_3^2\right\},\ \left\{1, \mathrm{e}^{2\pi\mathrm{i}/3}, \mathrm{e}^{4\pi\mathrm{i}/3}\right\},\ \left\{\begin{pmatrix} 1 & 0 \\ 0 & 1 \end{pmatrix}, \begin{pmatrix} -\dfrac{1}{2} & -\dfrac{\sqrt{3}}{2} \\ \dfrac{\sqrt{3}}{2} & -\dfrac{1}{2} \end{pmatrix}, \begin{pmatrix} -\dfrac{1}{2} & \dfrac{\sqrt{3}}{2} \\ -\dfrac{\sqrt{3}}{2} & -\dfrac{1}{2} \end{pmatrix}\right\}.$$

4 阶群 对于 4 阶抽象群，$g=4=1\times4=2\times2$，根据拉格朗日定理，除了 4 阶循环群结构外，还有含 2 阶真子群的抽象群结构，即

(1) 循环群：$G = \left\{e, a, a^2, a^3|a^4 = e\right\}$。常见的 4 阶循环群形式有

$$\left\{e, C_4, C_4^2, C_4^3\right\},\ \left\{e, S_4, S_4^2, S_4^3\right\},\ \{1, i, -1, -i\}, \cdots, (S_4 = C_4\sigma_{\mathrm{h}} = \sigma_{\mathrm{h}}C_4).$$

(2) V 群：$G = \{e, a, b, c\}$，$a^2 = b^2 = c^2 = e$，$ab = ba = c$，$ac = ca = b$，$bc = cb = a$。

这里令 2 阶真子群为 $H = \{e, a|a^2 = e\}$，G 按 H 的陪集分解有

$$G = H \cup bH = \{e, a, b, ba\}$$

$$= H \cup bH = \{e, a, b, ab\}.$$

显然，$ba = ab = c$，a、b、c 均为 2 阶元素。这一 V 群结构为阿贝尔群，表 1-5 给出其对应的乘法表。

表 1-5　V 群乘法表

	e	a	b	c
e	e	a	b	c
a	a	e	c	b
b	b	c	e	a
c	c	b	a	e

$$a^2 = b^2 = c^2 = e, \quad ab = ba = c, \quad bc = cd = a, \quad ac = cb = b.$$

V 群的例子有 $C_{2\mathrm{v}}:\left\{e, C_2, \sigma_{\mathrm{v}}^{'}, \sigma_{\mathrm{v}}^{''}\right\}$ 和 $D_2:\left\{e, C_2, C_2^{'}, C_2^{''}\right\}$ 点群。

5 阶群　5 阶抽象群，$g=5=1\times 5$，只有循环群结构，$G=\{e, a, a^2, a^3, a^4|a^5=e\}$。

6 阶群　6 阶抽象群，$g = 6 = 1 \times 6 = 2 \times 3$，因此除了循环群结构外，还存在含 3 阶、2 阶真子群的结构。

下面以 6 阶群为例，确定其可能的抽象群结构。

(1) 循环群：$G = \left\{e, a, a^2, a^3, a^4, a^5|a^6 = e\right\}$。常见的 6 阶循环群形式有 C_6 和 $C_{3\mathrm{h}}$ 点群。

(2) 非循环群结构。假设 3 阶子群 $H = \left\{e, a, a^2|a^3 = e\right\}$，任意选择 $b \in G, b \notin H$，则

$$bH = \left\{be, ba, ba^2\right\} \Rightarrow G = \left\{e, a, a^2, b, ba, ba^2\right\},$$

或

$$Hb = \{eb, ab, a^2b\} \Rightarrow G = \left\{e, a, a^2, b, ab, a^2b\right\},$$
$$\left\{ab, a^2b\right\} = \left\{ba, ba^2\right\}. \tag{1-2-3}$$

如果 b 是一个 3 阶元素，即 $b^3 = e$，b^2 一定是群 G 六个元素中的一个。若

① $b^2 = b, ba$ 或 ba^2，有 $b = e, a$ 或 a^2，与假设 $b \notin H$ 矛盾。

② $b^2 = a$，有 $ba = e$; $b^2 = a^2$，有 $ba^2 = e$，与假设矛盾。

则 b 不是一个 3 阶元素，只能是一个 2 阶元素，即 $b^2 = e$，ba 不可能是 e、a、a^2 或 b。如果 $ab = ba$，有

$$(ba)^2 = baba = ab^2a = a^2, \quad (ba)^3 = baa^2 = b,$$
$$(ba)^4 = a, \quad (ba)^5 = ba^2, \quad (ba)^6 = ba^2ba = e.$$

这样 ba 是一个 6 阶元素，与假设矛盾。根据式 (1-2-3)，现在只能选择 $ab = ba^2$ 或 $ba = a^2b$，同时有 $(ab)^2 = (ab)ba^2 = e$ 和 $(a^2b)^2 = (a^2b)ba = e$，与假设不矛盾。容易论证，除了这两类群结构外，6 阶群不存在其他结构的抽象群。6 阶群非循环群的例子有 $C_{3\mathrm{v}}:\{e, C_3, C_3^2, \sigma_1, \sigma_2, \sigma_3\}$ 和 $D_3:\left\{e, C_3, C_3^2, C_2^{'}, C_2^{''}, C_2^{'''}\right\}$ 等点群。表 1-6 给出了 6 阶非循环群的乘法表。

表 1-6　6 阶非循环群乘法表

G_6	e	a	a^2	b	ba	ba^2
e	e	a	a^2	b	ba	ba^2
a	a	a^2	e	ba^2	a	ba
a^2	a^2	e	a	ba	ba^2	b
b	b	ba	ba^2	e	a	a^2
ba	ba	ba^2	b	a^2	e	a
ba^2	ba^2	b	ba	a	a^2	e

7 阶群　7 阶抽象群，$g = 7 = 1 \times 7$，只有循环群结构：

$$G = \left\{e, a, a^2, a^3, a^4, a^5, a^6 \,\middle|\, a^7 = e\right\}.$$

1.3　群的类分解

1.3.1　共轭类

群中不同元素之间通常存在内在关联，具有类似的性质，可以把这些具有共同特征的群元素归为一类。通过对群元素进行分类，可以方便讨论群的性质及其应用。

共轭　设 f、h 是群 G 的两个元素，若有元素 $g \in G$，使得 $gfg^{-1} = h$，则称元素 h 与 f 共轭，记为 $h \sim f$。共轭具有传递性，若 $f_1 \sim h$，$f_2 \sim h$，则 $f_1 \sim f_2$。

证明

$$f_1 = g_1 h g_1^{-1}, \quad f_2 = g_2 h g_2^{-1},$$

$$f_1 = g_1 \left(g_2^{-1} f_2 g_2\right) g_1^{-1} = \left(g_1 g_2^{-1}\right) f_2 \left(g_1 g_2^{-1}\right)^{-1}.$$

类　群 G 中所有互为共轭的元素集合称为群的类，记为 $K(A) = \{g_i a g_i^{-1}\}$，$g_i$ 遍及所有的群元素。同类元素之间进行的变换，称为相似变换。换句话说，群元素可通过相似变换，划分为各个不同的类。

共轭变换的几何意义　现在我们以 $C_{n\mathrm{v}}$ 点群为例，说明共轭变换的几何意义。如图 1-4 所示，有

$$C_\phi \vec{r} = \vec{r}', \quad \sigma_{\mathrm{v}} C_\phi \sigma_{\mathrm{v}}^{-1}(\sigma_{\mathrm{v}} \vec{r}) = \sigma_{\mathrm{v}} \vec{r}', \sigma_{\mathrm{v}} C_\phi \sigma_{\mathrm{v}}^{-1} = C_{-\phi}.$$

旋转操作 (C_ϕ) 经过相似变换，得到它的逆旋转 $(C_{-\phi})$(存在 $\sigma_{\rm v}$)。即 C_ϕ 和 $C_{-\phi}$ 属于同一类，存在 $\sigma_{\rm v}$ 时，正转动和逆转动等价。

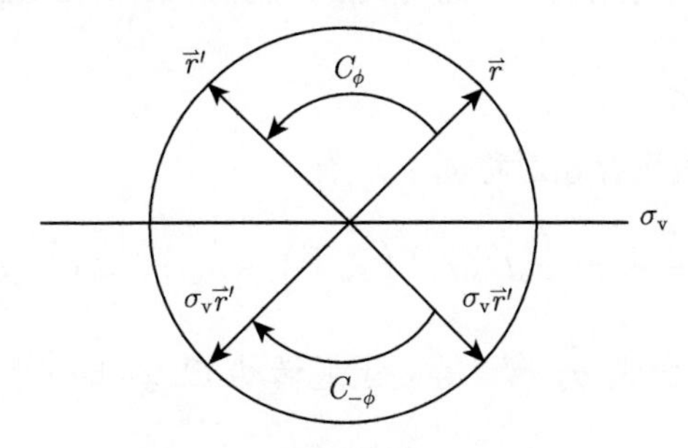

图 1-4　共轭交换的几何意义

类的性质　两类元素不可能有共同的元素或完全一样。

证明　假设 $K(A)=\{g_iag_i^{-1}\}$，$b\notin K(A), K(B)=\{g_jbg_j^{-1}\}$，如果

$$g_iag_i^{-1}=g_jbg_j^{-1}\Rightarrow$$

$$b=g_j^{-1}g_iag_i^{-1}g_j=\left(g_j^{-1}g_i\right)a\left(g_j^{-1}g_i\right)^{-1}=g_kag_k^{-1}\in K(A),$$

与 $b\notin K(A)$ 矛盾。

因为交换群 (阿贝尔群) 中的每一元素都可以与其他元素对易，即 $g_iag_i^{-1}=g_ig_i^{-1}a=a$，$g_i\in G$，交换群群元素自成一类。可以证明，有限群 G 各类包含元素的个数是群阶的整数因子。

根据类的性质，可以对群 G 进行类分解：

$$\begin{array}{lll}
G=\{g_0,g_1,\cdots,g_{n-1}\}, & & \\
K(E)=\{e\}, & & K_0(E). \\
K(A)=\{g_iag_i^{-1}\}, & & K_1(A). \\
K(B)=\{g_jbg_j^{-1}\}, & b\notin K(A), & K_2(B). \\
\cdots & & \\
G=\bigcup\limits_{i} K_i & &
\end{array}$$

例子

$$C_{3\rm v}:\left\{e,C_3,C_3^2,\sigma_{\rm v}',\sigma_{\rm v}'',\sigma_{\rm v}'''\right\},$$

按类的定义，可以分为三类：$\{e\}$、$\left\{C_3,C_3^2\right\}$、$\{\sigma_{\rm v}',\sigma_{\rm v}'',\sigma_{\rm v}'''\}$，其共轭变换为

$$C_3^2=\sigma_{\rm v}'C_3\sigma_{\rm v}',\quad \left\{C_3,C_3^2\right\},$$

$$C_3^2\sigma_{\rm v}'C_3=\sigma_{\rm v}'',\quad C_3\sigma_{\rm v}'C_3^2=\sigma_{\rm v}''',\quad \sigma_{\rm v}''\sim\sigma_{\rm v}'''\left\{\sigma_{\rm v}',\sigma_{\rm v}'',\sigma_{\rm v}'''\right\}.$$

1.3.2 类的几何意义

现在我们以分子对称群为例，说明类的几何意义。根据类的几何意义可以方便地对对称操作进行分类。

(1) 旋转 C_ϕ。

如图 1-5 所示，假设存在对称面 σ_{v}，有

$$C_\phi \vec{r} = \vec{r}\,', \quad \sigma_{\mathrm{v}} C_\phi \sigma_{\mathrm{v}}^{-1} \left(\sigma_{\mathrm{v}} \vec{r}\right) = \sigma_{\mathrm{v}} \vec{r}\,' = C_{-\phi} \sigma_{\mathrm{v}} \vec{r}\,.$$

$\sigma_{\mathrm{v}} \vec{r}$ 经过共轭变换后变成 $\sigma_{\mathrm{v}} \vec{r}\,'$，等同于逆转动 $C_{-\phi}$，即 C_n^k 与 $C_n^{n-k}(C_n^{-k})$ 属于同一类。

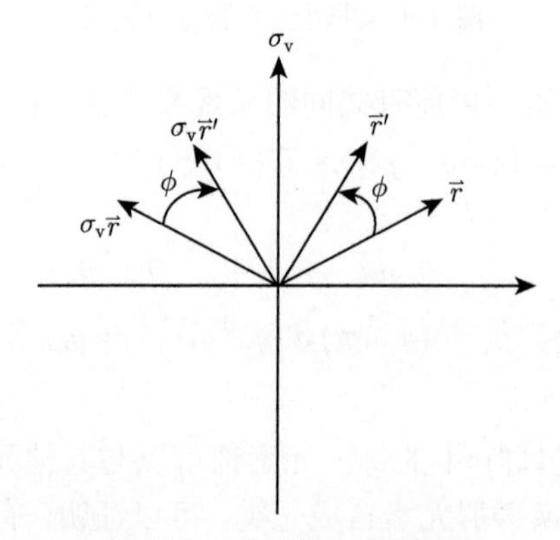

图 1-5 同一类的旋转操作

如果没有 σ_{v}，或只存在垂直于 C_ϕ 的对称面 σ_{h}，由于 $\sigma_{\mathrm{h}} C_\phi \sigma_{\mathrm{h}}^{-1} = C_\phi$，$C_n^k$ 自成一类。

(2) 对称面。

由于 $\sigma_{\mathrm{h}} C_\phi = C_\phi \sigma_{\mathrm{h}}$，$\sigma_{\mathrm{h}}$ 自成一类，如图 1-6 所示，假设参考面 A 与 σ_{v} 重合，有

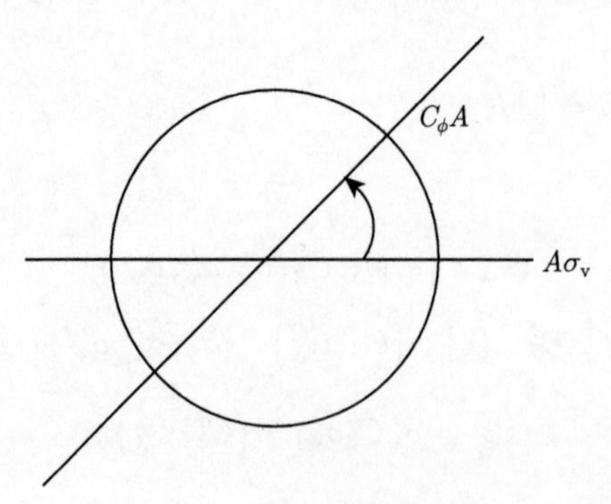

图 1-6 同一类的对称面

$$\sigma_{\mathrm{v}}A = A,\ (C_\phi \sigma_{\mathrm{v}} C_\phi^{-1})C_\phi A = C_\phi A,$$

$C_\phi \sigma_{\mathrm{v}} C_\phi^{-1}$ 与 $C_\phi A$ 亦重合。也就是说由 C_ϕ 操作获得的 $\{\sigma_{\mathrm{v}}\}$ 属于同一类。

(3) 对称中心。

由于 $iC_\phi = C_\phi i$，i 自成一类。

例子　根据类的定义和几何意义，$C_{3\mathrm{v}}$ 点群的 6 个对称操作分为 3 类。

$$C_{3\mathrm{v}} : \underline{e} \quad \underbrace{C_3 \quad C_3^2}_{2C_3} \quad \underbrace{\sigma_{\mathrm{v}}' \quad \sigma_{\mathrm{v}}'' \quad \sigma_{\mathrm{v}}'''}_{3\sigma_{\mathrm{v}}}.$$

类似地，$C_{4\mathrm{v}}$ 点群的 8 个对称操作分为 5 类，其中 4 个 σ_{v}(图 1-7) 组成 2 类，其中 (σ_1，σ_3) 组平面能互相变换，但不能变为另一组 (σ_2，σ_4)，反之亦然。

$$C_{4\mathrm{v}} : \underline{e} \quad \underbrace{C_4 \quad C_4^3}_{2C_4} \quad \underline{C_4^2} \quad \underbrace{\sigma_1 \quad \sigma_3}_{2\sigma'} \quad \underbrace{\sigma_2 \quad \sigma_4}_{2\sigma''}.$$

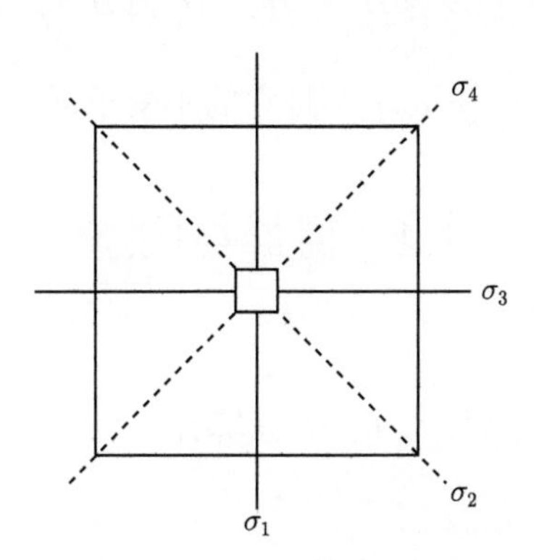

图 1-7　$C_{4\mathrm{v}}$ 点群的对称面

1.3.3　共轭子群

如果子群 $H \subset G$，$g_i \in G$，$g_i \notin H$，则 $g_i H g_i^{-1}$ 也构成一个子群，称为共轭子群。

证明　令 $h_k \in H$，$g_i \in G$，有

$$\left(g_i h_k g_i^{-1}\right)\left(g_i h_l g_i^{-1}\right) = g_i h_k h_l g_i^{-1} = g_i h_t g_i^{-1} \in K_{g_i}(H),$$
$$K_{g_i}(H) = \left\{g_i h_k g_i^{-1} | h_k \in H, g_i \in G\right\}.$$

如果对一切 $a \in G$ 都有

$$aHa^{-1} = H, \tag{1-3-1}$$

称 H 为不变子群。由不变子群的定义有

$$aH = Ha. \tag{1-3-2}$$

即不变子群的左陪集与右陪集相等。容易证明，如果子群 H 包括了元素 h 在群 G 中的所有同类元素，则 H 为不变子群

例子

$$\begin{array}{lllllll} C_{3\mathrm{v}}: & e & C_3 & C_3^2 & \sigma_1 & \sigma_2 & \sigma_3, \\ G_6: & e & a & a^2 & b & ba & ba^2. \end{array}$$

$C_{3\mathrm{v}}$ 群大家较熟悉，我们以抽象群为例：

$$H = \{e, a, a^2\}, \quad bH = \{eb, ba, ba^2\} = Hb, \quad ba = a^2 b, \quad ba^2 = ab.$$

H 为 G_6 的不变子群，G_6 对 H 分解

$$G = H \oplus bH = H \cup bH.$$

显然，$C_{3\mathrm{v}}$ 点群的子群 $C_s = \{e, \sigma_\mathrm{v}\}$ 不是它的不变子群。

1.4 商群与同态

1.4.1 商群

设 H 是群 G 的不变子群，G 按 H 分解有

$$G = \begin{cases} H \to C_0 \\ g_1 H \to C_1 \\ g_2 H \to C_2 \\ \vdots \qquad \vdots \\ g_{m-1} H \to C_{m-1} \end{cases}, \quad \frac{G}{H} = \{C_0, C_1, \cdots, C_{m-1}\}. \tag{1-4-1}$$

由不变子群 H 的左 (右) 陪集形成的集合满足群的定义，即

$$\begin{gathered} H \cdot H = H, \\ g_i H \cdot g_j H = g_i g_j H \cdot H = g_k H \in G/H \ . \\ g_i H \cdot g_j^{-1} H = g_i g_j^{-1} H \cdot H = H, \end{gathered}$$

称陪集的集合 $\{C_0, C_1, \cdots, C_{m-1}\}$ 为商群，记为 $\dfrac{G}{H}$。

以 $C_{3\mathrm{v}}$ 点群为例，$C_{3\mathrm{v}}: \{e, C_3, C_3^2, \sigma_1, \sigma_2, \sigma_3\}$，对其不变子群 $H(C_3)$ 进行陪集分解得到的商群为

$$H = \{E, C_3, C_3^2\} \quad \to C_0 \to e,$$

$$\sigma_1 H = \{\sigma_1, \sigma_2, \sigma_3\} \to C_1 \to a,$$

$$\frac{G}{H} = \{C_0, C_1\} \sim \{e, a\} \sim \{1, -1\}.$$

从上面的对应关系有 $H \leftrightarrow e$，$\sigma_1 H \leftrightarrow a$，商群 G/H 与 2 阶群 $\{e, a|a^2 = e\}$ 同构，称 G 与该 2 阶群同态。

1.4.2 同态

本章前面已介绍过同构的概念，即两个群的群阶相同，其元素及对应的乘积均有一一对应的关系，且有等同的类。例如，$C_{6\mathrm{v}}$、$D_{3\mathrm{h}}$ 和 $D_{3\mathrm{d}}$ 群是同构的关系，它们的群阶都是 12，群元素都分为 6 类，分别是 $\{E, C_2, 2C_3, 2C_6, 3\sigma_\mathrm{v}, 3\sigma_\mathrm{v}'\}$、$\{E, \sigma_\mathrm{h}, 2C_3, 2S_3, 3C_2, 3\sigma_\mathrm{v}\}$ 和 $\{E, i, 2C_3, 2S_6, 3C_2, 3\sigma_\mathrm{v}\}$，而且每个对应类所含的元素个数也相同。根据群的性质，这 3 个群的不可约表示个数与维数也相同，具有相同的抽象群结构。

现在来看一个同态的例子。若一个大群与一个小群同态，即大群中的几个元素对应小群中的一个元素。

例如，

点群 S_6 与 S_2 同态:	S_6		S_2	
	$\{E, C_3, C_3^2\}$	$\Rightarrow$	E'	$S_6/C_3 \Rightarrow S_2$,
	$\{i, S_6, S_6^5\}$	$\Rightarrow$	i'	
$C_{4\mathrm{h}}$ 与 S_2 同态:	$C_{4\mathrm{h}}$		S_2	
	$\{E, C_4, C_4^2 = C_2, C_4^3\}$	$\Rightarrow$	E'	$C_{4\mathrm{h}}/C_4 \Rightarrow S_2$,
	$\{i, S_4, \sigma_\mathrm{h}, S_4^3\}$	$\Rightarrow$	i'	
$D_{3\mathrm{d}}$ 与 S_2 同态:	$D_{3\mathrm{d}}$		S_2	
	$\{E, 2C_3, 3C_2\}$	$\Rightarrow$	E'	$D_{3\mathrm{d}}/D_3 \Rightarrow S_2$.
	$\{i, 2S_6, 3\sigma_\mathrm{d}\}$	$\Rightarrow$	i'	

这 3 个同态中，S_6 群的 3 个元素对应 S_2 中的 1 个元素，$C_{4\mathrm{h}}$ 的 4 个元素对应 S_2 的 1 个元素，$D_{3\mathrm{d}}$ 群中则是 6 个元素对应 S_2 的 1 个元素。

显然，对任意有限群都有一个 1 阶的商群，即 $G/G \sim \{e\} \sim \{1\}$。商群和同态关系可以将大群简化为小群，用于确定有限群不可约表示的构造。

1.5 群的直积

1.5.1 直积群

设 G 是一个群，A 与 B 是 G 的子群。

(1) G 中每个元素 g 都可表示成 A 子群中某元素 a 与 B 子群某元素 b 的乘积：

$$g = ab, \quad a \in A; \quad b \in B, \quad A \cap B = e,$$

而且表示是唯一的。

(2) A 子群中元素与 B 子群中元素的乘积可交换：

$$a_i \in A, \quad b_j \in B, \quad a_i b_j = b_j a_i.$$

满足以上两条件的 G 为子群 A 与 B 的直积，记作 $G = A \otimes B$。显然，群 G 的阶是两个子群阶的乘积 $g = a \cdot b$。因为

$$\begin{aligned} &A \otimes B = \{a_i b_j \,|i = 0, 1, \cdots, m-1; j = 0, 1, \cdots, n-1\}, \\ &|A \otimes B| = m \cdot n. \end{aligned} \tag{1-5-1}$$

证明

$$(a_i b_j) \cdot (a_k b_k) = (a_i a_k)(b_i b_j) = a_s b_t \in A \otimes B.$$

例 1

$$A = \{e, C_3, C_3^2\}; \quad B = \{e, \sigma_{\mathrm{h}}\}.$$

$$\begin{aligned} A \otimes B &= \{e, C_3, C_3^2, \sigma_{\mathrm{h}}, \sigma_{\mathrm{h}} C_3, \sigma_{\mathrm{h}} C_3^2\} \\ &= \{e, C_3, C_3^2, \sigma_{\mathrm{h}}, S_3, S_3^5\}. \end{aligned}$$

这里 $A \otimes B = C_{3\mathrm{h}}$，实际上是一个 6 阶的循环群的结构，即 $\{a, a^2, a^3, a^4, a^5 | a^6 = e\}$。对于 6 阶群 $C_{3\mathrm{v}}$，显然 $C_{3\mathrm{v}} \neq C_3 \otimes \{e, \sigma_{\mathrm{v}}\}$，因为两个子群中的元素乘积不可交换，即 $C_3 \sigma_{\mathrm{v}} \neq \sigma_{\mathrm{v}} C_3$。

群的直积是扩大一个群的最简单方法，在对称性和群表示研究中具有广泛应用。

例 2　设 A 群为 C_4 群，有对称元素 $\{E, C_4, C_4^2 = C_2, C_4^3\}$，$B$ 群为 C_2: $\{E, C_2\}$，两群直积结果见表 1-7。

表 1-7 A 与 B 群的直积群 $A\otimes B$

B/A	E	R_1	R_2	R_3
E	E	R_1	R_2	R_3
R_4	R_4	R_4R_1	R_4R_2	R_4R_3

直积得到的 D_4 群有 8 个对称元素 $\{E, C_4, C_4^2=C_2, C_4^3, C_2, C_2', C_2'', C_2'''\}$，除了 C_4 群的 C_4、C_4^2=C_2、C_4^3、C_4^4=E，还有垂直于 C_4 轴的 4 个 2 次轴: C_2、C_2'、C_2''、C_2'''，见表 1-8。

表 1-8 $C_4\otimes C_2=D_4$ 群

C_2/C_4	E	C_4	C_4^2	C_4^3
E	E	C_4	C_4^2	C_4^3
C_2	C_2	C_2'	C_2''	C_2'''

1.5.2 直积群的类

由类的定义，直积群 G 的类由所有满足下式的元素组成。

$$(a_ib_j)a_kb_l(a_ib_j)^{-1}=a_mb_n. \tag{1-5-2}$$

式 (1-5-2) 可改写成

$$(a_ia_ka_i^{-1})(b_jb_lb_j^{-1})=a_mb_n. \tag{1-5-3}$$

由于 A、B 子群中的元素可交换，于是有

$$a_ia_ka_i^{-1}=a_m,\quad b_jb_lb_j^{-1}=b_n. \tag{1-5-4}$$

因此，直积群 G 中的类的个数是 A 中类的个数与 B 中类的个数的乘积。

1.6 Cayley 定理

定理 每个 n 阶群都与一个 n 元置换群 S_n 的一个子群同构。

设 $G=\{g_0,g_1,g_2,\cdots,g_{n-1}\}$，$g=n$，由乘法表 1-9 的重排定理有

$$g_iG=G. \tag{1-6-1}$$

显然，群表中每一行的元素只是群 G 元素的重排，其先后次序和群元素 g_i 存在一

一对应关系。这样我们可以把群元素 g_i 和置换 π_{g_i} 关联起来：

$$g_i \to \pi_{g_i} = \begin{pmatrix} g_0 & g_1 & \cdots & g_{n-1} \\ g_i g_0 & g_i g_1 & \cdots & g_i g_{n-1} \end{pmatrix},$$

$$g_l \to \pi_{g_l} = \begin{pmatrix} g_0 & g_1 & \cdots & g_{n-1} \\ g_l g_0 & g_l g_1 & \cdots & g_l g_{n-1} \end{pmatrix}.$$

表 1-9　群元素与置换群的关联

	g_0	g_1	g_2	$\cdots$	g_{n-1}
g_j	$g_i g_0$	$g_i g_1$	$g_i g_2$	$\cdots$	$g_i g_{n-1}$
g_j	$g_j g_0$	$g_j g_1$	$g_j g_2$	$\cdots$	$g_j g_{n-1}$

类似地，

$$\begin{aligned} & g_i g_l \approx \pi_{g_i}\pi_{g_l} \\ &= \begin{pmatrix} g_0 & g_1 & \cdots & g_{n-1} \\ g_i g_0 & g_i g_1 & \cdots & g_i g_{n-1} \end{pmatrix}\begin{pmatrix} g_0 & g_1 & \cdots & g_{n-1} \\ g_l g_0 & g_l g_1 & \cdots & g_l g_{n-1} \end{pmatrix} \\ &= \begin{pmatrix} g_l g_0 & g_l g_1 & \cdots & g_l g_{n-1} \\ g_l(g_i g_0) & g_l(g_i g_1) & \cdots & g_l(g_i g_{n-1}) \end{pmatrix}\begin{pmatrix} g_0 & g_1 & \cdots & g_{n-1} \\ g_l g_0 & g_l g_1 & \cdots & g_l g_{n-1} \end{pmatrix} \\ &= \begin{pmatrix} g_0 & g_1 & \cdots & g_{n-1} \\ (g_l g_i) g_0 & (g_l g_i) g_1 & \cdots & (g_l g_i) g_{n-1} \end{pmatrix} \\ &= \pi_{g_i g_l}. \end{aligned}$$

因此，群元素和特定置换存在如下对应关系：

$$g_i \leftrightarrow \pi_{g_i}, \quad g_l \leftrightarrow \pi_{g_l},$$

$$g_i g_l \leftrightarrow \pi_{g_i}\pi_{g_l} = \pi_{g_i g_l},$$

$$\text{及}\quad g_i^{-1} g_i \leftrightarrow \pi_{g_i^{-1} g_i} = \pi_e \leftrightarrow e.$$

注意到，这些置换的集合 $\{\pi_{g_i}\}$ 中除 π_e 外，所有置换中不存在不动的字母，这些置换称为正则置换。显然这些正则置换构成一个 n 元置换群的子群，即 $H \subset S_n$，$|H| = n$，H 与群 G 同构。

例子　由 V 群乘法表 1-5 有

$$a \to \pi_a = \begin{pmatrix} e\ a\ b\ c \\ a\ e\ c\ b \end{pmatrix}, \quad \pi_a = \begin{pmatrix} 1\ 2\ 3\ 4 \\ 2\ 1\ 4\ 3 \end{pmatrix} = (1\ 2)(3\ 4), \quad \pi_b = \begin{pmatrix} 1\ 2\ 3\ 4 \\ 3\ 4\ 1\ 2 \end{pmatrix}$$

$$= (1\ 3)(2\ 4) \quad \pi_c = \begin{pmatrix} 1\ 2\ 3\ 4 \\ 4\ 3\ 2\ 1 \end{pmatrix} = (1\ 4)(2\ 3), \quad \pi_e = (1)(2)(3)(4).$$

由于 m 个字母的循环 m 次方等于单位置换，根据正则置换的定义，当正则置换写成循环的乘积时，所有的循环必须具有相同的长度。如果不等长，如 π_g 为两个不等长循环的乘积，其循环的长度分别为 l_1、$l_2(l_1 < l_2)$，显然 $(\pi_g)^{l_1}$ 应该也是子群 H 的群元素，但 $(\pi_g)^{l_1}$ 中长度为 l_1 的循环中的元素不动，和正则置换定义矛盾。

利用 Cayley 定理和正则置换的性质，可以确定有限群的可能结构。因为群 $G(|G| = n)$ 与 S_n 群的正则置换子群同构，而正则置换分解为循环表示时必须具有相同的循环长度，所以，循环的长度必须是 n 的整数因子。

例子 由 6 阶群表 1-3 有

$$\pi_e \to (1)(2)(3)(4)(5)(6), \quad \pi_a \to (1\ 2\ 3)(4\ 6\ 5), \quad \pi_{a^2} \to (1\ 3\ 2)(4\ 5\ 6),$$

$$\pi_b \to (1\ 4)(2\ 5)(3\ 6), \quad \pi_{ba} \to (1\ 5)(2\ 6)(3\ 4), \quad \pi_{ba^2} \to (1\ 6)(2\ 4)(3\ 5),$$

$$\pi_b^2 = \pi_{ba}^2 = \pi_{ba^2}^2 = e, \quad \pi_a^3 = e.$$

即 6 阶群 $G = \{e, a, a^2, b, ba, ba^2 | a^3 = e, b^2 = (ba)^2 = (ba^2)^2 = e, ab = ba^2\}$ 与 6 次置换群 S_6 的正则子群同构。

参 考 文 献

Elliott J P, Dawber P G. 1979. Symmetry in Physics, Vol. 1. London: Macmillan Press Ltd.

Hamermesh M. 1964. Group Theory and its Application to Physical Problems. Massachusetts, London:Addison Wesley Publishing Company, Inc.

Wigner E P. 1959. Group Theory and its Application to the Quantum Mechanics of Atomic Spectra. New York: Academic Press.

习 题 1

1-1 $C_{2\mathrm{h}}$ 群由 E、C_2、σ_h、i 四个元素组成，试写出它的乘法表。

1-2 $C_{3\mathrm{v}}$ 群元素可分为 (E)、$(C_3$、$C_3^2)$、$(\sigma_\mathrm{v}$、σ_v'、$\sigma_\mathrm{v}'')$ 三类，试举一个与它同构的点群例子。

1-3 S_4 群群阶为 4，写出一个它的不变子群。

1-4 C_6 群为阿贝尔群，寻找两个与它同态的阿贝尔群。

1-5 试用共轭变换证明 $C_{4\mathrm{v}}$ 群中，$\{\sigma_1, \sigma_3\}$ 为一共轭类，$\{\sigma_2, \sigma_4\}$ 为另一共轭类 (参考图 1-7)。

1-6 $D_{4\mathrm{h}}$ 群可由 $D_4 \otimes S_2$ 直积法获得，请验证两个子群中的元素乘积可交换。

1-7 设 $A = C_3$、$B = C_2$，用直积法 $A \otimes B$ 构造 D_3 群。

1-8　D_4 群为平面四边形的旋转群，写出 D_4 的乘法表及共轭类。

1-9　证明由绕 z 轴的 6 重旋转和绕 x 轴的 2 重旋转所生成的 D_6 是直积群 $D_3 \otimes C_2$，这里的 D_3 和 C_2 的主轴都是 z 轴，确定这个群的共轭类。

1-10　详细讨论置换群 S_3 与 $C_{3\mathrm{v}}$ 点群的同构关系、群的类分解，构造群的特征标表。以 $C_{3\mathrm{v}}$ 群为例，说明商群的概念和群的同态关系。

1-11　根据 Cayley 定理，找出 8 阶群的可能结构，给出与 8 阶循环群同构的 8 元置换群正则子群的群元素。

第 2 章　有限群的表示理论

群的表示理论是群论广泛应用在物理、化学等领域的基础。为此，我们在这一章先引入线性空间、线性算子的概念，介绍群表示的定义、可约表示和等价表示等；然后推导正交定理等基本定理，掌握可约表示的约化方法及不可约表示的重要性质；最后介绍群代数，并用一些典型例子说明投影算子的应用。

2.1　线性向量空间

由于群表示理论需要较多线性代数基础知识，这里只简单讨论基本知识，若要进一步深入，可查阅专业的线性代数教科书。

2.1.1　线性向量空间的定义

我们对一个向量空间的直接概念可来自一个平面或三维空间的直线图像，这样空间内的向量可用它们的大小与方向来描述。向量可以乘以任何实数倍，我们可用非共面的三个向量来表示三维空间的坐标轴，向量可用相关坐标轴的坐标来描述。

我们考虑由向量 $x, y, \cdots$ 组成的集合，集合中向量乘以复数 α 或加上集合中其他元素，得到的还是这个集合中的元素，这样的集合被称为线性向量空间 L:

$$\begin{aligned} & x, y, \cdots \in L, \\ & \alpha x \in L,\ x+y \in L,\ x+y=y+x \in L. \end{aligned} \tag{2-1-1}$$

其中，α 为复数。也就是说在线性向量空间，向量满足加法结合律:

$$\begin{aligned} & x+(y+z)=(x+y)+z, \\ & \text{存在 } 0 \text{ 向量}, \quad x+0=x, \\ & \text{存在 } -x \text{ 向量}, \quad x+(-x)=0. \end{aligned} \tag{2-1-2}$$

在向量空间，向量还满足乘法分配律:

$$\begin{aligned} & (\alpha+\beta) x=\alpha x+\beta x,\ \alpha(x+y)=\alpha x+\alpha y, \\ & (\alpha \beta) x=\alpha(\beta x). \end{aligned} \tag{2-1-3}$$

若 α 为复数，称 L 为复空间；若 α 为实数，称 L 为实空间。

全部 $n\times n$ 阶矩阵的集合形成了一个线性向量空间，两个向量 x 与 y(具有矩阵元 x_{ik} 和 y_{ik}) 的加和 $x+y$，就是相应矩阵元的加和 $x_{ik}+y_{ik}$，而矩阵 αx 就有矩阵元 αx_{ik}，零矩阵的所有矩阵元都等于 0。

现在我们可以给出线性向量空间的定义：一组物体或元素的集合 (可以是向量、点集、函数或矩阵)，满足加法结合律和乘法分配律，则称这组集合组成了一个线性向量空间。

例 1　三维立体空间为线性向量空间。

例 2　函数 $f_1(\xi),f_2(\xi),\cdots,f_n(\xi)$ 构成线性向量空间。

例 3　所有 $n\times n$ 阶矩阵构成线性向量空间。

空间中任意向量 r 可表达为一个线性组合

$$r=r_1u_1+r_2u_2+\cdots+r_nu_n. \tag{2-1-4}$$

我们采用习惯写法，把一组基向量 $\{u_i\}$ 当作行矩阵，而向量的分量 $\{r_j\}$ 当作列矩阵，于是式 (2-1-4) 可写成矩阵形式：

$$R=ur,$$

其中，

$$u=\begin{pmatrix} u_1 & u_2 & \cdots & u_n\end{pmatrix}\ ;\quad r=\begin{pmatrix} r_1\\ r_2\\ \vdots\\ r_n\end{pmatrix};$$

$$R=\begin{pmatrix} u_1r_1 & u_2r_1 & \cdots & u_nr_1\\ u_1r_2 & u_2r_2 & \cdots & u_nr_2\\ \vdots & \vdots & & \vdots\\ u_1r_n & u_2r_n & \cdots & u_nr_n\end{pmatrix}. \tag{2-1-5}$$

随着 u、r 值的变化，我们可得到 n^2 个矩阵，所有矩阵构成一个线性向量空间。

2.1.2　线性相关与空间的维数

若一组向量 $x_1,x_2,\cdots,x_n\in L$，可线性组合为 x：

$$x=\alpha_1x_1+\alpha_2x_2+\cdots+\alpha_nx_n,\quad 其中\ \alpha\ 为复数. \tag{2-1-6}$$

如果我们可用 $x_1,x_2,\cdots,x_n$ 的线性组合构建一个 0 向量 (排除 $\alpha_1=\alpha_2=\cdots=\alpha_n=0$ 的奇异情况)，即满足方程：

$$\sum_{i=1}^{n}\alpha_ix_i=0. \tag{2-1-7}$$

我们就说 $x_1, x_2, \cdots, x_n$ 是线性相关的。

如果方程 (2-1-7) 无非奇异解，则称这些向量是线性无关的，或线性独立的。

现在举个例子，在一个空间有一个向量 $x_1 \neq 0$，我们可以找到第二个向量 x_2，只有在 $\alpha_1 = \alpha_2 = 0$ 情况下，$\alpha_1 x_1 + \alpha_2 x_2 = 0$。

继续这个过程，我们可以定义一个 n 维线性空间 L_n。在此空间，n 个向量是线性无关的，同时 $n+1$ 向量与它们是线性相关的。

在一个平面内，两个相交的向量是线性相关的；如果这两个向量是不相交的，它们就是线性无关的。但任何三个向量在这个平面是线性相关的，所以这个平面就是一个二维的向量空间。

所有 $n \times n$ 矩阵组成的空间维数为 n^2。我们考虑一个矩阵，这个矩阵的第 j 行第 k 列的矩阵元的值为 a_{jk}，其余矩阵元皆为 0，然后让游标 j 和 k 从 1 变化到 n，这样就获得 n^2 个矩阵的集合。这些矩阵都是线性无关的，而大于这个数的矩阵就是线性相关的。

我们把 L 空间中线性无关量的最大个数 n，称为空间 L 的维数。

例 4　以下是几个线性独立的例子：

函数 $\{x, x^2\}$ $\{\sin x, \cos x\}$，

矩阵 $\begin{pmatrix} 1 & 0 \\ 0 & 1 \end{pmatrix}, \begin{pmatrix} 0 & 1 \\ 1 & 0 \end{pmatrix}, \begin{pmatrix} 0 & -i \\ i & 0 \end{pmatrix}, \begin{pmatrix} 1 & 0 \\ 0 & -1 \end{pmatrix}$.

我们常用的欧几里得空间是三维空间，而所有 $m \times m$ 矩阵形成 m^2 维的表示空间。

2.1.3　基向量 (坐标系) 与坐标

在一个 n 维向量空间 L 中，任意 n 个线性无关的向量可作为向量空间 L 中的一组基，或称为坐标系，记为 $\{u_i\}$。L 空间中的任意向量都可以写成基向量的线性组合：

$$\vec{r} = \sum_i \alpha_i \vec{u_i} \tag{2-1-8}$$

例 5　三维立体空间中的向量可以写成

$$\vec{X} = \sum_{i=1}^{3} x_i \cdot \vec{u_i} = \begin{pmatrix} u_1 & u_2 & u_3 \end{pmatrix} \begin{pmatrix} x_1 \\ x_2 \\ x_3 \end{pmatrix},$$

其中，u_1、u_2、u_3 可以取为直角坐标系中 x、y、z 轴上的单位向量：

$$\begin{aligned}\vec{u_1} &= (\ 1 \quad 0 \quad 0\ ),\\ \vec{u_2} &= (\ 0 \quad 1 \quad 0\ ),\\ \vec{u_3} &= (\ 0 \quad 0 \quad 1\ ).\end{aligned}$$

对于一般 n 维空间，可选取 n 个线性无关的向量 $\{u_1, u_2, \cdots, u_n\}$ 作为基向量，通常选取

$$\begin{aligned}\vec{u_1} &= (1, 0, 0, \cdots, 0),\\ \vec{u_2} &= (0, 1, 0, \cdots, 0),\\ &\vdots\\ \vec{u_n} &= (0, 0, 0, \cdots, 1).\end{aligned}$$

可证明为线性独立的任意向量 $\vec{X}$ 表示为

$$\vec{X} = \sum_{i=1}^{n} x_i \cdot \vec{u_i} = (x_{1i}, x_{2i}, \cdots, x_{ni}) \neq 0, \tag{2-1-9}$$

$m \times n$ 矩阵。

$$\text{定义 } e_{ij} = \begin{pmatrix} 0 & 0 & \cdots & 0 \\ 0 & e_{ij} & \cdots & 0 \\ \vdots & \vdots & & \vdots \\ 0 & 0 & \cdots & 0 \end{pmatrix} = (\delta_{si}, \delta_{tj}), \quad s = 1, 2 \cdots, m; \quad t = 1, 2 \cdots, n.$$

则 $\sum_{ij} a_{ij} e'_{ij} = (a_{ij}) \neq 0$。

e_{ij} 为 $m \times n$ 维线性独立的基向量，因为 (a_{ij}) 不能全为零。

例 6 线性无关函数 $f_1(\xi), f_2(\xi), \cdots, f_n(\xi)$ 构成 n 维线性向量空间，向量表示为

$$\vec{X} = \sum_{i=1}^{n} x_i \cdot f_i(\xi). \tag{2-1-10}$$

但基向量的选择不是唯一的，通过基向量的线性组合，我们可以得到一组新的基向量。现有一组基向量 $u_1, u_2, \cdots, u_n$，每个向量可表示为它们的线性组合

$$u'_i = \sum_{j=1}^{n} x_{ij} u_j \equiv x_{ij} u_j, \quad i = 1, 2, \cdots, n. \tag{2-1-11}$$

其中最后一步 (式 (2-1-11)) 介绍一个遍及所有游标求和的习惯写法。

当 $\{u_i'\}$ 是一组线性独立的向量，系数 a_{ij} 有且只有是非零的数值时，$\{u_i'\}$ 可成为一组新的基向量，系数 a_{ij} 形成矩阵 A。当我们将基向量从 $\{u_i\}$ 改变到 $\{u_i'\}$ 时，伴随的向量 x，也将坐标从 x_i 改变到 x_i'：

$$x = x_i u_i = x_i' u_i'.$$

运用式 (2-1-11) 可得到

$$x_j u_j = x_i' a_{ij} u_j.$$

由于向量 u_j 是线性独立的，

$$x_j = x_i' a_{ij} = \tilde{a}_{ji} x_i',$$

其中，$\tilde{a}$ 是矩阵 A 转置矩阵的系数。

例 7　我们日常观察到的空间是三维欧几里得向量空间，可以用 E_3 来标记这空间，其中总可以选择一组正交归一化基 $u = (u_1 + u_2 + u_3)$，E_3 中的向量 r 写为

$$\begin{aligned} &r = xu_1 + yu_2 + zu_3, \\ &x = \langle r|u_1\rangle, \quad y = \langle r|u_2\rangle, \quad z = \langle r|u_3\rangle. \end{aligned}$$

我们说 (x, y, z) 是 E_3 的一个点 $P(x, y, z)$ 的笛卡儿坐标，r 是位置向量。

当选择另一组新的正交归一化基 u'，点 P 的新坐标为 (x', y', z')，其中

$$x' = \langle r|u_1'\rangle, \quad y' = \langle r|u_2'\rangle, \quad z' = \langle r|u_3'\rangle.$$

若新基可由旧基绕 z 轴反时针方向旋转 45° 得到，在这种情况下

$$u_1' = \frac{1}{\sqrt{2}}(u_1 - u_2), \quad u_2' = \frac{1}{\sqrt{2}}(u_1 + u_2), \quad u_3' = u_3.$$

位置向量

$$\begin{aligned} r &= \frac{1}{\sqrt{2}}(x - y)u_1' + \frac{1}{\sqrt{2}}(x + y)u_2' + zu_3', \\ &= x'u_1' + y'u_2' + z'u_3'. \end{aligned}$$

例 8　解类氢离子薛定谔 (Schrödinger) 方程，获得 5 个复表示的 d 轨道解 d_0、$d_{\pm1}$、$d_{\pm2}$，必须线性组合才能获得实数解：

$$d_0 = d_{z_2}, \quad d_{xz} = \frac{1}{\sqrt{2}}(d_{+1} + d_{-1}), \quad d_{yz} = \frac{1}{\sqrt{2}i}(d_{+1} - d_{-1}),$$

$$d_{x^2-y^2} = \frac{1}{\sqrt{2}}(d_{+2} + d_{-2}), \quad d_{xy} = \frac{1}{\sqrt{2}i}(d_{+2} - d_{-2}).$$

2.1.4 坐标系变换与坐标变换

若原坐标系为 $(u_1, u_2, \cdots, u_n)$，变换后新坐标系为 $(u_1', u_2', \cdots, u_n')$，则新坐标为

$$u_i' = \sum_j u_j a_{ji}. \tag{2-1-12}$$

用矩阵表示为

$$(u_1', u_2', \cdots, u_n') = (u_1, u_2, \cdots, u_n) \begin{pmatrix} a_{11} & a_{12} & \cdots & a_{1n} \\ a_{21} & a_{22} & \cdots & a_{2n} \\ \vdots & \vdots & & \vdots \\ a_{n1} & a_{n2} & \cdots & a_{nn} \end{pmatrix} = (u_1, u_2, \cdots, u_n)(a_{ij}).$$

而坐标变换，原坐标为 $\{x_i\}$，经过变换，新坐标为 $\{x_i'\}$

$$X = (u_1, u_2, \cdots, u_n) \begin{pmatrix} x_1 \\ x_2 \\ \vdots \\ x_n \end{pmatrix} = (u_1, u_2, \cdots, u_n)(a_{ij})(a_{ij})^{-1} \begin{pmatrix} x_1 \\ x_2 \\ \vdots \\ x_n \end{pmatrix}$$

$$= (u_1', u_2', \cdots, u_n') \begin{pmatrix} x_1' \\ x_2' \\ \vdots \\ x_n' \end{pmatrix},$$

$$(a_{ij})(a_{ij})^{-1} = I, \qquad \begin{pmatrix} x_1' \\ x_2' \\ \vdots \\ x_n' \end{pmatrix} = (a_{ij})^{-1} \begin{pmatrix} x_1 \\ x_2 \\ \vdots \\ x_n \end{pmatrix},$$

即坐标系变换与坐标变换互为逆变换。

2.2 线性算子

2.2.1 线性算子定义

线性向量空间 L 中的一个向量 x，受到某一操作或运算的作用，变换成同一空间的另一个向量 y，引起这变化的 T 称为映射。

$$y = Tx. \tag{2-2-1}$$

若这映射 T 对 L 空间的每个向量 x 都可作用为 y，且存在一对一的逆映射 T^{-1}

$$x = T^{-1}y. \tag{2-2-2}$$

我们就称 T 为算子，对 L 空间的每一个向量 x

$$TT^{-1}x = T^{-1}Tx = x,$$

那么

$$TT^{-1} = T^{-1}T = I. \tag{2-2-3}$$

其中，算子 I 是恒等算子，作用在所有向量上都不变。

T 为线性向量空间 L 中的算子，若算子满足乘法的结合律与分配律

$$T\alpha x = \alpha Tx, \tag{2-2-4}$$

$$T(x+y) = Tx + Ty, \tag{2-2-5}$$

我们称 T 为 L 空间的线性算子，α 为任意实数。

两个算子的乘法

$$\begin{aligned} &T_1T_2x = T_1(T_2x), \quad T_1T_2(\alpha x) = \alpha T_1T_2(x), \\ &T_1T_2(x+y) = T_1T_2x + T_1T_2y, \end{aligned} \tag{2-2-6}$$

满足分配律与结合律，但不一定满足交换律：

$$T_1(T_2+T_3) = T_1T_2 + T_1T_3, \quad (T_1T_2)T_3 = T_1(T_2T_3),$$

$$T_1T_2 \neq T_2T_1. \tag{2-2-7}$$

在不同定义下可以有各种各样的算子，如变换矩阵、置换、微分运算等，都可以视为算子。在量子力学中，所有的力学量都可以作为算子，而且是线性算子。因此在本书范围，我们仅讨论线性算子。

2.2.2　算子作用下的变换

假设在 n 维线性空间 L 中选择一组基向量 $\{u_i\}$，我们可用关于 x_i 坐标函数的 y_i 坐标，描述线性算子 T 的作用：

$$y_i = T_i(x_1, x_2, \cdots, x_n), \quad i = 1, 2, \cdots, n. \tag{2-2-8}$$

如果映射是一对一的话，x_i 关于 y_i 的式子也成立：

$$x_i = T_i^{-1}(y_1, y_2, \cdots, y_n), \quad i = 1, 2, \cdots, n. \tag{2-2-9}$$

与坐标 x_i 和 y_i 相关的函数 T_i 和 T_i^{-1} 给定的基集合为 $\{u_i\}$。

若要变换为一组新的向量 $\{u_i'\}$，新坐标 x_i'、y_i' 与原坐标的关系

$$\begin{aligned} y_i' &= \tilde{a}_{ij}^{-1} y_j = \tilde{a}_{ij}^{-1} T_j(x_1, x_2, \cdots, x_n) \\ &= \tilde{a}_{ij}^{-1} T_j(\tilde{a}_{1k} x_k', \tilde{a}_{2k} x_k', \cdots, \tilde{a}_{nk} x_k'). \end{aligned} \tag{2-2-10}$$

在线性算子 T 作用下，x_i 与 y_i 的关系要简单得多

$$y = Tx = T(x_i u_i) = x_i T u_i. \tag{2-2-11}$$

式 (2-2-11) 确立了 y 关于基向量 v 与 x 关于基向量 u 相同的关系，v 是 u 的线性组合：

$$v_i = T u_i = u_j T_{ji}, \tag{2-2-12}$$

其中，T_{ji} 是复数形成的矩阵。将式 (2-2-11) 代入，我们可得到

$$y_j u_j = u_j T_{ji} x_i. \tag{2-2-13}$$

由于 u_j 是线性独立的，$y_j = T_{ji} x_i$ 写成矩阵形式：

$$y = Tx.$$

若我们改变基向量

$$T u_i = u', \quad i = 1, 2, \cdots, n. \tag{2-2-14}$$

T 算子作用在 $\{u_i\}$ 基向量，T 必有展开式，可用惯用表示法 (T_{ij})

$$T u_i = u_i',$$

$$\begin{aligned} T(u_1, u_2, \cdots, u_n) &= (u_1', u_2', \cdots, u_n') \\ &= (u_1, u_2, \cdots, u_n)\,(T_{ij})\,. \end{aligned} \tag{2-2-15}$$

算子 T 作用在向量 x 上，用矩阵表示

$$\begin{aligned} Tx &= T(u_1, u_2, \cdots, u_n) \begin{pmatrix} x_1 \\ x_2 \\ \vdots \\ x_n \end{pmatrix} = (u_1, u_2, \cdots, u_n)\,(T_{ij}) \begin{pmatrix} x_1 \\ x_2 \\ \vdots \\ x_n \end{pmatrix} \\ &= (u_1, u_2, \cdots, u_n) \begin{pmatrix} y_1 \\ y_2 \\ \vdots \\ y_n \end{pmatrix}. \end{aligned} \tag{2-2-16}$$

实际上有两种情况，一种是坐标系不变

$$\begin{pmatrix} y_1 \\ y_2 \\ \vdots \\ y_n \end{pmatrix} = (T_{ij}) \begin{pmatrix} x_1 \\ x_2 \\ \vdots \\ x_n \end{pmatrix}. \tag{2-2-17}$$

另一种情况是坐标系变

$$(u'_1 \ u'_2 \ \cdots \ u'_n) = (u_1 \ u_2 \ \cdots \ u_n)(T_{ij}). \tag{2-2-18}$$

$$u'_i = Tu_i = \sum_{j=1}^{n} T_{ji} u_j. \tag{2-2-19}$$

因此，整个基向量的变换，是由 $n \times n$ 个系数 T_{ji} 决定的。事实上，系数 T_{ji} 构成一个矩阵，其 j 行 i 列的矩阵元为 T_{ji}。如果基向量 u_i 用一个第 i 行为 1、其余为 0 的列矩阵表示，式 (2-2-19) 可写成矩阵形式：

$$Tu_i = \begin{pmatrix} T_{11} & T_{12} & \cdots & T_{1n} \\ T_{21} & T_{22} & \cdots & T_{2n} \\ \vdots & \vdots & & \vdots \\ T_{n1} & T_{n2} & \cdots & T_{nn} \end{pmatrix} \begin{pmatrix} 0 \\ \vdots \\ 1 \\ \vdots \end{pmatrix} = \begin{pmatrix} T_{1i} \\ T_{2i} \\ \vdots \\ T_{ni} \end{pmatrix} = \sum_j T_{ji} u_j. \tag{2-2-20}$$

如果基向量是正交归一的，对于矩阵元还可以有另外的意义：T_{ji} 是由 u、u' 形成的数值积

$$\begin{aligned} \langle u_j | u'_i \rangle = \langle u_j | Tu_i \rangle &= \sum_k T_{ki} \langle u_j | u_i \rangle \\ &= \sum_k T_{ki} \delta_{jk} = T_{ji}. \end{aligned} \tag{2-2-21}$$

这样，矩阵元 T_{ji} 就是数值积 $\langle u_j | Tu_i \rangle$ 在基向量中夹杂一个算子，这就是我们在量子力学中常用到的算符矩阵元。

2.2.3　坐标变换引起表示矩阵的变化

坐标变换引起 T 的变换

$$(u_1 \ u_2 \ \cdots \ u_n) \to (u'_1 \ u'_2 \ \cdots \ u'_n), \tag{2-2-22}$$

而

$$(u'_1 \ u'_2 \ \cdots \ u'_n) = (u_1 \ u_2 \ \cdots \ u_n)(a_{ij}).$$

T 矩阵作用在 X 向量上

$$
\begin{aligned}
TX &= (u_1\ u_2\ \cdots\ u_n)\,(T_{ij}) \begin{pmatrix} x_1 \\ x_2 \\ \vdots \\ x_n \end{pmatrix} \\
&= (u_1'\ u_2'\ \cdots\ u_n')\,(a_{ij})^{-1}\,(T_{ij})\,(a_{ij}) \begin{pmatrix} x_1' \\ x_2' \\ \vdots \\ x_n' \end{pmatrix}.
\end{aligned} \tag{2-2-23}
$$

从坐标变换可推导出 T 矩阵的变化 $T' \leftrightarrow (a_{ij})^{-1}\,(T_{ij})(a_{ij})$，

$$
\left(T_{ij}'\right) = (a_{ij})^{-1}\,(T_{ij})\,(a_{ij}). \tag{2-2-24}
$$

坐标变换引起 T 变为 T'，即由原来 T 进行了相似变换 (T 矩阵左乘变换矩阵 A^{-1}，右乘矩阵 A，即对 T 进行相似变换)，T 和 T' 矩阵的迹 (矩阵对角元之和) 是相等的，即经过相似变换，矩阵的迹不变。

$$
\begin{aligned}
\operatorname{tr}(T') &= \sum_{i,k,j} a_{ik}^{-1} T_{kj} a_{ji} \\
&= \sum_{kj} \left(\sum_i a_{ji} a_{ik}^{-1} \right) T_{kj} \\
&= \sum_{kj} \delta_{jk} T_{kj} = \sum_k T_{kk}.
\end{aligned} \tag{2-2-25}
$$

所以

$$
\begin{aligned}
\operatorname{tr}(T') &= \operatorname{tr}(T), \\
\sum_i (a \cdot a^{-1})_{jk} &= \delta_{kj}.
\end{aligned} \tag{2-2-26}
$$

2.2.4　算子的乘法及变换

在向量空间中，两个算子 T 和 S 的积为 TS，定义为先由 S 作用在向量上，再由 T 作用在 S 作用的结果上。

如果

$$
Su_i = \sum_j S_{ji} u_j, \quad Tu_j = \sum_k T_{kj} u_k, \tag{2-2-27}
$$

那么

$$
\begin{aligned}
TSu_i &= \sum_j S_{ji} Tu_j = \sum_j \sum_k S_{ji} T_{kj} u_k, \\
&= \sum_k \left\{ \sum_j T_{kj} S_{ji} \right\} u_k,
\end{aligned} \tag{2-2-28}
$$

所以 TS 乘积的矩阵元为

$$
(TS)_{ki} = \sum_j T_{kj} S_{ji}. \tag{2-2-29}
$$

乘积算子 TS 的矩阵就是 T 和 S 矩阵在相同顺序下的矩阵积。需要强调的是，算子的乘法和矩阵乘法一样，一般情况下是不可交换的。也就是说，乘积顺序将影响结果。两个算子按不同顺序相乘后的差 $TS - ST$，也是一个算子，称对易算子，记作 $[T, S]$。我们还约定，算子总是向右作用在向量上，则乘积 TS 是 S 先作用，T 后作用。

x 向量在 T 的作用下变为 y，反过来 y 在 T^{-1} 作用下变为 x，这就定义了 T 算子的逆算子 T^{-1}，T 算子与其逆算子 T^{-1} 的乘积为单位矩阵。

$$
Tx = y, \quad x = T^{-1}y, \quad TT^{-1} = T^{-1}T = I.
$$

乘积 TS 的逆为 $(TS)^{-1}$：$(TS)^{-1} = S^{-1}T^{-1}$.

这很容易证明：

$$
(TS)^{-1}TS = I.
$$

两边先右乘 S^{-1}，然后再右乘 T^{-1}

$$
\begin{aligned}
(TS)^{-1}TSS^{-1} &= S^{-1}, \\
(TS)^{-1}TT^{-1} &= S^{-1}T^{-1}, \\
(TS)^{-1} &= S^{-1}T^{-1},
\end{aligned}
$$

即得。

2.2.5 空间的变换与算子作用

当我们研究的空间从 L_n 映射到另一空间 L'_n(两个空间维数相同)，算子 T 作用在 X 向量上，

$$
TX = Y.
$$

同理可得

$$
T'X' = Y',
$$

$$T'SX = SY. \tag{2-2-30}$$

所以，

$$S^{-1}T'SX = Y, \quad T = S^{-1}T'S.$$

即在另一空间的 T' 算子，可通过一个相似变换获得

$$T' = STS^{-1}. \tag{2-2-31}$$

2.3 群的表示

在量子力学中，我们遇到的力学量都是线性算子，而状态波函数构成了线性向量空间。从群论观点看，力学量对状态波函数的作用，就是线性算子作用在线性向量空间上，而线性算子可以用方阵来表示。所以，相应地在量子力学中存在两种表述形式，一种是薛定谔波动方程的表述形式，另一种是海森伯 (Heisenberg) 的矩阵力学的表述形式。

2.3.1 群表示的定义

群 G 的表示 $D(G)$ 可以这样定义：在 n 维线性空间 L 中，我们将任意群 G 同态映射在算子矩阵 $D(G)$ 的一个群上，我们称矩阵群 $D(G)$ 是群 G 在 L 表示空间的一个表示。算子所对应群 G 的元素 R 记为 $D(R)$，如果 R 和 S 是群 G 的元素，那么

$$D(RS) = D(R)D(S), \tag{2-3-1}$$

$$D\left(R^{-1}\right) = [D(R)]^{-1}, \quad D(E) = I. \tag{2-3-2}$$

如果我们在 n 维 L 空间选择了基向量，表示的线性算子就可用一个它的矩阵表示来描述，从式 (2-3-1) 和式 (2-3-2) 可知这些矩阵是非奇异的。对于恒等矩阵 D(E)，它的对角矩阵元等于 1，其余矩阵元为 0：

$$D_{ij}(E) = \delta_{ij} = \begin{Bmatrix} 1, & i = j \\ 0, & i \neq j \end{Bmatrix}, \quad i, j = 1, 2, \cdots, n. \tag{2-3-3}$$

$$D_{ij}(RS) = \sum_k D_{ik}(R)D_{kj}(R) \equiv D_{ik}(R)D_{kj}(R). \tag{2-3-4}$$

L 空间称为群 G 的表示空间，若 $D(R)$ 表示与群 G 同构，即群表示 $D(R)$ 与算子 G 的映射一一对应，则称 $D(R)$ 为群 G 的真实表示；若 $D(R)$ 与群 G 同态 (一多对应)，则称为非真实表示。

表示空间的维数就是表示的维数。假如我们在 L 空间选择了一组基向量，算子 P 可用它们的矩阵来表示。如果表示空间维数为 n，我们就有一组属于 P 算子

的 n 维矩阵与群 G 同构的表示。这是最一般的情况。例如，群 G 为点群 $C_{3\mathrm{v}}$，表示空间为三维 R_3，群 $D(G)$ 就有一组 3×3 矩阵的真实表示。更一般的 n 维表示空间 R_{n}，n 个线性独立基向量为 $(x_1,\ x_2,\cdots,\ x_n)$，则算子的表示是 $n\times n$ 维矩阵。

$D(R)$ 矩阵的迹 (矩阵对角元数值的代数和)$\chi(R)=\mathrm{tr}D(R)$，称为元素 R 在表示 $D(G)$ 中的特征标。

恒等元素的表示矩阵是单位矩阵，$D(E)$=1。互逆元素的表示矩阵互为逆矩阵，$D(R^{-1})=D^{-1}(R)$。

2.3.2　等价表示

线性表示空间中，基向量的选择不是唯一的，当基向量 $\{\psi_i\}$ 作线性组合，形成另一组基向量 $\{\varphi_j\}$ 时，群 G 的表示矩阵 $D(R)$ 作相似变换，可得到另一组表示 $\bar{D}(R)$：

$$\phi_j=\sum_i X_{ij}\psi_i. \tag{2-3-5}$$

$$\bar{D}(R)=XD(R)X^{-1}. \tag{2-3-6}$$

如果群 G 的元素 R 的两个表示矩阵 $D(R)$ 与 $\bar{D}(R)$ 可通过一个相似变换联系起来，则这两个表示称为等价表示。对于给定表示，任选非奇异相似变换，就可得到无穷多个内容上没有实质区别的等价表示。

等价表示的性质：

(1) 若表示 A 与 B 等价，因为

$$B=U^{-1}AU,$$

所以，

$$A=UBU^{-1}=(U^{-1})^{-1}B(U^{-1}),$$

即 B 与 A 也等价。

(2) 若 A 与 B 表示等价，B 与 C 表示等价，则 A 与 C 表示也等价。

因为 $B=U^{-1}AU$，而且 $C=V^{-1}BV$，所以，$C=V^{-1}BV=V^{-1}U^{-1}AUV=(UV)^{-1}A(UV)$。

由于这种等价关系，我们可以将群的所有表示按等价表示分类，然后从每一类等价表示中选择一个表示。我们想寻找 $D(R)$ 所固有的一些性质，也就是在坐标系变换过程中不变的性质。这个不变性很容易找到，就是矩阵对角元的加和，我们得到

$$\begin{aligned}\sum_i[XD(R)X^{-1}]_{ii}&=\sum_{ikl}X_{ik}D_{kl}(R)X_{li}^{-1}\\&=\sum_{kl}\delta_{kl}D_{kl}(R)=\sum_k D_{kk}(R).\end{aligned} \tag{2-3-7}$$

寻找群 G 所有表示的问题，简化为寻找群 G 所有不等价表示问题。通常选取不等价表示矩阵的对角元之和，也就是矩阵的迹来表示，称为群元素某表示的特征标，记为 $\chi(g)$。群中任意元素在两个等价表示中的特征标相等。

若 $D(S)$ 与 $D(R)$ 为群 G 的两个共轭等价表示，即 $D(S) = AD(R)A^{-1}$。由于 A 可能就是空间中坐标轴的变换，即使经过坐标轴变换，我们可看到两个矩阵对角元的加和仍然相等，也就是它们的特征标相等：

$$\begin{aligned}\chi(S) = D(S)_{ii} &= \sum_i [AD(R)A^{-1}]_{ii} = \sum_{i,k,r} A_{ik}^{-1} D(R)_{kr} A_{ir} \\ &= \sum_{k,r,i} A_{ik}^{-1} A_{ir} D(R)_{kr} \\ &= \sum_k D(R)_{kk} \\ &= \chi(R).\end{aligned} \tag{2-3-8}$$

因此，可得到一个结论：只要线性向量空间确定，无论怎样选择基向量，所得到的群某个表示的特征标都是相同的。

类似证明还可得到：群 G 中同一共轭类的所有元素，具有相同的特征标。设群元素 R_1、R_2 属于同一共轭类，且存在以下关系：

$$R_1 = R_m R_2 R_m^{-1}, \quad 且 R_m \in G.$$

$$\begin{aligned}\chi(R_1) &= \sum_i D_{ii}(R_1) = \sum_i D_{ii}(R_m R_2 R_m^{-1}) \\ &= \sum_{i,j,k} D_{ij}(R_m) D_{jk}(R_2) D_{ki}(R_m^{-1}) \\ &= \sum_{j,k} D_{jk}(R_2) D_{kj}(R_m^{-1} R_m) \\ &= \sum_j D_{jj}(R_2) = \chi(R_2).\end{aligned} \tag{2-3-9}$$

由此可得对称群同一共轭类元素的特征标都相等。

可以证明，对有限群，每个元素在两个表示中的特征标相等，是两个表示等价的充要条件。

例 9　现以点群 $C_{3\text{v}}$ 为例，说明用不同的基向量，可得到不同的表示。点群 $C_{3\text{v}}$ 有六个对称元素：

$$e, C_3^1, C_3^2, \sigma_\text{v}, \sigma'_\text{v}, \sigma''_\text{v},$$

以 NH_3 为例，三个 H 原子构成一个等边正三角形，N 原子的投影位于三角形中心。我们将三个基向量 f_a、f_b、f_c 选在三个 N—H 键的方向。

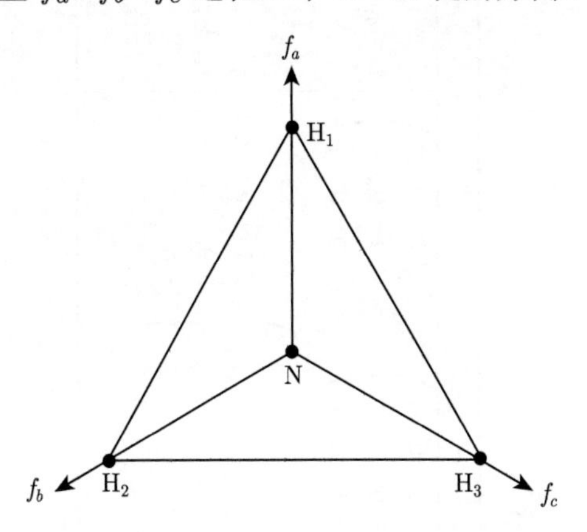

C_3 轴经过 N 原子并且垂直于三角形，三个垂面 σ_v 分别经过三个 N—H 键并垂直于平面。在群元素作用下，基向量做以下变化：

$$D(e)\begin{cases}f_a\\f_b\\f_c\end{cases}=\begin{cases}f_a\\f_b\\f_c\end{cases},\quad D\left(c_3^1\right)\begin{cases}f_a\\f_b\\f_c\end{cases}=\begin{cases}f_b\\f_c\\f_a\end{cases},\quad D\left(c_3^2\right)\begin{cases}f_a\\f_b\\f_c\end{cases}=\begin{cases}f_c\\f_a\\f_b\end{cases},$$

$$D(\sigma_v)\begin{cases}f_a\\f_b\\f_c\end{cases}=\begin{cases}f_a\\f_c\\f_b\end{cases},\quad D(\sigma_v^{'})\begin{cases}f_a\\f_b\\f_c\end{cases}=\begin{cases}f_c\\f_b\\f_a\end{cases},\quad D(\sigma_v^{''})\begin{cases}f_a\\f_b\\f_c\end{cases}=\begin{cases}f_b\\f_a\\f_c\end{cases}.$$

它们在三维空间的表示如表 2-1 中 $D^{(\alpha)}$ 所示。

我们还可以将这三个基向量重新组合：

$$f_1=f_a+f_b+f_c,\quad f_2=\sqrt{3}(f_b-f_c),\quad f_3=2f_a-f_b-f_c. \tag{2-3-10}$$

这三组基向量也是线性独立的，得到另一组表示 $D^{(\beta)}$，由此可见基向量选择不同，表示就不同。

在表 2-1 中，每一行中两个 C_3 轴的表示互为等价表示，三个垂面的表示也互为等价表示，虽然矩阵表示形式不同，但矩阵的迹是相同的。

表 2-1　点群 $C_{3\mathrm{v}}$ 的元素在不同基向量的表示

	e	C_3^1	C_3^2	σ_v	σ'_v	σ''_v	
$D^{(\alpha)}$	$\begin{pmatrix}1&0&0\\0&1&0\\0&0&1\end{pmatrix}$	$\begin{pmatrix}0&0&1\\1&0&0\\0&1&0\end{pmatrix}$	$\begin{pmatrix}0&1&0\\0&0&1\\1&0&0\end{pmatrix}$	$\begin{pmatrix}1&0&0\\0&0&1\\0&1&0\end{pmatrix}$	$\begin{pmatrix}0&0&1\\0&1&0\\1&0&0\end{pmatrix}$	$\begin{pmatrix}0&1&0\\1&0&0\\0&0&1\end{pmatrix}$	f_a, f_b, f_c
$D^{(\beta)}$	$\begin{pmatrix}1&0&0\\0&1&0\\0&0&1\end{pmatrix}$	$\begin{pmatrix}1&0&0\\0&-\frac{1}{2}&-\frac{\sqrt{3}}{2}\\0&\frac{\sqrt{3}}{2}&-\frac{1}{2}\end{pmatrix}$	$\begin{pmatrix}1&0&0\\0&-\frac{1}{2}&\frac{\sqrt{3}}{2}\\0&-\frac{\sqrt{3}}{2}&-\frac{1}{2}\end{pmatrix}$	$\begin{pmatrix}1&0&0\\0&\frac{1}{2}&\frac{\sqrt{3}}{2}\\0&\frac{\sqrt{3}}{2}&-\frac{1}{2}\end{pmatrix}$	$\begin{pmatrix}1&0&0\\0&\frac{1}{2}&-\frac{\sqrt{3}}{2}\\0&-\frac{\sqrt{3}}{2}&-\frac{1}{2}\end{pmatrix}$	$\begin{pmatrix}1&0&0\\0&-1&0\\0&0&1\end{pmatrix}$	f_1, f_2, f_3

2.3.3　构造表示的一种方法

在群代数中，群元素左乘或右乘在群空间的基向量 (也是群元素) 上，使它按一定规则变换成另一个基向量。因此，群元素既是基向量，又是线性算子。例如，把算子 S 作用在基向量 R 上，得到群代数中另一个基向量，可以写成向量的线性组合，组合系数排列起来构成算子 S 在向量基 R 中的矩阵表示形式 $D(S)$。现以 V 群为例说明：

V 群四个元素分别为 e、a、b、c，它们在置换群的表示分别为 π_e、π_a、π_b、π_c。

$$e \text{ 元素的表示 } \pi_e = \begin{pmatrix} e & a & b & c \\ e & a & b & c \end{pmatrix} \Leftrightarrow (e,a,b,c)\begin{pmatrix} 1 & 0 & 0 & 0 \\ 0 & 1 & 0 & 0 \\ 0 & 0 & 1 & 0 \\ 0 & 0 & 0 & 1 \end{pmatrix}.$$

$$a \text{ 元素的表示 } \pi_a = \begin{pmatrix} e & a & b & c \\ a & e & c & b \end{pmatrix} \Leftrightarrow (e,a,b,c)\begin{pmatrix} 0 & 1 & 0 & 0 \\ 1 & 0 & 0 & 0 \\ 0 & 0 & 0 & 1 \\ 0 & 0 & 1 & 0 \end{pmatrix}.$$

$$b \text{ 元素的表示 } \pi_b = \begin{pmatrix} e & a & b & c \\ b & c & e & a \end{pmatrix} \Leftrightarrow (e,a,b,c)\begin{pmatrix} 0 & 0 & 1 & 0 \\ 0 & 0 & 0 & 1 \\ 1 & 0 & 0 & 0 \\ 0 & 1 & 0 & 0 \end{pmatrix}.$$

$$c \text{ 元素的表示 } \pi_c = \begin{pmatrix} e & a & b & c \\ c & b & a & e \end{pmatrix} \Leftrightarrow (e,a,b,c)\begin{pmatrix} 0 & 0 & 0 & 1 \\ 0 & 0 & 1 & 0 \\ 0 & 1 & 0 & 0 \\ 1 & 0 & 0 & 0 \end{pmatrix}.$$

根据置换群的变换，我们可将 V 群的四个基向量写为

$$\begin{cases} u_1 = e + a + b + c \\ u_2 = e + a - b - c \\ u_3 = e - a + b - c \\ u_4 = e - a - b + c \end{cases}, \tag{2-3-11}$$

e、a、b、c 四个群元素分别作用在四个基向量上的结果是：

$$\begin{aligned} &au_1 = u_1, \quad bu_1 = u_1, \quad cu_1 = u_1; \\ &au_2 = u_2, \quad bu_2 = -u_2, \quad cu_2 = -u_2; \\ &au_3 = -u_3, \quad bu_3 = u_3, \quad cu_3 = -u_3; \\ &au_4 = -u_4, \quad bu_4 = -u_4, \quad cu_4 = u_4. \end{aligned}$$

根据这些结果，我们可以写出 V 群基向量在群元素作用下的变换如下：

	e	a	b	c
u_1	1	1	1	1
u_2	1	1	−1	−1
u_3	1	−1	1	−1
u_4	1	−1	−1	1

由此得到了 V 群的一个表示：

$$(u_1,\ u_2,\ u_3,\ u_4) = (e, a, b, c) \begin{pmatrix} 1 & 1 & 1 & 1 \\ 1 & 1 & -1 & -1 \\ 1 & -1 & 1 & -1 \\ 1 & -1 & -1 & 1 \end{pmatrix}. \tag{2-3-12}$$

这样，构建一个表示的过程已经清楚：从任意一组线性独立的函数集合 $\{\psi_i\}$ 开始，运用变换群 G 的元素 R 所对应的算子 O_R 作用在每一个函数上，结果函数可表示为同样函数的线性组合：

$$O_R\psi_i = \sum_{j=1}^{n} \psi_j D_{ij}(R), \quad i = 1, 2, \cdots, n. \tag{2-3-13}$$

表示中元素 R 对应的就是矩阵 $D(R)$。下面推导如何得到合适的同态的表示矩阵 $D(G)$。

因为 $O_{SR} = O_S O_R$，

$$\begin{aligned} O_{SR}\psi_i = O_S O_R \psi_i = O_S \sum_{j=1}^{n} \psi_j D_{ji}(R) \\ = \sum_{k,j=1}^{n} \psi_k D_{kj}(S) D_{ji}(R) \\ = \sum_{k=1}^{n} \psi_k \left[\sum_{j=1}^{n} D_{kj}(S) D_{ji}(R)\right], \end{aligned} \tag{2-3-14}$$

但是

$$O_{SR}\psi_i = \sum_{k=1}^{n} \psi_k D_{ki}(SR),$$

所以

$$D_{ki}(SR) = \sum_{j=1}^{n} D_{kj}(S)D_{ji}(R). \tag{2-3-15}$$

2.3.4　对称操作作用下的波函数

我们先讨论某种函数在某些算子作用下不变的情况。当算子 O_R 作用在坐标经过变换的函数上，等于函数本身。

假设，$x' = Rx$，因为

$$O_R\psi(x') = \psi(x), \tag{2-3-16}$$

那么，对所有的 x，

$$O_R\psi(Rx) = \psi(x),$$

$$\text{或 } O_R\psi(x) = \psi(R^{-1}x). \tag{2-3-17}$$

最后一个式子 (式 (2-3-17)) 很有意义，它表明算子 O_R 作用在函数 ψ 上，坐标 x 可用 $R^{-1}x$ 替换，也就是说 $O_R\psi$ 等同于 ψ，

$$O_R\psi(x) \equiv \psi(x), \quad \psi(x) \equiv \psi(R^{-1}x), \quad \psi(Rx) \equiv \psi(x). \tag{2-3-18}$$

函数在 Rx 点如同在 x 点具有相同的函数值，在这种情况下我们说函数在 R 变换下保持不变。例如，函数 $\psi(x) = x^4 + x^2$ 在原点反演操作下保持不变，又如函数 $\psi = x^2 + y^2$ 在 Z 轴转动操作下保持不变。

现考虑量子力学中的薛定谔方程，它可简洁地写为

$$H\Psi_i = E\Psi_i, \quad i = 1, 2, \cdots, n. \tag{2-3-19}$$

哈密顿算子作用在波函数上，等于能量本征值乘以波函数 (本征函数)。现考虑 n 个线性无关的本征函数，属于本征值 E。如果哈密顿算子 H 是在对称算子 R 作用下不变的函数，那么算子 $D(R)$ 作用在式 (2-3-19) 时如式 (2-3-20) 所示。

$$\begin{aligned} D(R)H\Psi_i &= \underline{D(R)HD(R)^{-1}}D(R)\Psi_i \\ &= HD(R)\Psi_i = ED(R)\Psi_i. \end{aligned} \tag{2-3-20}$$

式 (2-3-20) 划线处是对 H 算子进行相似变换，结果等于 H 算子本身。

$$D(R)\psi_i = \sum_{j=1}^{n} c_{ji}\psi_i,$$

$$c_{ji} = \langle \psi_i | D(R) | \psi_j \rangle = D_{ji}(R). \tag{2-3-21}$$

哈密顿的本征函数 Ψ_i 经 $D(R)$ 对称算子作用后，仍是哈密顿同一能级的本征函数，仍属于此函数空间，即此 n 维线性空间对 $D(R)$ 算子的作用保持不变。$D(R)\Psi_i$ 可按函数基向量展开。把组合系数排成矩阵 $D(R)$，它就是对称算子在基 $\{\Psi_i\}n$ 维空间的矩阵形式：

$$D(R)\psi_i = \sum_j \psi_j D_{ji}(R). \tag{2-3-22}$$

若 S 是对称群另一个变换，并作用在 $D(R)\Psi$ 上

$$\begin{aligned} D(S)\psi_i &= \sum_j \psi_j D_{ji}(S), \\ D(S)D(R)\psi_i &= \sum_j D(S)\psi_j D_{ji}(R) \\ &= \sum_k \psi_k D_{kj}(S) D_{ji}(R) \\ &= \sum_k \psi_k D_{ki}(SR). \end{aligned} \tag{2-3-23}$$

由此得到，对称变换算子的乘积作用在本征向量上，对应它们的矩阵表示乘以本征向量：

$$D(SR) = D(S)D(R).$$

每个简并态的本征函数为对称群的一个表示准备了一组基。如果我们能够找到表征对称群可能表示的方法，我们就能对本征函数进行分类。

2.3.5　波函数为线性算子的不变子空间

量子力学体系哈密顿算子与体系对称群 R 算子是对易子：

$$[R, H] = RH - HR = 0.$$

由此得出，存在一组与 H 算子对易的算子群 $\{R_1, R_2, \cdots\}$，同时也存在对应每个算子本征态的波函数 Ψ_i, R_1、$R_2 \cdots$ 的本征值可用来表征体系的各种定态。

由于 R_1、R_2 是群的元素，乘积 $T = R_1 R_2$ 是一个新的对称变换：

$$T\psi_i = \sum_{k=1}^{n} \psi_k \Gamma_{kj}(T). \tag{2-3-24}$$

式 (2-3-24) 中 n 维矩阵表示 Γ 对应向量空间 L。假设表示 Γ 是可约的，可分解为 P 表示与 Q 表示。结果至少存在 L 空间的两个不变子空间 L_1 和 L_2：

$$\Gamma(T) = D(P) \oplus D(Q),$$

$$L = L_1 \oplus L_2. \tag{2-3-25}$$

假设 L_1 不变子空间为 m 维，对应 P 表示有 m 个本征值为 E_1 的线性独立的本征函数 $\{\Psi_p\}$，构成了 L_1 不变子空间。L_2 不变子空间为 $n-m$ 维，对应 Q 表示 $n-m$ 个本征值为 E_2 的线性独立的波函数 $\{\Psi_q\}$，它们构成了 L_2 不变子空间。

2.4　酉空间和酉算子

2.4.1　酉空间的定义

在一个线性空间 L，我们可定义两个任意复数 x、y 组成的标量积 $\langle x|y\rangle$，就可得到一个酉空间 U，也称希尔伯特 (Hilbert) 空间。每个标量积是一对属于 L 空间的复向量 x、y，映射到复空间 U 的结果：

$$(x, y) = \langle x|y\rangle = c \in U. \tag{2-4-1}$$

这对复数 x 和 y 的标量积必须满足以下条件：

$$\langle x|y\rangle = \langle y|x\rangle^*, \tag{2-4-2}$$

其中，* 为复共轭。

$$\begin{gathered}\langle \lambda x|y\rangle = \lambda^\bullet \langle x|y\rangle, \\ \langle x|y_1 + y_2\rangle = \langle x|y_1\rangle + \langle x, |y_2\rangle, \quad \langle x|x\rangle \geqslant 0.\end{gathered} \tag{2-4-3}$$

假设 $y = x$，$\langle x|x\rangle$ 的值就是实数，是 x 向量的长度。

同样

$$\begin{aligned}&\langle x_1 + x_2|y\rangle = \langle x_1|y\rangle + \langle x_2|y\rangle, \\ &\langle x|\lambda y\rangle = \lambda \langle x|y\rangle, \quad \langle 0|x\rangle = \langle x|0\rangle = 0.\end{aligned}$$

标量积 $\langle x|y\rangle$ 是一个函数，x、y 是 L 空间里任意一对向量，它的值是复数。我们在定义标量积时，并未涉及基向量，因此标量积具有的内禀性质与基向量选择无关。

2.4.2　基向量正交归一

任何函数满足式 (2-4-2) 可定义为 L 空间的标量积。在相同的 L 空间，不同的标量积定义会产生不同的 U 空间，U 空间中的向量是正交归一的。

我们可定义一个 U 空间基向量的模

$$\begin{aligned}&|x| = \left(\langle x|x\rangle\right)^{1/2} \geqslant 0, \\ &\langle x|x\rangle = 1, \quad \langle x|y\rangle = 0.\end{aligned} \tag{2-4-4}$$

酉空间中的向量是归一的。基向量的模 $|x|$ 可看作从原点到 x 的距离或向量 x 的长度。两个属于 U 空间的基向量 x、y，若它们的标积为零，则说明这两个向量相互正交。

酉空间中所有的正交基向量都是正交归一的

$$\left\langle u^{(i)} \middle| u^{(j)} \right\rangle = \delta_{ij}, \quad i, j = 1, 2, \cdots, n. \tag{2-4-5}$$

现在我们用基向量 u 来表示 $\langle x|y\rangle$ 的标量积：

$$\begin{aligned} \langle x|y\rangle &= \left\langle \sum_i x_i u_i \middle| \sum_j y_j u_j \right\rangle = \sum_{i,j} x_i^{\bullet} \langle u_i|u_j\rangle y_j. \\ &= \sum_{i,j} x_i^{\bullet} m_{ij} y_j = (x_1^{\bullet}\ x_2^{\bullet}\ \cdots\ x_n^{\bullet})(m_{ij}) \begin{pmatrix} y_1 \\ y_2 \\ \vdots \\ y_n \end{pmatrix} \\ &= X^{+}(m_{ij})Y. \end{aligned} \tag{2-4-6}$$

其中，x 和 y 是一列矩阵；x^{+} 是 x 的伴随矩阵；$X^{+}(m_{ij})Y$ 因为有埃尔米特 (Hermitian) 矩阵，被称为埃尔米特形式，假如 $y = x$，

$$X^{+}(m_{ij})X \geqslant 0. \tag{2-4-7}$$

一个形式满足这样的条件被称为明确定义，那么这个标量积应该是以 x_i、y_i 坐标为明确定义的埃尔米特形式。

在欧几里得空间，向量的标积通常是它的距离或长度

$$\|x\| = (\langle x|x\rangle)^{1/2} = \left(\sum_i x_i^2\right)^{1/2}. \tag{2-4-8}$$

2.4.3 基向量的酉变换

在正交归一化基，刻度矩阵约化为酉矩阵，式 (2-4-6) 化为简单形式：

$$\langle x|y\rangle = \sum_i x_i^{*} y_i = X^{+}Y. \tag{2-4-9}$$

同时

$$\langle x|x\rangle = \sum_i |x_i|^2. \tag{2-4-10}$$

$\{u_i\}$ 是一组正交归一化的基向量，$\{u_i\}$ 基向量可经过一个变换 A 成为另一组基向量 $\{v_j\}$，这组新基向量也必然是正交归一化基。

$$\langle u_i | u_j \rangle = \delta_{ij},$$

$$(v_1\ v_2\ \cdots\ v_n) = (u_1\ u_2\ \cdots\ u_n)(a_{ij}). \tag{2-4-11}$$

根据式 (2-4-11)，新基向量 $\{v_j\}$ 的标积可表示为

$$\begin{aligned}\delta_{ij} = \langle v_i | v_j \rangle &= \langle a_{ik} u_k | a_{jl} u_l \rangle \\ &= a_{ik}^* a_{jl} \langle u_k | u_l \rangle = a_{ik}^* a_{jl} \delta_{kl} \\ &= a_{ik}^* a_{jl}.\end{aligned} \tag{2-4-12}$$

同理，

$$\sum_k a_{kj} a_{ki}^* = \delta_{ij}.$$

A 是刻度矩阵，它的矩阵元与转置共轭矩阵元相等

$$A = A^+,\quad (a^+)_{ij} = a_{ji}^*. \tag{2-4-13}$$

其中，A^+ 是 A 的伴随矩阵，也称埃尔米特共轭矩阵。

$$a \cdot a^+ = 1 = a^+ \cdot a,$$

所以，

$$A^+ = A^{-1}. \tag{2-4-14}$$

当一个矩阵的伴随矩阵等于该矩阵的逆时，我们称该矩阵表示的变换为酉变换。

2.4.4　酉算子

对一个线性算子 T，它的伴随矩阵为 T^+，对所有向量 $\{x_i\}$、$\{y_j\}$，我们可得到

$$\langle TX | Y \rangle = \langle X | T^+ Y \rangle. \tag{2-4-15}$$

对正交归一化基，运用式 (2-4-9) 我们得到

$$\begin{aligned}\langle TX | Y \rangle &= \left\langle \sum_{j,i} u_j T_{ji} x_i \middle| \sum_k u_k y_k \right\rangle \\ &= \sum_{ij,k} T_{ji}^* x_i^* y_k \langle u_j | u_k \rangle\end{aligned}$$

$$=\sum_{i,j} y_j T_{ji}^* x_i^*. \tag{2-4-16}$$

$$\begin{aligned}\left\langle X \middle| T^+ Y\right\rangle &= \left\langle \sum_i x_i u_i \middle| \sum_{j,k} u_j T_{jk}^+ y_k \right\rangle \\ &= \sum_{i,j,k} x_i^* T_{jk}^+ y_k \left\langle u_i \middle| u_j \right\rangle \\ &= \sum_{i,k} x_i^* T_{ik}^+ y_k = \sum_{i,j} y_j T_{ij}^+ x_i^*. \end{aligned} \tag{2-4-17}$$

(最后一步，要把游标 k 改为 j)

由于 x_i、y_i 是任意的，所以 T 算子的伴随算子等于它的埃尔米特算子，又等于它的逆：

$$T_{ij}^+ = T_{ji}^* = T_{ij}^{-1}. \tag{2-4-18}$$

在一个正交归一化基，伴随算子 T^+ 矩阵表示的是 T 矩阵的共轭转置。自伴随算子也称埃尔米特算子。如果一个算子作用在 x、y 内积的两边，内积保持不变，我们称这算子为酉算子。

$$\left\langle UX \middle| UY \right\rangle = \left\langle X \middle| Y \right\rangle. \tag{2-4-19}$$

$$U^+U = UU^+ = 1. \tag{2-4-20}$$

$$y = U^{-1}XU = U^+XU.$$

现以 R 矩阵为例，若 R 矩阵的共轭矩阵等于其逆矩阵，则 R 称为酉矩阵，它与伴随矩阵的乘积为单位矩阵。

$$R^+ = R^{-1}, \quad R^+R = RR^+ = 1.$$

把矩阵展开为矩阵元的形式：

$$\sum_\rho \left(R^+\right)_{\mu\rho} R_{\rho\nu} = \sum_\rho R_{\rho\mu}^* R_{\rho\nu} = \delta_{\mu\nu},$$

$$\sum_\rho R_{\mu\rho} \left(R^+\right)_{\rho\nu} = \sum_\rho R_{\mu\rho} R_{\nu\rho}^* = \delta_{\mu\nu}.$$

即酉矩阵的各列作为列矩阵相互正交归一，它的各行矩阵也相互正交归一。若 R 矩阵与其共轭矩阵相等，该矩阵称为埃尔米特矩阵。

$$R^+ = R, \quad R_{\mu\nu}^* = R_{\nu\mu}.$$

酉矩阵的行列式模为 1，两个酉矩阵 A、B，相乘结果仍为酉矩阵：

$$(AB)^{+} = B^{+}A^{+}. \tag{2-4-21}$$

$$\begin{aligned}(AB)^{+}_{ij} &= (AB)^{*}_{ji} \\ &= \sum_{t} a^{*}_{jt}b^{*}_{ti} = \sum_{t} b^{+}_{it}a^{+}_{tj} \\ &= \left(B^{+}\cdot A^{+}\right)_{ij}.\end{aligned} \tag{2-4-22}$$

$$(AB)^{+} = B^{+}A^{+}.$$

埃尔米特矩阵的对角元是实数，非对角元成对地互为复共轭。埃尔米特矩阵的和也是埃尔米特矩阵，在酉变化中埃尔米特矩阵的埃尔米特性保持不变，埃尔米特矩阵可通过酉变换实现对角化。

2.4.5　酉表示

如果群 G 的算子是酉算子的话 (或表示矩阵是酉矩阵)，这个表示就是酉表示。对于有限群 G，我们能证明每个表示等价于酉表示。

对任意一对向量 x、y，我们可构建一个表达式：

$$\langle x|y\rangle = \frac{1}{g}\sum_{R\subset G}\langle D(R)x|D(R)y\rangle. \tag{2-4-23}$$

式 (2-4-23) 是对群 G 的所有元素 R 的求和，它所定义的标积 $\langle x|y\rangle$ 的量，满足标积的所有需求，然后群 G 的任一元素 S 分别作用在 x、y 上：

$$\begin{aligned}\langle D(S)x|D(S)y\rangle &= \frac{1}{g}\sum_{R\subset G}\langle D(R)D(S)x|D(R)D(S)y\rangle \\ &= \frac{1}{g}\sum_{R\subset G}\langle D(RS)x|D(RS)y\rangle.\end{aligned} \tag{2-4-24}$$

但是对于确定的元素 S，如同遍及群 G 的 R 元素以及 RS 实质是一样的，即式 (2-4-23) 与式 (2-4-24) 的右边都是同样的，则

$$\langle D(S)x|D(S)y\rangle = \langle x|y\rangle.$$

从另一方面来说，我们表示的算子是酉算子，对应的是标量积。

现在我们来考虑一组正交归一化的向量集合 $\{u_i\}$，它对应原来的标量积；再考虑第二组正交归一化的向量 $\{v_j\}$，它对应新的标量积

$$\langle u_i|u_j\rangle = \delta_{ij},\quad \langle v_i|v_j\rangle = \delta_{ij}. \tag{2-4-25}$$

现在定义一个算子 T 变换，$Tu_i = v_i$，

$$TX = (u_1 \ u_2 \ \cdots \ u_n)(T_{ij}) \begin{pmatrix} x_1 \\ x_2 \\ \vdots \\ x_n \end{pmatrix} = (v_1 \ v_2 \ \cdots \ v_n) \begin{pmatrix} x_1 \\ x_2 \\ \vdots \\ x_n \end{pmatrix}. \tag{2-4-26}$$

所以

$$\langle TX|TY \rangle = \sum_{i,j} x_i^* y_j \langle v_i|v_j \rangle = \sum_i x_i^* y_i = \langle x|y \rangle. \tag{2-4-27}$$

现考虑一个等价变换由下式定义

$$D'(S) = T^{-1} D(S) T, \tag{2-4-28}$$

我们可得到

$$\begin{aligned} \langle D'(S)x|D'(S)y \rangle &= \langle T^{-1}D(S)Tx|T^{-1}D(S)Ty \rangle \\ &= \langle D(S)Tx|D(S)Ty \rangle \\ &= \langle Tx|Ty \rangle = \langle x|y \rangle. \end{aligned} \tag{2-4-29}$$

式 (2-4-29) 表明式 (2-4-28) 定义的等价表示是酉表示，所进行的变换为相似变换，所以对有限群，我们总可以选择我们的表示为酉表示。

2.5　可约表示的约化及判据

2.5.1　可约表示

假如表示空间 L 含有一个非平庸的子空间 L'，即

$$L' \subset L, \quad L' \neq \{0\}, \quad L' \neq L,$$

那么 L 空间的 $D(R)$ 表示就是可约表示。L 空间可以分解成不可约子空间 $L^{(\alpha)}$ 的直和

$$L = \sum_{\alpha} {}_{\oplus} L^{(\alpha)}. \tag{2-5-1}$$

对应每个不变子空间的表示是不可约表示，分解过程就是可约表示的全约化。

令 $D(R)$ 代表群 G 中元素 R 相对应的矩阵，若 $D(R)$ 矩阵具有以下阶梯矩阵形式：

$$D(R) = \begin{pmatrix} D^{(1)}(R) & A(R) \\ 0 & D^{(2)}(R) \end{pmatrix}. \tag{2-5-2}$$

其中，$D^{(1)}(R)$ 是 $m\times m$ 维矩阵，对应基向量中 $(x_1,x_2,\cdots,x_m)$ 部分；$D^{(2)}(R)$ 是 $(n-m)\times(n-m)$ 维矩阵，对应基向量中 $(x_{m+1},x_{m+2},\cdots,x_n)$ 部分；$A(R)$ 是 $m\times n$ 维矩阵。我们可将 $\{x_i\}$ 分为前后两部分，X 对应 $x_1,x_2,\cdots,x_m,Y$ 对应 $x_{m+1},x_{m+2},\cdots,x_n$：

$$(x_1,x_2,\cdots,x_m,x_{m+1},\cdots,x_n)\equiv(X,Y).$$

当 $D(R)$ 算子作用在 n 维线性空间

$$D(R)\begin{pmatrix}X\\Y\end{pmatrix}=\begin{pmatrix}D^{(1)}(R)X+A(R)Y\\0+D^{(2)}(R)Y\end{pmatrix},\tag{2-5-3}$$

分别只作用在 X 或 Y 空间

$$D(R)\begin{pmatrix}X\\0\end{pmatrix}=\begin{pmatrix}D^{(1)}(R)X\\0\end{pmatrix},\quad D(R)\begin{pmatrix}0\\Y\end{pmatrix}=\begin{pmatrix}A(R)Y\\D^{(2)}Y\end{pmatrix}.\tag{2-5-4}$$

在 $D(R)$ 矩阵中，若 $A(R)$ 部分不为零 (见式 (2-5-2))，我们可继续定义下列过程：变换 m 维 $D^{(1)}(R)$ 空间的基向量，使 $D^{(1)}(R)$ 矩阵具有式 (2-5-2) 的形式：

$$D^{(1)}(R)=\left(\begin{array}{c:c}D^{(3)}(R)&A'(R)\\\hdashline 0&D^{(4)}(R)\end{array}\right),$$

其中，$D^{(3)}$ 是 p 维的，而 $D^{(4)}$ 是 $m-p$ 维的。对 $D^{(2)}(R)$ 矩阵也进行相同的工作，这过程一直进行到 $D(R)$ 矩阵有这样的形式，即上半个三角矩阵元具有数值，下半个三角矩阵元均为零

$$D(R)=\begin{pmatrix}D^{(1)}(R)&A^{(1)}(R)&&&\\&D^{(2)}(R)&A^{(2)}(R)&&\\&&\ddots&&\\&&&\ddots&\\0&0&&D^{(k-1)}(R)&A^{(k-1)}(R)\\&&&0&D^{(k)}(R)\end{pmatrix}.\tag{2-5-5}$$

其中，$D^{(1)}(R)\cdots D^{(i)}(R)\cdots D^{(k)}(R)$ 是 m_i 维不可约矩阵 $(n=\sum\limits_{i=1}^{k}m_i)$。

这个工作告诉我们，在酉空间有限维的可约表示总可能分解为有限个不可约表示的加和。

$$若\ A(R)=0,\quad D(R)=\begin{pmatrix}D^{(1)}(R)&0\\0&D^{(2)}(R)\end{pmatrix},$$

则

$$D(R)\begin{pmatrix} X \\ 0 \end{pmatrix} = \begin{pmatrix} D^{(1)}(R)X \\ 0 \end{pmatrix}, \quad D(R)\begin{pmatrix} 0 \\ Y \end{pmatrix} = \begin{pmatrix} 0 \\ D^{(2)}Y \end{pmatrix}. \tag{2-5-6}$$

在 $D(R)$ 矩阵中，若 $A(R)$ 这部分为零，则线性空间 L 可分解为 L_1 和 L_2 两个独立子空间，$D(R)$ 算子也可分解成两个独立的算子 $D^{(1)}(R)$ 和 $D^{(2)}(R)$，我们就说表示 $D(R)$ 完全约化了。在这种情况中，无论是 m 维的 $D^{(1)}$ 矩阵，还是 $n-m$ 维的 $D^{(2)}$ 矩阵都保持不变。L 空间分解为 L_1 和 L_2 两个不变子空间的直和，$D(R)$ 矩阵分解为 $D^{(1)}$ 和 $D^{(2)}$ 表示的直和：

$$L = L_1 \oplus L_2, \tag{2-5-7}$$

$$D(R) = D^{(1)}(R) \oplus D^{(2)}(R). \tag{2-5-8}$$

若 L 空间可分解为多个独立子空间，$D(R)$ 算子可分解成多个独立算子。$D(R)$ 矩阵可表达为以下形式：

$$D(R) = \left(\begin{array}{c:c:c:c} D^{(1)}(R) & 0 & \cdots & 0 \\ \hdashline 0 & D^{(2)}(R) & 0 & \vdots \\ \hdashline \vdots & & \ddots & 0 \\ \hdashline 0 & \cdots & 0 & D^{(k)}(R) \end{array}\right) \tag{2-5-9}$$

它表明：若一个表示可分解为两个或多个表示，则称为可约表示。

2.5.2　表示的约化

对于有限群来说，所有的表示都可以从有限个不同的不可约表示构造出来。例如，点群 $C_{3\text{v}}$ 有三个不同的不可约表示，其中两个是一维的，另一个是二维的。先看 2.3 节的 NH_3 的例子，开始由 f_a、f_b、f_c 构成的 $R = C_3^1$ 的表示矩阵：

$$D(R) = \begin{pmatrix} 0 & 0 & 1 \\ 1 & 0 & 0 \\ 0 & 1 & 0 \end{pmatrix}.$$

我们可用 S 矩阵：

$$S = \begin{pmatrix} 1 & 0 & -2 \\ 1 & \sqrt{3} & 1 \\ 1 & -\sqrt{3} & 1 \end{pmatrix},$$

经过相似变换使它对角化:

$$D'(R) = S^{-1}D(R)S = \begin{pmatrix} 1 & 1 & 1 \\ 0 & \sqrt{3} & -\sqrt{3} \\ -2 & 1 & 1 \end{pmatrix}\begin{pmatrix} 0 & 0 & 1 \\ 1 & 0 & 0 \\ 0 & 1 & 0 \end{pmatrix}\begin{pmatrix} 1 & 0 & -2 \\ 1 & \sqrt{3} & 1 \\ 1 & -\sqrt{3} & 1 \end{pmatrix}$$

$$= 3\begin{pmatrix} 1 & 0 & 0 \\ 0 & -1 & -\sqrt{3} \\ 0 & \sqrt{3} & -1 \end{pmatrix}.$$

即变换成 f_1、f_2 和 f_3 基向量构成的表示矩阵，取后两行和后两列可构成一个二维表示，第一行第一列的对角矩阵可构成一维表示。因为后两行、后两列与第一行、第一列相交的位置上都是零。用向量的语言表达，f_1 向量构成一个不变子空间，f_2、f_3 构成另一个与前者正交的不变子空间。同样，我们还可将 $R = C_3^2$、σ_{v} 等的三维表示约化为一个一维表示与一个二维表示的和，并可以进一步证明这两个表示不能进一步约化。

现在用更一般的术语来定义表示的约化。设有一个向量酉空间 L，它对于群 G 中各 R 元素所导出的变换 $D(R)$ 是不变的。我们可将酉空间 L 分解成一些子空间 L_q 的和，使其中每个子空间都是不变的:

$$L = L_1 \oplus L_2 \oplus L_3 \oplus \cdots \tag{2-5-10}$$

其中，每一个 L_q 对应的变换 $D^{(q)}(G)$ 都是不可约的，相应地可将表示约化写成

$$D(R) = D^{(1)}(R) \oplus D^{(2)}(R) \oplus D^{(3)}(R) \oplus \cdots \tag{2-5-11}$$

其中，$D^{(q)}$ 是子空间 L_q 对应的不可约表示。式 (2-5-11) 的含义是可约表示分解成各子空间里不可约表示的直和。

酉空间里的每个可约表示总可以完全分解成多个不可约表示，我们称这个过程是全约化过程。

用矩阵语言来说，如果选取适当的基向量顺序，使得属于 L_1 的基向量排在前面，属于 L_2 的排在后面，那么矩阵将是对角块的形式。对角块内有数据，非对角块处均为零。每一个对角块是群 G 一个不可约表示矩阵。

$$
\begin{pmatrix}
d_{11} & d_{12} & 0 & 0 & 0 & \cdots & & 0 \\
d_{21} & d_{22} & 0 & 0 & 0 & \cdots & & 0 \\
0 & 0 & d_{33} & 0 & 0 & \cdots & & 0 \\
0 & 0 & 0 & d_{44} & 0 & \cdots & & 0 \\
 & & & & & & & \vdots \\
\vdots & \vdots & \vdots & \vdots & \vdots & d_{77} & d_{78} & d_{79} \\
 & & & & & d_{87} & d_{88} & d_{89} \\
0 & & \cdots & & 0 & d_{97} & d_{98} & d_{99}
\end{pmatrix}.
$$

上面矩阵除了 d_{ij} 矩阵元有数据，其余均为零。沿着对角线，最上面是 2×2 的方块，然后是两个一维方块 …… 最后是 3×3 的方块。

在所有的不可约表示中，有一些是相互等价的 (具有相同维数)。等价的不可约表示没有区别，我们用相同的符号表示它们，即表示 $D(R)$ 可能含有某不可约表示 $D^{(\gamma)} a_\gamma$ 次：

$$D = a_1 D^{(1)} \oplus a_2 D^{(2)} \oplus \cdots a_\gamma D^{(\gamma)} = \sum_\gamma a_\gamma D^{(\gamma)}, \tag{2-5-12}$$

其中，a_γ 为正整数，即可约表示可完全约化为数个不可约表示的直和，其中有些表示出现多次。

2.5.3　约化的充分必要条件

在介绍一些基础定理 (Schur 引理) 前，我们先要寻找不可约表示的简单判据与非等价表示的数目限制。

假设一组 n 个函数的集合 $\{\psi_i\}$，$i = 1, 2, \cdots, n$，作为群 G 表示的基向量，对于属于群 G 的所有元素 R

$$D(R)\psi_v = \sum_u \psi_u D_{uv}(R). \tag{2-5-13}$$

若表示是可约的，根据定义总可以找到一组 m 个函数 $\{\varphi_j\}$ 的基向量，$j = 1, 2, \cdots, m, (m < n)$，表示为 ψ_i 的线性组合

$$(\phi_1\ \phi_2\ \cdots\ \phi_m) = (\psi_1\ \psi_2\ \cdots\ \psi_n)\, A. \tag{2-5-14}$$

群 G 元素 R 作用在 $\{\varphi_j\}$ 函数上

$$
\begin{aligned}
D(R)\begin{pmatrix} \phi_1 & \phi_2 & \cdots & \phi_m \end{pmatrix} &= \begin{pmatrix} \phi_1 & \phi_2 & \cdots & \phi_m \end{pmatrix} D^{(\phi)}(R) \\
&= \begin{pmatrix} \psi_1 & \psi_2 & \cdots & \psi_n \end{pmatrix} D^{(\psi)}(R) A,
\end{aligned} \tag{2-5-15}
$$

$$\begin{pmatrix} \psi_1 & \psi_2 & \cdots & \psi_n \end{pmatrix} A(D^{(\phi)}(R)) = \begin{pmatrix} \psi_1 & \psi_2 & \cdots & \psi_n \end{pmatrix} (D^{(\psi)}(R))A. \quad (2\text{-}5\text{-}16)$$

因为 $\{\psi_i\}$ 是线性独立的，所以

$$D^{(\psi)}(R)A = AD^{(\phi)}(R). \quad (2\text{-}5\text{-}17)$$

若 $D^{(\psi)}$ 为可约表示，我们可找到非零矩阵 A，使群 G 的所有 $D^{(\psi)}(R)$ 可与其交换，即式 (2-5-15) 是可约表示约化的必要条件。

充分条件：

$$\begin{aligned} \begin{pmatrix} \psi_1 & \psi_2 & \cdots & \psi_n \end{pmatrix} D^{(\psi)}(R)A &= \begin{pmatrix} \psi_1 & \psi_2 & \cdots & \psi_n \end{pmatrix} AD^{(\phi)}(R) \\ &= \begin{pmatrix} \phi_1 & \phi_2 & \cdots & \phi_m \end{pmatrix} D^{(\phi)}(R), \end{aligned}$$

所以

$$D(R)\begin{pmatrix} \phi_1 & \phi_2 & \cdots & \phi_m \end{pmatrix} = \begin{pmatrix} \phi_1 & \phi_2 & \cdots & \phi_m \end{pmatrix} D^{(\phi)}(R). \quad (2\text{-}5\text{-}18)$$

2.5.4　Schur 引理

Schur 引理是群表示理论中最基本的定理，它适用于所有的群，揭示了群不可约表示的基本特征。

引理 1　设 $D(R)$ 是群 G 在空间 L 的一个不可约表示，如果对于群 G 中所有的元素 R，都存在 A 矩阵能满足对易关系，则矩阵 A 为常数矩阵：

$$D(R)A = AD(R), \quad (2\text{-}5\text{-}19)$$

则 $A = \lambda I$ ，λ 为常数，I 为单位矩阵。

也就是说，与一个群的所有算子 $D(R)$ 都对易的算子，必为单位算子的常数倍。

引理 2　设 $D^{(1)}(G)$ 和 $D^{(2)}(G)$ 是群 G 的两个不等价不可约表示，维数分别为 m_1 和 m_2，A 是一个 $m_1 \times m_2$ 维矩阵，如果对每一个群元素 R 都满足对易关系，A 矩阵必是零矩阵

$$D^{(1)}(R)A = AD^{(2)}(R), \quad \sum_\rho D^{(1)}_{\nu\rho}(R)A_{\rho\mu} = \sum_\rho A_{\nu\rho}D^{(2)}_{\rho\mu}(R), \quad (2\text{-}5\text{-}20)$$

则 $A \equiv 0$。

该引理说明，如果 A 能与群中两个不同的不可约表示的所有元素对易的话，A 只能是零算子。

证明引理 2 我们构建矩阵

$$A = \frac{1}{g}\sum_S D^{(\mu)}(S) X D^{(\nu)}(S^{-1}), \tag{2-5-21}$$

其中，X 为任意矩阵; g 为群 G 的阶。

$$\begin{aligned} D^{(\mu)}(R)A &= \frac{1}{g}\sum_S \underline{D^{(\mu)}(R)D^{(\mu)}(S)XD^{(\nu)}(S^{-1})D^{(\nu)}(R^{-1})}D^{(\nu)}(R) \\ &= \frac{1}{g}\sum_S D^{(\mu)}(RS)XD^{(\nu)}(RS)^{-1}D^{(\nu)}(R) \\ &= \frac{1}{g}\sum_S D^{(\mu)}(S)XD^{(\nu)}(S^{-1})\cdot D^{(\nu)}(R) \\ &= AD^{(\nu)}(R). \end{aligned} \tag{2-5-22}$$

其中，群 G 中两个任意元素 RS 的积必是群中另一元素 (群的封闭性)。

所以

$$D^{(\mu)}(R)A = AD^{(\nu)}(R), \quad A \equiv 0,$$

即证。

证明引理 1 若 (μ)=(ν)，选择 X 矩阵，除了 X_{kl} =1，其余皆为零，

$$X_{ij} = \delta_{ik}\delta_{jl}.$$

$$\begin{aligned} A = \lambda_{kl} I_{ij} &= \frac{1}{g}\sum_S D_{ik}^{(\mu)}(S) X_{kl} D_{lj}^{(\mu)}(S^{-1}) \\ &= \frac{1}{g}\sum_S D_{ik}^{(\mu)}(S) D_{jl}^{(\mu)}(S)^*, \end{aligned}$$

$$\lambda_{kl}\delta_{ij} = \frac{1}{g}\sum_S D_{jl}^{(\mu)}(S)^* D_{ik}^{(\mu)}(S),$$

$$\lambda_{kl} = \frac{1}{g}\sum_S D_{il}^{(\mu)}(S)^* D_{ik}^{(\mu)}(S),$$

所以

$$n_\mu \lambda_{kl} = \frac{1}{g}\sum g\delta_{kl} \longrightarrow \lambda_{kl} = \frac{1}{n_\mu}\delta_{kl},$$

$$\sum_S D_{ik}^{(\mu)}(S)^* D_{jl}^{(\mu)}(S) = \frac{g}{n_\mu}\delta_{ij}\delta_{kl}.$$

其中，n_μ 为 $D^{(\mu)}(S)$ 不可约表示的维数。

例 10　运用 Schur 引理判断 D_3 群的一个表示是否为可约表示，并求出可能的约化矩阵。

D_3 群的一个表示如下：

$$D(E)=\begin{pmatrix}1&0&0\\0&1&0\\0&0&1\end{pmatrix},\quad D(A)=\begin{pmatrix}1&0&0\\0&1&0\\0&0&-1\end{pmatrix},\quad D(B)=\begin{pmatrix}\frac{1}{4}&\frac{3}{4}&-\frac{\sqrt{6}}{4}\\\frac{3}{4}&\frac{1}{4}&\frac{\sqrt{6}}{4}\\-\frac{\sqrt{6}}{4}&\frac{\sqrt{6}}{4}&\frac{1}{2}\end{pmatrix},$$

$$D(C)=\begin{pmatrix}\frac{1}{4}&\frac{3}{4}&\frac{\sqrt{6}}{4}\\\frac{3}{4}&\frac{1}{4}&-\frac{\sqrt{6}}{4}\\\frac{\sqrt{6}}{4}&-\frac{\sqrt{6}}{4}&\frac{1}{2}\end{pmatrix},\quad D(D)=\begin{pmatrix}\frac{1}{4}&\frac{3}{4}&-\frac{\sqrt{6}}{4}\\\frac{3}{4}&\frac{1}{4}&\frac{\sqrt{6}}{4}\\\frac{\sqrt{6}}{4}&-\frac{\sqrt{6}}{4}&-\frac{1}{2}\end{pmatrix},$$

$$D(F)=\begin{pmatrix}\frac{1}{4}&\frac{3}{4}&\frac{\sqrt{6}}{4}\\\frac{3}{4}&\frac{1}{4}&-\frac{\sqrt{6}}{4}\\-\frac{\sqrt{6}}{4}&\frac{\sqrt{6}}{4}&-\frac{1}{2}\end{pmatrix}.$$

根据 Schur 引理，要判断 $D(R)$ 是否为可约表示，先要找到一个能与它对易的常数矩阵 A：

$$A=D(D)+D(F)=\begin{pmatrix}\frac{1}{2}&\frac{3}{2}&0\\\frac{3}{2}&\frac{1}{2}&0\\0&0&-1\end{pmatrix}.$$

本征向量组成矩阵为

$$S=\frac{1}{2}\begin{pmatrix}1&-1&\sqrt{2}\\-1&1&\sqrt{2}\\\sqrt{2}&\sqrt{2}&0\end{pmatrix}.$$

由 $D'(R)=S^{-1}D(R)S$ 获得

$$D'(E)=\begin{pmatrix}1&0&0\\0&1&0\\0&0&1\end{pmatrix},\quad D'(A)=\begin{pmatrix}0&-1&0\\-1&0&0\\0&0&1\end{pmatrix},\quad D'(B)=\begin{pmatrix}-\frac{\sqrt{3}}{2}&\frac{1}{2}&0\\\frac{1}{2}&\frac{\sqrt{3}}{2}&0\\0&0&1\end{pmatrix},$$

$$D'(C)=\begin{pmatrix}\frac{\sqrt{3}}{2}&\frac{1}{2}&0\\\frac{1}{2}&-\frac{\sqrt{3}}{2}&0\\0&0&1\end{pmatrix},\quad D'(D)=\begin{pmatrix}-\frac{1}{2}&-\frac{\sqrt{3}}{2}&0\\\frac{\sqrt{3}}{2}&-\frac{1}{2}&0\\0&0&1\end{pmatrix},$$

$$D'(F)=\begin{pmatrix}-\frac{1}{2}&\frac{\sqrt{3}}{2}&0\\-\frac{\sqrt{3}}{2}&-\frac{1}{2}&0\\0&0&1\end{pmatrix}.$$

经过相似变换，我们得到了对角化的表示，上两行两列对应一个二维表示，下面对应一个一维表示。即我们将一个三维的可约表示，约化为一个一维和一个二维表示。

2.6 正 交 定 理

2.6.1 不可约表示正交性

若 $D^{(\mu)}(S_i)$ 和 $D^{(\nu)}(S_i)$ 是群 G 的两个维数为 n 的不等价的不可约表示，则

$$\sum_S D_{ik}^{(\mu)}(S)D_{jl}^{(\nu)}(S)=\frac{g}{n}\delta_{\mu\nu}\delta_{ij}\delta_{kl},\tag{2-6-1}$$

式 (2-6-1) 是对群 G 所有元素的求和，g 是群阶。

这个式子表达三层意思：对于群 G 的两个不等价的不可约表示，则不同的不可约表示相互正交；相同不可约表示的不同行向量或不同列向量相互正交；相同不可约表示的同一矩阵元的平方和等于群阶除以不可约表示的维数。

证明　根据 Schur 引理，给定群 G 的一个 n 维不可约表示 D(群阶为 g)，构建 A 矩阵

$$A=\sum_S D(S)XD(S^{-1}).\tag{2-6-2}$$

其中，X 为任意矩阵，求和遍及所有群元素。

$D(R)$ 作用在 A 矩阵上，等于 A 矩阵作用在 $D(R)$ 上

$$
\begin{aligned}
D(R)A &= \sum_S D(R)D(S)XD(S^{-1}) \\
&= \sum_S D(R)D(S)XD(S^{-1})D(R^{-1}) \cdot D(R) \\
&= \left[\sum_S D(RS)XD\left((RS)^{-1}\right)\right] \cdot D(R) \\
&= \sum_S D(S)XD(S^{-1}) = AD(R).
\end{aligned}
\tag{2-6-3}
$$

按照推理 1，$A = \lambda \cdot 1$，而 λ 的值取决于我们选择的任意矩阵 X。现选择 X 矩阵中 $X_{kl}=1$，其余矩阵元皆为零，λ 就成了 λ_{kl}。

从式 (2-6-1) 可得

$$\sum_S D_{ik}(S)D_{lj}(S^{-1}) = \lambda_{kl}\delta_{ij}.$$

若从 D 为酉矩阵出发，也可得到以上结果。

为了估算 λ_{kl} 的值，令 $i = j$，遍及 i 求和

$$
\begin{aligned}
\sum_S \sum_i D_{ik}(S)D_{jl}(S^{-1}) &= n\lambda_{kl} \\
&= \sum_S D_{lk}(SS^{-1}) = \sum_S D_{lk}(E) \\
&= \sum_S \delta_{lk} = g\delta_{lk},
\end{aligned}
\tag{2-6-4}
$$

所以

$$\lambda_{kl} = \frac{g}{n}\delta_{kl}. \tag{2-6-5}$$

λ_{kl} 的取值为群阶与不可约表示维数的商：

$$\sum_S D_{ik}(S)D_{lj}(S^{-1}) = \frac{g}{n}\delta_{kl}\delta_{ij}. \tag{2-6-6}$$

这个值同样是 D 表示矩阵元平方对所有群元素求和的结果。

接下来讨论两个不可约表示的正交关系。

我们选择简单形式的矩阵 A，使它满足 Schur 引理。给定属于群 G 的任意两个非等价的不可约表示 $D^{(1)}$ 和 $D^{(2)}$(维数分别为 n_1 和 n_2)

$$A = \frac{1}{g}\sum_S D^{(2)}(S)XD^{(1)}(S^{-1}). \tag{2-6-7}$$

其中，X 为任意矩阵，将 $D^{(2)}$ 矩阵作用于 A:

$$\begin{aligned} D^{(2)}(R)A &= \frac{1}{g}\sum_{S} D^{(2)}(R)D^{(2)}(S)XD^{(1)}(S^{-1})D^{(1)}(R^{-1})D^{(1)}(R) \\ &= \frac{1}{g}\left[\sum_{RS} D^{(2)}(RS)XD^{(1)}(RS)^{-1}\right]D^{(1)}(R) \\ &= \frac{1}{g}\left[\sum_{S} D^{(2)}(S)XD^{(1)}(S)^{-1}\right]D^{(1)}(R). \end{aligned} \tag{2-6-8}$$

其中，第一等式用了单元矩阵拆分，第三等式 RS 游标用 S 替换，则得到

$$D^{(2)}(R)A = AD^{(1)}(R). \tag{2-6-9}$$

根据 Schur 引理，A=0，选择 $X_{pt} = \delta_{pk}\delta_{tl}$。

对于所有的 p、t、k、l，

$$\sum_{S} D^{(2)}_{ik}(S)D^{(1)*}_{jl}(S) = 0. \tag{2-6-10}$$

即不同的不可约表示正交。

从式 (2-6-6)、式 (2-6-10) 得到：若我们考虑一个群 G 所有不等价不可约表示，并固定 μ、i、j，$D^{(\mu)}_{ij}$ 在 g 维空间形成一个向量：

$$\sum_{R} D^{(\mu)}_{ik}(R)D^{(\nu)}_{lj}(R^{-1}) = \frac{g}{n}\delta_{\mu\nu}\delta_{ij}\delta_{kl}. \tag{2-6-11}$$

式 (2-6-11) 表明，同一不可约表示的不同行矩阵向量相互正交，不同列矩阵向量相互正交；同一不可约表示的全部矩阵向量的平方和等于群的阶除以该不可约表示的维数。

每一个不可约表示 $D^{(\mu)}_{ij}(i,j=1,2,\cdots,n)$ 共有 n^2 个向量，它们相互正交。由于在 g 维空间中，相互正交的向量数目不能超过 g，所以

$$\sum_{\mu} n^2_{\mu} \leqslant g. \tag{2-6-12}$$

也就是说，有限群非等价不可约表示的个数是有限的，它们维数的平方和小于或等于群的阶数。

2.6.2 不可约表示的特征标

根据不可约表示正交定理，对两个不可约表示矩阵元乘积求和，必须是同一不可约表示，同行同列的矩阵元的乘积，才不为零。同一不可约表示相同矩阵元的乘

积，遍及群所有元素求和，等于群的阶除以该不可约表示的维数。

$$\sum_R D_{ik}^{(\mu)}(R)D_{jl}^{(\nu)}(R)^* = \frac{g}{n}\delta_{\mu\nu}\delta_{ij}\delta_{kl}.$$

设 $i=k, j=l$，式 (2-6-1) 成为

$$\sum_R D_{ii}^{(\mu)}(R)D_{jj}^{(\nu)}(R)^* = \frac{g}{n}\delta_{\mu\nu}\delta_{ij}. \tag{2-6-13}$$

我们可将矩阵的迹 (对角元的和 $\sum D_{ii}$) 写成特征标形式 $\chi(R)$:

$$\sum_R \chi^{(\mu)}(R)\chi^{(\nu)*}(R) = \delta_{\mu\nu}\frac{g}{n_\mu}\sum_{i,j}\delta_{ij}. \tag{2-6-14}$$

在这里我们申明：本书以后涉及的矩阵均为酉矩阵。

在群 G 中某个给定类 K 所有的元素有相同的特征标，例如，$K_1, K_2, \cdots, K_i$ 组成了群 G 中的 K 类元素，类中元素数目用 k_i 表示。在 μ 表示中 K 类所有元素的特征标是相同的：$\chi^{(\mu)}(R)=\chi_i^{(\mu)}$，式 (2-6-14) 成为

$$\sum_{i_i} k_i\chi_i^{(\mu)}\chi_i^{(\nu)*} = g\cdot\delta_{\mu\nu}, \tag{2-6-15}$$

或

$$\sum_i \sqrt{\frac{k_i}{g}}\chi_i^{(\mu)}\sqrt{\frac{k_i}{g}}\chi_i^{(\nu)*} = \delta_{\mu\nu}. \tag{2-6-16}$$

对于给定的 μ 表示 $\sqrt{k_i}\chi_i^{(\mu)}$ 在 K 维空间中形成一个向量，这些向量可从非等价不可约表示的正交性中获得。

对于某一不可约表示的特征标也称为单一特征标。我们现在考虑一个任意表示 D，它能用一些不可约表示的和来表示：

$$D(R) = \sum_\nu a_\nu D^{(\nu)}(R). \tag{2-6-17}$$

其中，a_ν 是正整数；ν 表示出现的次数。

现在进一步讨论 G 群 K 类 R 元素表示的迹 (对角元之和)

$$X_i = \sum_\nu a_\nu\chi_i^{(\nu)}, \tag{2-6-18}$$

可约表示 D 的特征标 X_i 为复合特征标，它由各个单一特征标以正整数系数线性组合而成。对式 (2-6-18) 乘以 $k_i\chi_i^{(\mu)*}$，并对 i 求和

$$\sum_i k_i \chi_i^{(\mu)*} X_i = \sum_\nu a_\nu \sum_i k_i \chi_i^{(\mu)*} \chi_i^{(\nu)}$$
$$= \sum_\nu a_\nu g \delta_{\mu\nu} = g a_\mu,$$

$$a_\mu = \frac{1}{g} \sum_i k_i \chi_i^{(\mu)^*} X_i. \tag{2-6-19}$$

运用式 (2-6-19)，我们可得到可约表示 D 矩阵中含有的各个不可约表示出现的次数。即所求不可约表示出现次数等于该表示单一特征标乘以复合特征标、该类元素个数，并对所有元素求和，再除以群的阶。

要注意若两个不可约表示具有相同的特征标，那么它们就是相等的，按式 (2-6-19)，它们出现的次数 a_μ 也是共同的。

我们将 $k_i \chi_i^{(\mu)*}$ 右乘在式 (2-6-18)，并遍及 i 求和可得到

$$\sum_i X_i \chi_i^* k_i = \sum_{\mu,\nu} a_\mu a_\nu \sum_i k_i \chi_i^{(\nu)} \chi_i^{(\mu)^*}$$
$$= \sum_{\mu,\nu} a_\mu a_\nu g \delta_{\mu\nu} = g \sum_\mu a_\nu^2. \tag{2-6-20}$$

假如 D 表示为不可约表示，则式 (2-6-20) 右边 a_ν 只剩一项为 1(其余为零)，它的特征标应满足

$$\sum_i k_i \left|\chi_i\right|^2 = g. \tag{2-6-21}$$

式 (2-6-19)~ 式 (2-6-21) 是很有用的工具，当我们找到一个群的表示，就可用复合特征标估算该表示含有几个不可约表示

$$\frac{1}{g} \sum_i k_i \left|\chi_i\right|^2 = \sum_\mu {a_\mu}^2. \tag{2-6-22}$$

2.6.3 特征标的性质

由于特征标在以后讨论中将反复使用，现特别关注它的性质。

(1) 一个不可约表示中同一类元素的特征标相等。

如果 R 与 S 是同类元素，根据类的定义：

定义 $TRT^{-1} = S$, $R \in G$, $S \in G$, $T \in G$。

D^j 是群 G 第 j 个不可约表示：

$$D^j(T) D^j(R) D^j(T^{-1}) = D^j(S).$$

上式表示同类元素可通过酉变换得到，即矩阵 R 与 S 有相同的特征标：

$$\chi^j(R) = \chi^j(S).$$

因此讨论中，只要讨论某类特征标，而不用考虑每个元素的特征标。

(2) 不同不可约表示的特征标相互正交。

$$\sum_R \chi_i(R)\chi_j^*(R) = g\delta_{ij}. \tag{2-6-23}$$

式 (2-6-23) 也可写为按各类 (C_k) 特征标平方求和，等于群的阶。其中各类元素个数为 k_i

$$\sum_k k_i\chi_i(C_k)\chi_j^*(C_k) = g\delta_{ij}.$$

(3) 同一不可约表示各元素特征标的平方和等于群的阶。

由于讨论特征标，广义正交定理简化为

$$\sum_R D_{ii}^{(\mu)}(R)D_{jj}^{(\mu)^*}(R) = \frac{g}{n}\delta_{ij}\delta_{\mu\mu^*}.$$

对 i、j 求和

$$\sum_R\sum_i\sum_j D_{ii}^{(\mu)}(R)D_{jj}^{(\mu)*}(R) = \sum_R \chi^\mu(R)\chi^{\mu*}(R) = \frac{g}{n_\mu}\delta_{ij}\delta_{\mu\mu*}.$$

推导中运用

$$\sum_{i=1}^{n_\mu}\sum_{j=1}^{n_\mu}\delta_{ij} = n_\mu,$$

所以

$$\sum_R \chi^\mu(R)\chi^{\mu*}(R) = g.$$

(4) 两个表示相等的充要条件是特征标相等。两个相等的不可约表示，因基向量的不同而表观不同，可通过相似变换证明，但特征标不受基向量影响。使用这个判据，使我们可以不用对另一个表示进行相似变换，就可根据特征标判别两个表示是否相等。

(5) 如果第 i 个不可约表示的维数为 n_i，那么遍及所有不可约表示的维数平方和等于群阶 g。

$$\sum_i n_i^2 = g. \tag{2-6-24}$$

(6) 应用恒等元素的特征标等于它的维数这一关系，将其代入式 (2-6-24) 得

$$\sum_i |\chi_i(E)|^2 = g. \tag{2-6-25}$$

我们得到所有不可约表示的恒等元素特征标平方和等于群阶。

(7) 群中不等价不可约表示的个数等于群元素的类的个数。

构建特征标表时常用到后面几个性质。

2.6.4 应用

几种特殊的群：

(1) 阿贝尔群。当一个群的所有元素都可以相互交换 ($AB = BA$)，我们称这个群为阿贝尔群。很明显，每个群元素各自形成一个类，因为

$$X^{-1}AX = X^{-1}XA = A.$$

我们比较熟悉的分子对称群一般不是阿贝尔群 (虽然某些简单群如 $C_{2\mathrm{v}}$ 属阿贝尔群)。

(2) 循环群。

假如一个群可以用一个元素生成，那么这个群就称为循环群。例如，一个七元素群 A、B、C、D、E、F，它们之间存在以下关系：

$$A^2 = B,\ A^3 = C,\ A^4 = D,\ A^5 = E,\ A^6 = F,$$
$$B^2 = D,\ B^3 = F,\ C^2 = F,\ AB = C,\ BC = E.$$

F 为恒等元素，我们可写出的如下乘法表：

	A	B	C	D	E	F
A	B	C	D	E	F	A
B	C	D	E	F	A	B
C	D	E	F	A	B	C
D	E	F	A	B	C	D
E	F	A	B	C	D	E
F	A	B	C	D	E	F

这里恒等元素为 F，$A^6 = F$，即该群群阶为 6。

现在我们推广到一般循环群，群阶为 g，恒等元素为 E，$A^g = E$，任何元素 A^n 的逆为 A^{g-n}，$A^{g-n} \cdot A^n = E$。

某一元素 A^q 的共轭类元素：

$$\begin{aligned} A^{g-n}A^qA^n &= A^{g-n}A^{q+n} = A^{g+q} \\ &= A^gA^q = EA^q = A^q. \end{aligned} \tag{2-6-26}$$

在循环群，每个元素经过相似变换，还是自己本身，即自成一个类。不可约表示的个数等于群阶，因此循环群只有一维的不可约表示。

例 11 循环群的特征标。

对于循环群，每个对称元素是一个类，有许多一维的不可约表示。假如 A 为生成元素，g 为群阶，$A^g = E$(恒等元素)，群的表示 (都是一维的) 与它的特征标分

别为单位矩阵的根：

$$A = E^{1/g}, \quad \chi(A) = [\exp(2m\pi \cdot \mathrm{i})]^{1/g}, \quad m = 1, 2, \cdots, g.$$

对于其他算子：

$$A^p = E^{p/g}, \quad \chi(A^p) = \exp(2m\pi \cdot \mathrm{i}p/g), \quad m = 1, 2, \cdots, g.$$

令 $\varepsilon = \exp(2\pi\mathrm{i}/g)$，特征标分别为 ε, ε^2, $\varepsilon^3, \cdots, \varepsilon^g = 1$。

C_g	E	A	A^2	$\cdots$	A^g
Γ_1	1	ε	ε^2	$\cdots$	ε^g=1
Γ_2	1	ε^2	ε^4	$\cdots$	1
Γ_3	1	ε^3	ε^6	$\cdots$	1
$\vdots$	$\vdots$	$\vdots$	$\vdots$		$\vdots$
Γ_g	1	1	1	1	1

现以 C_6 旋转群为例，写出它的特征标表如下：

	$C_6^6 = E$	C_6	C_6^2	C_6^3	C_6^4	C_6^5
A	1	1	1	1	1	1
B	1	-1	1	-1	1	-1
E_1	1	ε	$\varepsilon^2 = -\varepsilon^*$	$\varepsilon^3 = -1$	$\varepsilon^4 = -\varepsilon$	$\varepsilon^5 = \varepsilon^*$
	1	$\varepsilon^5 = \varepsilon^*$	$-\varepsilon$	-1	$-\varepsilon^*$	ε
E_2	1	$\varepsilon^2 = -\varepsilon^*$	$-\varepsilon$	1	$-\varepsilon^*$	$-\varepsilon$
	1	$\varepsilon^4 = -\varepsilon$	$-\varepsilon^*$	1	$-\varepsilon$	$-\varepsilon^*$

注：$\varepsilon = \exp(\pi\mathrm{i}/3)$。

C_6 特征标表的排列照顾了点群其他群的排列习惯，第一行 A 表示实际是 $\Gamma_1 = (\varepsilon^6)^n$ 表示，从 C_6 元素起，特征标分别为 $\exp(6\pi\mathrm{i}/3)$、$\exp(12\pi\mathrm{i}/3)$、$\exp(18\pi\mathrm{i}/3)\cdots$ 所以均为 1。第二行是 $\Gamma_2 = \varepsilon^n = (\exp\pi\mathrm{i})^n$ 表示，从 C_6 元素起，特征标分别是 $\exp(\pi\mathrm{i})$、$\exp(2\pi\mathrm{i})$、$\exp(3\pi\mathrm{i})\cdots$ 所以不是 -1 就是 $+1$。E_1 表示包括两个分量，第一个表示为 $\Gamma_3 = (\varepsilon^1)^n$，第二个表示为 $\Gamma_4 = (\varepsilon^5)^n$。$E_2$ 表示也包括两个分量，分别是 $\Gamma_5 = (\varepsilon^2)^n$，$\Gamma_6 = (\varepsilon^4)^n$。

这样，我们得到了循环群 C_6 的特征标表。

例 12　现以点群 $C_{3\mathrm{v}}$ 为例，说明正交定理的应用。

下面是点群 $C_{3\mathrm{v}}$ 的特征标表：

$C_{3\mathrm{v}}$	E	$2C_3$	$3\sigma_\mathrm{v}$	
A_1	1	1	1	z
A_2	1	1	-1	R_z
E	2	-1	0	$(x, y)(R_x, R_y)$

根据正交定理：

(1) 群的不可约表示的数目应等于群元素类的数目，$C_{3\text{v}}$ 群六个群元素分成三类：E、$2C_3$、$3\sigma_\text{v}$。这样就有三个不可约表示，它们维数的平方和为 6，只能是两个一维表示和一个二维表示：A_1、A_2 和 E。

(2) 不同不可约表示向量相互正交，如 A_2 与 E 表示，它们的特征标的乘积对所有群元素求和为零：

$$1 \times 2 + 2 \times 1 \times (-1) + (-1) \times 0 = 0,$$

即特征标表中不同行基向量相互正交。

(3) 特征标表中不同类元素的特征标乘积的加和为零 (如 E 与 C_3 元素)：

$$1 \times 1 \times 2 + 1 \times 1 \times 2 + 2 \times 2 \times (-1) = 0,$$

即特征标表中不同列 (各类元素) 特征标分量相互正交。

(4) 同一个不可约表示的特征标平方和等于群的阶 (如 A_2 表示)

$$1^2 + 2 \times 1^2 + 3 \times (-1)^2 = 6.$$

2.7 正则表示及其分解

2.7.1 正则表示

为了讨论群代数，我们定义在一个群之内的加法与乘法，算子 $T(g)$ 是在 g 维线性空间 $A(G)$、属于群 G 的一组基集合，乘数 c_i 属于 C 空间，为 A 空间所覆盖：

$$t = \sum_{i=1}^{g} c_i t_i \quad c_i \in C, \quad t_i \in G. \tag{2-7-1}$$

$T(g)$ 加法是这样定义：

$$t + t' = \sum_{i=1}^{g} (c_i + c_i') t_i.$$

$T(g)$ 的乘法是这样定义：

$$t \cdot t' = \sum_{i,j} c_i c'_j t_i t_j = \sum_k c''_k t_k, \quad c''_k = \sum_{i,j} c_i c'_j.$$

每一个属于群 G 的元素都能作为算子作用在 $T(g)$ 空间，我们构造一个特殊的表示，其维数等于群的阶 g，称这个表示为正则表示。在正则表示中，算子与基向量都是群 G 的元素；对所有的 $t_i \in G$，$T(g)$ 表示是 $g \times g$ 维矩阵。

根据群的性质：

$$t_i \cdot t_j = \sum_{k=1}^{g} D_{kj}^r(t_i) \cdot t_k = t_l(i,j), \tag{2-7-2}$$

只有 $t_i \cdot t_j = t_k$ 时，正则矩阵元 $D_{kj}^r(t_i) = 1$，否则正则表示的其余矩阵元为零。我们观察点群 $C_{3\text{v}}$ 的乘法表：

A	E	C_3	C_3^2	σ_v	σ'_v	σ''_v
E	E	C_3	C_3^2	σ_v	σ'_v	σ''_v
C_3	C_3	C_3^2	E	σ''_v	σ_v	σ'_v
C_3^2	C_3^2	E	C_3	σ'_v	σ''_v	σ_v
σ_v	σ_v	σ'_v	σ''_v	E	C_3	C_3^2
σ'_v	σ'_v	σ''_v	σ_v	C_3^2	E	C_3
σ''_v	σ''_v	σ_v	σ'_v	C_3	C_3^2	E

对于点群 $C_{3\text{v}}$，有六个群元素，它的正则表示为六个 6×6 的矩阵。根据乘法表，每个矩阵各行与各列，只有一个位置为 1，其余均为零。恒等表示的矩阵为单位矩阵，它的对角元的和等于群的阶，而非恒等表示的正则表示，其对角元的和为零。

$$D^r(e) = \begin{pmatrix} 1 & 0 & 0 & 0 & 0 & 0 \\ 0 & 1 & 0 & 0 & 0 & 0 \\ 0 & 0 & 1 & 0 & 0 & 0 \\ 0 & 0 & 0 & 1 & 0 & 0 \\ 0 & 0 & 0 & 0 & 1 & 0 \\ 0 & 0 & 0 & 0 & 0 & 1 \end{pmatrix}, \quad D^r(c_3) = \begin{pmatrix} 0 & 0 & 1 & 0 & 0 & 0 \\ 1 & 0 & 0 & 0 & 0 & 0 \\ 0 & 1 & 0 & 0 & 0 & 0 \\ 0 & 0 & 0 & 0 & 1 & 0 \\ 0 & 0 & 0 & 0 & 0 & 1 \\ 0 & 0 & 0 & 1 & 0 & 0 \end{pmatrix},$$

$$D^r(c_3^2) = \begin{pmatrix} 0 & 0 & 1 & 0 & 0 & 0 \\ 0 & 1 & 0 & 0 & 0 & 0 \\ 1 & 0 & 0 & 0 & 0 & 0 \\ 0 & 0 & 0 & 0 & 0 & 1 \\ 0 & 0 & 0 & 1 & 0 & 0 \\ 0 & 0 & 0 & 0 & 1 & 0 \end{pmatrix}, \quad D^r(\sigma_\text{v}) = \begin{pmatrix} 0 & 0 & 0 & 1 & 0 & 0 \\ 0 & 0 & 0 & 0 & 1 & 0 \\ 0 & 0 & 0 & 0 & 0 & 1 \\ 1 & 0 & 0 & 0 & 0 & 0 \\ 0 & 0 & 1 & 0 & 0 & 0 \\ 0 & 1 & 0 & 0 & 0 & 0 \end{pmatrix},$$

$$D^r(\sigma_v') = \begin{pmatrix} 0 & 0 & 0 & 0 & 1 & 0 \\ 0 & 0 & 0 & 0 & 0 & 1 \\ 0 & 0 & 0 & 1 & 0 & 0 \\ 0 & 1 & 0 & 0 & 0 & 0 \\ 1 & 0 & 0 & 0 & 0 & 0 \\ 0 & 0 & 1 & 0 & 0 & 0 \end{pmatrix}, \quad D^r(\sigma_v'') = \begin{pmatrix} 0 & 0 & 0 & 0 & 0 & 1 \\ 0 & 0 & 0 & 1 & 0 & 0 \\ 0 & 0 & 0 & 0 & 1 & 0 \\ 0 & 0 & 1 & 0 & 0 & 0 \\ 0 & 1 & 0 & 0 & 0 & 0 \\ 1 & 0 & 0 & 0 & 0 & 0 \end{pmatrix}.$$

这些矩阵给出了表 2-1 的明确形式，我们立刻看到，只有恒等元素矩阵的特征标等于群阶 g，其他正则表示的特征标为零。

$$\chi^r(e) = g, \quad \chi^r(a_i \neq e) = 0.$$

2.7.2 正则表示的分解

现在讨论正则表示的分解，即哪些不可约表示包含在正则表示中，每个表示出现多少次。

一个可约表示约化成几个不可约表示时，有几个不可约表示可能在约化式中出现几次，因此我们将约化式写成

$$D^{\text{reg}} = \sum_{\mu} {}_{\oplus} a_\mu D^{(\mu)}. \tag{2-7-3}$$

其中，μ 只取不可约表示；整数 a_μ 表示各个不可约表示 D^μ 在约化中出现的次数。在约化中我们具体使用特征标来测算，式 (2-7-3) 可直接写成

$$\chi_p = \sum_{\mu} a_\mu \chi_p^\mu. \tag{2-7-4}$$

根据各个不可约表示的维数 n_μ 等于其恒等元素的特征标值：

$$\chi^{(\mu)}(e) = n_\mu. \tag{2-7-5}$$

我们可将正则表示恒等元素特征标乘以某不可约表示恒等元素特征标，再除以群阶，就可得到该不可约表示出现的次数：

$$a_\mu^r = \frac{1}{g}\chi^r(e)\chi^{\mu^*}(e) = n_\mu. \tag{2-7-6}$$

由于恒等元素特征标等于它的维数，同一类元素的特征标又相同。这样，不可约表示 $D^{(\alpha)}$ 在正则表示的约化中出现的次数正好等于其维数。

$$D^{\text{reg}} = \sum_{i} a_i D^{(i)}. \tag{2-7-7}$$

取式 (2-7-7) 两边的迹，可得到

$$\chi^{\text{reg}}(E)=\sum_i a_i\chi^{(i)}(E)=\sum_i a_i n_i=g,$$
$$g=\sum_i n_i^2. \tag{2-7-8}$$

由此我们得知，正则表示必定包含该群所有不可约表示 $D^{(\mu)}$，而这个表示出现的次数恰好等于它的维数。

给定 D 后，如果知道某不可约特征标 χ_p^μ，就可简单地计算出该不可约表示出现的次数。根据特征标的正交关系及式 (2-7-8)，可得到

$$\frac{1}{g}\sum_p c_p\chi_p^{\nu*}\chi_p=\frac{1}{g}\sum_\mu a_\mu\sum_p c_p\chi_p^{\nu*}\chi_p^\mu$$
$$=\frac{1}{g}\sum_\mu n_\mu g\delta_{\mu\nu}=n_\mu, \tag{2-7-9}$$

$$\chi^{\text{reg}}(E)=g=\sum_{\mu=1}^{p}a_\mu^r\chi^{(\mu)}(E)=\sum_{\mu=1}^{p}n_\mu^2. \tag{2-7-10}$$

即得到群的一般性质：一个群的所有不等价不可约表示的维数平方和，等于群元素的个数，即群阶。这就是伯恩赛德 (Burnside) 定理。

$C_{3\text{v}}$ 群阶 g=6，只能构成三个不可约表示 $1^2+1^2+2^2=6$，即两个一维表示和一个二维表示。

现在，我们利用这个结果来证明：一个群的不可约表示的个数等于这个群的类数。

矩阵元 $T_{ij}(R)$ 可看作 g 维空间中基向量的分量 (空间中基向量 $\alpha=1,2,\cdots,g$)。基向量的个数等于空间的维数，所以 T_{ij} 必张开成这个空间。空间中的任意向量 v 可表示成向量 T_{ij} 的线性组合：

$$v=\sum_{\alpha,ij}c(\alpha_{ij})T_{ij}^\alpha(R_a). \tag{2-7-11}$$

对于群 G 中任意元素 R_b，$R_c=R_b^{-1}R_aR_b$，

$$v_a=\frac{1}{g}\sum_{b=1}^{g}v_c$$
$$=\frac{1}{g}\sum_b\sum_{\alpha,ij}c(\alpha_{ij})T_{ij}^\alpha(R_b^{-1}R_aR_b)$$

$$
\begin{aligned}
&= \frac{1}{g}\sum_{b}\sum_{\alpha,ij}\sum_{kl} c(\alpha_{ij})T^{\alpha}_{ik}(R_b^{-1})T^{\alpha}_{kl}(R_a)T^{\alpha}_{lj}(R_b) \\
&= \frac{1}{g}\sum_{\alpha,ij}\sum_{kl} c(\alpha_{ij})T^{\alpha}_{kl}\delta_{ij}\delta_{kl}\frac{g}{s} \\
&= \sum_{\alpha}\frac{1}{s_\alpha}\sum_{i} c(\alpha_{ii})\chi^{\alpha}(R_a).
\end{aligned} \tag{2-7-12}
$$

证明中运用了不可约表示的正交定理。这些基向量 v 构成一个 s 维子空间 (k 为类的数目)。而证明表示，作为子空间中的一组正交归一基向量的特征标，张成了这个子空间。因此，一定有 s 个这样的特征标，即一个群 G 的不可约表示个数 s 等于群的类的数目。

2.7.3　两个表示含有相同的不可约表示

若给定群 G 的两个表示 $\Gamma(A)$ 和 $\Gamma(B)$，根据式 (2-6-17)，我们很快写出它们可各自约化为不可约表示的直和：

$$
\begin{aligned}
\Gamma^{(1)}(A) &= \sum_{\mu} a_\mu D^{(\mu)}(R), \\
\Gamma^{(2)}(B) &= \sum_{\nu} b_\nu D^{(\nu)}(R).
\end{aligned} \tag{2-7-13}
$$

其中，a_μ、b_ν 为正整数，若它们的复合特征标分别为 X_a 和 X_b，则

$$
X_a = \sum_{\mu} a_\mu \chi_i^{(\mu)}, \quad X_b = \sum_{\nu} b\chi_i^{(\nu)}. \tag{2-7-14}
$$

我们将 X_a 乘以 $X_b^* \cdot g^{-2}$，则

$$
\begin{aligned}
\frac{1}{g^2}X_a X_b^* &= \sum_{\mu,\nu} a_\mu b_\nu \sum_{i} \frac{k_i^a k_i^b}{g^2}\chi_i^a \chi_i^{b*} \\
&= \sum_{\mu,\nu} a_\mu b_\nu \delta_{\mu\nu} = \sum_{\nu} a_\nu b_\nu.
\end{aligned} \tag{2-7-15}
$$

其中，我们用式 (2-6-20) 约去了 g^2，如果式 (2-7-15) 结果为零，说明两个可约表示没有共同的不可约表示；如果 $\sum a_\nu b_\nu=1$，说明两个表示有一个共同的不可约表示。

2.7.4 构造特征标表

1) D_3 点群特征标表

根据以上介绍的各定理、引理，我们可构造群的特征标表，现以点群 D_3 为例说明。D_3 有六个对称元素：E、两个 C_3、三个垂直于 C_3 的 C_2 轴，分为三个共轭类，所以 D_3 群的不可约表示也应有三个。

根据所有不可约表示维数平方和等于群阶，若三个表示维数分别为 a、b、c，即 $a^2+b^2+c^2=6$，这样 a、b、c 中只能有两个一维表示和一个二维表示。

每个群都有一个一维的全对称表示 A_1，我们可写出它的特征标，又根据每个不可约表示的恒等元素特征标等于它的维数：

D_3	E	$2C_3$	$3C_2$
A_1	1	1	1
	1		
	2		

再根据两个一维不可约表示特征标应该相互正交。

令 A_1 表示特征标为 χ_a，A_2 表示特征标为 χ_b，二维 E 表示特征标为 χ_c，则

$$\chi_a(E)\chi_b(E)+2\chi_a(C_3)\chi_b(C_3)+3\chi_a(C_2)\chi_b(C_2)=0,$$
$$1\times1+2\times1\times\chi_b(C_3)+3\times1\times\chi_b(C_2)=0.$$

同时根据同一不可约表示特征标的平方和等于群阶

$$1^2+2\times\chi_b^2(C_3)+3\times\chi_b^2(C_2)=6,$$

解二元方程组得：$\chi_b(C_3)=1$，$\chi_b(C_2)=-1$。

D_3	E	$2C_3$	$3C_2$
A_1	1	1	1
A_2	1	1	−1
E	2	−1	0

这样，我们得到了第二个一维表示的特征标。第三个二维表示，恒等元素的特征标等于它的维数，剩下两个特征标可用与 A_1、A_2 表示正交写出两个联立方程：

$$\begin{cases}\chi_a(E)\chi_c(E)+2\times\chi_a(C_3)\chi_c(C_3)+3\times\chi_a(C_2)\chi_c(C_2)=0\\ \chi_b(E)\chi_c(E)+2\times\chi_b(C_3)\chi_c(C_3)+3\times\chi_b(C_2)\chi_c(C_2)=0\end{cases},$$

$$\begin{cases}1\times2+2\times1\times\chi_c(C_3)+3\times1\times\chi_c(C_2)=0\\ 1\times2+2\times1\times\chi_c(C_3)+3\times(-1)\times\chi_c(C_2)=0\end{cases}.$$

解二元方程可得 E 不可约表示的特征标 $\chi_c(C_3) = -1$，$\chi_c(C_2) = 0$。

这样，我们写出了 D_3 群的特征标表。读者可能发现 D_3 群的特征标表与 $C_{3\mathrm{v}}$ 群很相似，实际上这两个群是同构关系。

值得注意的是同构群有相同的表示。群的表示论是由抽象群的结构决定的。D_n 与 $C_{n\mathrm{v}}$ 是同构的，它们有相同的特征标表。以下各组同构群也有相同的特征标表：

$$C_{2\mathrm{h}} \cong D_2,\quad C_{2n} \cong S_{2n},\quad D_{2\mathrm{d}} \cong D_4 \cong C_{4\mathrm{v}},\quad D_6 \cong D_{3\mathrm{h}} \cong C_{6\mathrm{v}},\quad T_\mathrm{d} \cong O.$$

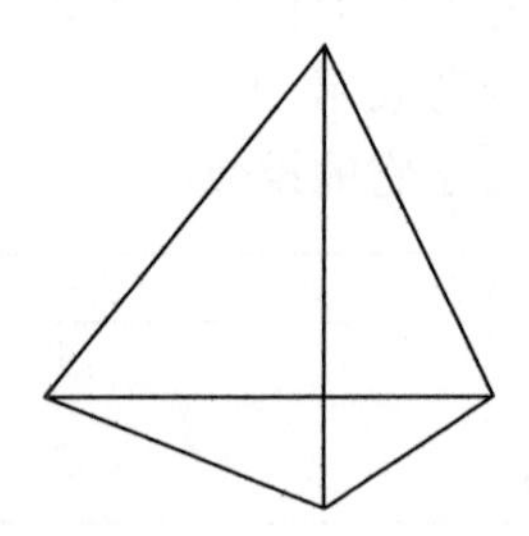

2) 四面体 T 群特征标表

接下来介绍较复杂体系的特征标表。四面体群 T 包含 12 个对称元素，T 的元素可看作四面体顶点的置换。

第一类为不动元素：$\Pi_1=\{1\}$；

第二类是两个顶点的置换：$\Pi_2=\{(1\ 2)(3\ 4),\ (1\ 3)(2\ 4),\ (1\ 4)(2\ 3)\}$，共有三种；

第三、四类为三个顶点的置换：$\Pi_3=\{(1\ 2\ 3),\ (1\ 4\ 2),\ (1\ 3\ 4),\ (2\ 4\ 3)\}$，共有四种；$\Pi_4=\{(1\ 3\ 2),\ (1\ 2\ 4),\ (1\ 4\ 3),\ (2\ 3\ 4)\}$，共有四种。

它们形成了四个共轭类，因此有四个维数为 $n_1 = 1 \leqslant n_2 \leqslant n_3 \leqslant n_4$ 的不可约表示，这些维数还满足 $n_1^2 + n_2^2 + n_3^2 + n_4^2 = 12$ 的关系，唯一可能解为 $n_1 = n_2 = n_3 = 1, n_4 = 3$。

因为子群 $D=\{1,\ (1\ 2)(3\ 4),\ (1\ 3)(2\ 4),\ (1\ 4)(2\ 3)\}$包括恒等元素与三个 180° 转动，是 T 群的正则子群，它们的商群 T/D 是 3 阶的循环群 C_3，我们可先写出它的特征标表：

C_3	E	C_3	C_3^2
A	1	1	1
B	1	ε	ε^2
C	1	ε^2	ε

注：$\varepsilon = \exp(2\pi\mathrm{i}/3)$。

即我们将 T 映射到 T/D，再映射到 C_3，相互之间是同态的关系

$$T \to T/D \to C_3.$$

再倒回来，我们先写出 T 群的各个共轭类个数 (根据置换数) 和各个不可约表示维数：

$Д_1$	$3Д_2$	$4Д_3$	$4Д_4$
1			
1			
1			
3			

	E	$3C_2$	$4C_3$	$4C_3^2$
A	1	1	1	1
B	1	1	ε	ε^2
C	1	1	ε^2	ε
T	3			

再给出 T 的三个将 D 映为恒等算子的不等价一维表示，并将置换类换成对应的转动类，三维表示的三个特征标可用与一维表示的正交关系获得：

$$\begin{cases} 1\times 3+3\times 1\times \chi(C_2)+4\times 1\times \chi(C_3)+4\times 1\times \chi(C_3^2)=0 \\ 1\times 3+3\times 1\times \chi(C_2)+4\times \varepsilon\times \chi(C_3)+4\times \varepsilon^2\times \chi(C_3^2)=0 \\ 1\times 3+3\times 1\times \chi(C_2)+4\times \varepsilon^2\times \chi(C_3)+4\times \varepsilon\times \chi(C_3^2)=0 \end{cases},$$

解三元方程组得

$$\chi(C_2)=-1,\quad \chi(C_3)=0,\quad \chi(C_3^2)=0.$$

这样，我们得到了完整的 T 群的特征标：

	E	$3C_2$	$4C_3$	$4C_3^2$
A	1	1	1	1
E	1	1	ε	ε^2
	1	1	ε^2	ε
T	3	-1	0	0

若我们担心计算有误，可用不同类元素特征标 (列与列) 相互正交来验算。例如，E 元素与 C_2 元素：

$$1\times 3+2\times 3\times 1+3\times 3\times(-1)=0.$$

2.8　群表示的直积

2.8.1　外积

两个群可以组合成另一个更大的群有重要的意义，这样可以用两个群的外积来产生一个群。

如果群 g_1 和群 g_2 是群 G 的子群，可用它的乘积来定义：

$$g_1 \times g_2 = G. \tag{2-8-1}$$

g_1 与 g_2 有以下关系：

(1) 对于群 g_1 中的元素 $\{a_i\}$，群 g_2 中的元素 $\{b_k\}$，满足 $a_ib_k = b_ka_i$；

(2) 群 g_1 与 g_2 互相交叠的元素只有恒等元素 $g_1 \cap g_2 = \{e\}$；

(3) $g_1 \times g_2 = g_2 \times g_1 = G$。

大群 G 的阶等于两个子群群阶的积。G 的元素是 $\{a_i, b_k\}$，它们的乘积：

$$(a_i, b_k) \cdot (a_j, b_l) = (a_ia_j, b_kb_l). \tag{2-8-2}$$

两个群的乘积——外积，这两个群可以都是点群。例如，C_3 群与 C_s 群的外积可得到 $C_{3\mathrm{h}}$ 群，也可以是 g_1 是旋转群，g_2 是平移群，外积可得到空间群 (详见第 5 章)。

因为

$$g_1 \otimes g_2 = G,\ R = R^{(1)}R^{(2)} = R^{(2)}R^{(1)}, \tag{2-8-3}$$

$$R^{(1)}\psi_i^{(\mu)} = \sum_k \psi_k^{(\mu)} D_{ki}^{(\mu)}(R^{(1)}),$$
$$R^{(2)}\phi_j^{(\nu)} = \sum_l \phi_l^{(\nu)} D_{ij}^{(\nu)}(R^{(2)}),$$

所以

$$R\psi_i^{(\mu)}\phi_j^{(\nu)} = \sum_{kl} \psi_k^{(\mu)}\phi_l^{(\nu)} D_{ki}^{(\mu)}(R^{(1)}) D_{lj}^{(\nu)}(R^{(2)}). \tag{2-8-4}$$

令

$$D_{kl,ij}^{(\mu\times\nu)}(R) = D_{ki}^{(\mu)}(R^{(1)}) D_{lj}^{(\nu)}(R^{(2)}),$$

直积的特征标为

$$\chi^{\mu\times\nu}(R) = \sum_{i,j} D_{ij,ij}^{(\mu\times\nu)}(R) = \chi^{(\mu)}(R^{(1)})\chi^{(\nu)}(R^{(2)}). \tag{2-8-5}$$

对于给定的群元素，直积表示的特征标 $\chi^{(\mu\times\nu)}$，就是两个表示特征标的积，一般未必是不可约的。只有符合以下情况，才是不可约的。

$$\sum_R \chi^{\mu\times\nu}(R)\chi^{(\mu\times\nu)}(R)^* = g_1g_2. \tag{2-8-6}$$

例 13　假设存在群 A 和群 B

$$A = \begin{pmatrix} a_{11} & a_{12} \\ a_{21} & a_{22} \end{pmatrix},\quad B = \begin{pmatrix} b_{11} & b_{12} \\ b_{21} & b_{22} \end{pmatrix},$$

$$A \otimes B = \begin{pmatrix} a_{11}B & a_{12}B \\ a_{21}B & a_{22}B \end{pmatrix} = \begin{pmatrix} a_{11}b_{11} & a_{11}b_{12} & a_{12}b_{11} & a_{12}b_{12} \\ a_{11}b_{21} & a_{11}b_{22} & \vdots & \vdots \\ \vdots & \vdots & \vdots & \vdots \\ \vdots & \vdots & \vdots & a_{22}b_{22} \end{pmatrix}. \tag{2-8-7}$$

$A \otimes B$ 表示的维数为 A 表示的维数乘以 B 表示的维数：

$$n_{A\otimes B} = n_A \cdot n_B. \tag{2-8-8}$$

$A \otimes B$ 不一定等于 $B \otimes A$，但

$$A \otimes B = P^{-1}(B \otimes A)P. \tag{2-8-9}$$

因为

$$(A \otimes B)_{ij,kl} = A_{ik}B_{jl},$$

所以

$$\begin{aligned} \mathrm{tr}\{A \otimes B\} &= \mathrm{tr}\{B \otimes A\} \\ &= \sum_{ij}(A \otimes B)_{ij,ij} = \sum_i A_{ii} \sum_j B_{jj} \\ &= \mathrm{tr}\{A\} \cdot \mathrm{tr}\{B\}. \end{aligned} \tag{2-8-10}$$

即两个表示的外积的迹等于两个迹的乘积。

例 14

$$C_3 \otimes C_{1\mathrm{h}} = C_{3\mathrm{h}}.$$

我们可用两个群的直积构造一个新的群。例如，用 C_3 群与 $C_s(= C_{1\mathrm{h}})$ 群的直积构造 $C_{3\mathrm{h}}$ 点群。

C_s 群的 A' 不可约表示与 C_3 群的 A、E 不可约表示的直积，可得 $C_{3\mathrm{h}}$ 群的 A' 和 E' 表示，C_s 群的 A'' 不可约表示与 C_3 群的 A、E 不可约表示的直积，可得 $C_{3\mathrm{h}}$ 群的 A'' 和 E'' 表示：

C_3	E	C_3^1	C_3^2		$C_{1\mathrm{h}}$	E	σ_h	
A	1	1	1	z, R_z	A'	1	1	x, y, R_z
E	2	-1	-1	$x,\ y,\ R_x,\ R_y,$	A''	1	-1	z, R_x, R_y

$C_{3\mathrm{h}}$	E	C_3^1	C_3^2	σ_h	S_3^1	S_3^2	
A'	1	1	1	1	1	1	R_z
E'	2	−1	−1	2	−1	−1	(x, y)
A''	1	1	1	−1	−1	−1	z
E''	2	−1	−1	−2	1	1	(R_x, R_y)

这样得到的乘积还是不可约表示，可直接写入 $C_{3\mathrm{h}}$ 群的特征标表。

当然，两个群的直积大部分时间得到的结果并不是不可约表示，而是可约表示，所以要进一步约化。

2.8.2 内积

如果在一个群 G 中的两个表示 $D^{(\alpha)}$ 和 $D^{(\beta)}$ 直接相乘，乘积称为内积 (克罗内克积，Kronecker product)，乘积的结果是构建一个新的表示。一般结果是可约表示，还要进一步约化为不可约表示。这个过程在物理问题中有重要应用。

假设我们得到了群 G 所有的不可约表示，$D^{(\alpha)}$ 不可约表示属于 n_α 维 u^α 矢量空间，$D^{(\beta)}$ 不可约表示属于 n_β 维 u^β 矢量空间：

$$u'^{\alpha}_i = \sum_{j=1}^{n_\alpha} D_{ij}^{(\alpha)}(R) u_j,$$

$$u'^{\beta}_k = \sum_{l=1}^{n_\beta} D_{kl}^{(\beta)}(R) u_l.$$

两式相乘得到

$$\begin{aligned} D^{(\alpha)}(R)u_i^\alpha \otimes D^{(\beta)}(R)u_k^\beta &= \sum_{jl} D_{ji}^{(\alpha)}(R) D_{lk}^{(\beta)}(R) u_j^\alpha u_l^\beta \\ &= \sum_{jl} [D^{(\alpha)}(R) \otimes D^{(\beta)}(R)]_{jl,ik} u_j^\alpha u_i^\beta \\ &= \sum_{jl} D_{jl,ik}^{(\alpha\times\beta)}(R) u_j^\alpha u_i^\beta. \end{aligned} \tag{2-8-11}$$

其中，

$$D_{jl,ik}^{(\alpha\times\beta)}(R) = [D^{(\alpha)}(R) \times D^{(\beta)}(R)]_{jl,ik} = D_{ij}^{(\alpha)}(R) \cdot D_{kl}^{(\beta)}(R). \tag{2-8-12}$$

式 (2-8-12) 称为 $D^{(\alpha)}$ 和 $D^{(\beta)}$ 表示的克罗内克积。

矩阵 $D_{jl,ik}^{(\alpha\times\beta)}(R)$ 形成了群 G 的一个表示：

$$D^{(\alpha\times\beta)}(RS) = D^{(\alpha\times\beta)}(R) \cdot D^{(\alpha\times\beta)}(S).$$

我们给出矩阵克罗内克积更一般的形式：设 A_1、$A_2\cdots$ 为 n 维矩阵，B_1、$B_2\cdots$ 为 m 维矩阵，克罗内克积是 nm 维的

$$(A_\nu \times B_\nu)_{ik,jl} = (A_\nu)_{ij}(B_\nu)_{kl},$$

$$(A_1 \times B_1)\cdot(A_2 \times B_2)\cdots(A_s \times B_s) = (A_1A_2\cdots A_s)\times(B_1B_2\cdots B_s).$$

现在我们结合物理问题讨论，算子 R 是描述波函数自变量的变换的。

$$\hat{R}\psi(x) = \psi(R^{-1}x).$$

变换 R 的集合形成了群 G，对于群中所有元素的变换，哈密顿算子都保持不变

$$RHR^{-1} = H.$$

若 ψ 是 H 给定本征值 λ 的本征函数，那么 $R\psi$ 也是本征值 λ 的本征函数。属于 λ 本征值的 n 个本征函数 $\psi_i^\alpha(i=1,2,\cdots,n)$ 将作为哈密顿算子不可约表示的基

$$R\psi_j^\alpha = \sum_i \psi_i^\alpha D_{ij}^\alpha(R). \tag{2-8-13}$$

同样，属于 λ' 本征值的 n' 个本征函数 φ 将作为哈密顿算子不可约表示 D^β 的基：

$$R\phi_l^\beta = \sum_k \phi_k^\beta D_{kl}^\beta(R). \tag{2-8-14}$$

综合以上两式：

$$R(\psi_j^\alpha\phi_l^\beta) = \sum_{ik}\psi_i^\alpha\phi_k^\beta D_{ij}^\alpha(R)D_{kl}^\beta(R) = \sum_{ik}\psi_i^\alpha\phi_k^\beta D_{ik,jl}^{\alpha\times\beta}(R). \tag{2-8-15}$$

这样，$\psi_j^\alpha\phi_l^\beta$ 的积形成了 $D^\alpha \times D^\beta$ 直积表示的基向量。

复合基函数的描述是非常复杂的，为了说明，我们选择较简单的情况 $n_\alpha = n_\beta=2$。

$$\begin{aligned}
&R\psi_1^\alpha = \psi_1^\alpha D_{11}^\alpha(R) + \psi_2^\alpha D_{21}^\alpha(R), \quad R\psi_2^\alpha = \psi_1^\alpha D_{12}^\alpha(R) + \psi_2^\alpha D_{22}^\alpha(R),\\
&R\phi_1^\beta = \phi_1^\beta D_{11}^\beta(R) + \phi_2^\beta D_{21}^\beta(R), \quad R\phi_2^\beta = \phi_1^\beta D_{12}^\beta(R) + \phi_2^\beta D_{22}^\beta(R).
\end{aligned} \tag{2-8-16}$$

从式 (2-8-16) 我们可得到算子作用在部分复合基上

$$\begin{aligned}
R(\psi_1^\alpha\phi_1^\beta) =& [\psi_1^\alpha D_{11}^\alpha(R) + \psi_2^\alpha D_{21}^\alpha(R)][\phi_1^\beta D_{11}^\beta(R) + \phi_2^\beta D_{21}^\beta(R)]\\
=& \psi_1^\alpha\phi_1^\beta D_{11}^\alpha(R)D_{11}^\beta(R) + \psi_1^\alpha\phi_2^\beta D_{11}^\alpha(R)D_{21}^\beta(R)
\end{aligned}$$

$$+\psi_2^\alpha\phi_1^\beta D_{21}^\alpha(R)D_{11}^\beta(R)+\psi_2^\alpha\phi_2^\beta D_{21}^\alpha(R)D_{21}^\beta(R). \tag{2-8-17}$$

同理可得

$$\hat{R}(\psi_1^\alpha\phi_2^\beta),\quad \hat{R}(\psi_2^\alpha\phi_1^\beta),\quad \hat{R}(\psi_2^\alpha\phi_2^\beta).$$

综合以上结果，基向量的系数：

$$D^\alpha(R)\times D^\beta(R)=\begin{pmatrix} D_{11}^\alpha(R)D_{11}^\beta(R) & D_{11}^\alpha(R)D_{12}^\beta(R) & D_{12}^\alpha(R)D_{11}^\beta(R) & D_{12}^\alpha(R)D_{12}^\beta(R)\\ D_{11}^\alpha(R)D_{21}^\beta(R) & D_{11}^\alpha(R)D_{22}^\beta(R) & D_{12}^\alpha(R)D_{21}^\beta(R) & D_{12}^\alpha(R)D_{22}^\beta(R)\\ D_{21}^\alpha(R)D_{11}^\beta(R) & D_{21}^\alpha(R)D_{12}^\beta(R) & D_{22}^\alpha(R)D_{11}^\beta(R) & D_{22}^\alpha(R)D_{12}^\beta(R)\\ D_{21}^\alpha(R)D_{21}^\beta(R) & D_{21}^\alpha(R)D_{22}^\beta(R) & D_{22}^\alpha(R)D_{21}^\beta(R) & D_{22}^\alpha(R)D_{22}^\beta(R) \end{pmatrix}. \tag{2-8-18}$$

定义内积的特征标表示：

$$\chi^\alpha(R)\times\chi^\beta(R)=\chi^{\alpha\times\phi}(R), \tag{2-8-19}$$

$$\chi^{(\alpha\times\beta)}(R)=\sum_{i,j}D_{ii}^\alpha(R)D_{jj}^\beta(R)=\chi^{(\alpha)}(R)\cdot\chi^{(\beta)}(R).$$

如果 $D^{(\alpha)}$ 和 $D^{(\beta)}$ 是群 G 的不可约表示，一般来说，直积的结果 $D^{(\alpha\times\beta)}(R)$ 表示是群的可约表示。进行约化，可将 $D^{(\alpha\times\beta)}(R)$ 表示约化为不可约表示 $D^{(\gamma)}$ 的加和。

根据正交定理 D^γ 不可约表示出现的次数为

$$a_\gamma=\frac{1}{g}\sum_R\chi^{\alpha\times\beta}(R)\chi^\gamma(R). \tag{2-8-20}$$

将式 (2-8-19) 代入式 (2-8-20) 得

$$a_\gamma=\frac{1}{g}\sum_R\chi^\alpha(R)\cdot\chi^\beta(R)\cdot\chi^\gamma(R). \tag{2-8-21}$$

当然，有时我们也用下式来表达 Clebsch-Gordan 系数：

$$D^{(\alpha)}(R)\times D^{(\beta)}=\sum_\gamma{}_\oplus(\alpha\beta\,\Big|\gamma)D^{(\gamma)}(R). \tag{2-8-22}$$

这个分解过程称为 Clebsch-Gordan 表达式，基向量的系数 $(\alpha\beta/\gamma)$ 称为约化系数。

根据式 (2-8-22) 与式 (2-8-21) 可得

$$(\alpha\beta\,|\gamma)=\frac{1}{g}\sum_{R\in G}\chi^{(\alpha)}(R)\cdot\chi^{(\beta)}(R)\cdot\chi^{(\gamma)*}(R). \tag{2-8-23}$$

2.8.3　Clebsch-Gordan 系数

通常，这个问题的实际应用是寻找内积所含有表示的基函数。我们对不可约表示 D^α 给定 n 个基函数 $\psi_i^\alpha(i=1,2,\cdots,n)$，$D^\beta$ 不可约表示给定 n' 个基函数 $\phi_l^\beta(l=1,2,\cdots,n')$。我们要寻找 $\psi_j^\alpha\phi_l^\beta$ 乘积的线性组合的函数 $\Psi_s^\gamma(s=1,2,\cdots,m)$，它是 D^γ 表示对应的基函数，当 $(\alpha\beta|\gamma)\neq 0$ 时，包含在 $D^\alpha\times D^\beta$ 之中。如果 $(\alpha\beta|\gamma)>0$，我们可形成一些线性独立的伴随基函数 ψ_s^γ，为了区别这些伴随基函数，我们将它标注为 $\psi_s^{\gamma\tau}, s=1,2,\cdots,m, \tau=1,2,\cdots,(\alpha\beta|\gamma)$。$\Psi_s^\gamma$ 作为 $\psi_j^\alpha\phi_l^\beta$ 的线性组合：

$$\Psi_s^{\gamma\tau}=\psi_j^\alpha\phi_l^\beta(\alpha j,\beta l|\gamma\tau s)\ . \tag{2-8-24}$$

Ψ_s^γ 函数的总数应该等于 $\psi_j^\alpha\phi_l^\beta$ 乘积的总数

$$\sum_\gamma(\alpha\beta|\gamma)m=n\cdot n'. \tag{2-8-25}$$

所以 Clebsch-Gordan 系数 $(\alpha j,\beta l|\gamma\tau s)$ 形成一个 $n\times n'$ 维矩阵。式 (2-8-24) 是描述两种不同基函数之间的关系，还可以反过来描述：

$$\psi_j^\alpha\phi_l^\beta=\sum_{\gamma\tau}\Psi_s^{\gamma\tau}\left(\gamma\tau s\middle|\alpha j,\beta l\right),\qquad j=1,2,\cdots,n;\ l=1,2,\cdots,n'. \tag{2-8-26}$$

因为我们讨论的都是酉表示，所以

$$(\gamma\tau s|\alpha j,\beta l)=(\alpha j,\beta l|\gamma\tau s)^\bullet, \tag{2-8-27}$$

$$(\alpha j,\beta l|\gamma'\tau's')^\bullet\ (\alpha j,\beta l|\gamma\tau s)=\delta_{\gamma\gamma'}\delta_{\tau\tau'}\delta_{ss'},$$

$$\sum_{\gamma\tau}(\alpha j',\beta l'|\gamma\tau s)\ (\alpha j,\beta l|\gamma\tau s)^\bullet\ =\delta_{jj'}\delta_{ll'}.$$

例 15　以 $C_{3\mathrm{v}}$ 为例，

$$A_1\otimes A_1=A_1,\quad A_2\otimes A_2=A_1,\quad A_1\otimes A_2=A_2,$$
$$A_1\otimes E=E,\quad A_2\otimes E=E.$$

A_1、A_2 不可约表示的内积还是 $C_{3\mathrm{v}}$ 的不可约表示，A_1、A_2 与 E 的内积是 E 不可约表示，而 E 与 E 的内积得到的可约表示：

$$E\otimes E=\Gamma(4,1,0).$$

根据上式，我们可将其约化，各个不可约表示出现的次数为 a：

$$a_{A_1}=(\alpha\beta\Big|\gamma)_{A_1}=\frac{1}{6}(2\times2\times1+2\times(-1)\times(-1)\times1+3\times0\times0\times1))=\frac{1}{6}(4+2)=1,$$

$$a_{A_2}=(\alpha\beta\Big|\gamma)_{A_2}=\frac{1}{6}(2\times2\times1+2\times(-1)\times(-1)\times1+3\times0\times0\times(-1))=\frac{1}{6}(4+2)=1,$$

$$a_E=(\alpha\beta\Big|\gamma)_{\mathrm{E}}=\frac{1}{6}(2\times2\times2+2\times(-1)\times(-1)\times(-1)+3\times0\times0\times0)=\frac{1}{6}(8-2)=1.$$

E 与 E 的内积可化为 A_1、A_2 与 E 的直和：$E\otimes E=A_1\oplus A_2\oplus E$，它不是传统意义上的矩阵加法。

2.9 投影算子

2.9.1 投影算子定义

考虑一个在群 G 元素 R 导出的变换 $D(R)$ 作用下不变的向量空间 L，一般说来，L 不是不可约的，可将 L 约化成不变子空间 L_i 之和。

$$L=\sum_{\mu,i}L_i^{(\mu)}. \tag{2-9-1}$$

我们考虑一个任意函数 $\varPsi$，它可表示为各种不可约表示对应的基函数的和：

$$\varPsi=\sum_{\nu}\sum_{i=1}^{n}\psi_i^{\nu}. \tag{2-9-2}$$

函数 ψ_i^{ν} 是属于第 ν 不可约表示第 i 行的函数，它满足式 (2-9-3)：

$$\hat{R}\psi_i^{\nu}=\sum_j\psi_j^{\nu}D_{ji}^{\nu}(R). \tag{2-9-3}$$

我们要寻找与 ψ_i^{ν} 相关的 $n-1$ 个函数，将 $D_{lm}^{\mu\bullet}(R)$ 乘以式 (2-9-3)，并对群求和

$$\begin{aligned}\sum_R D_{lm}^{\mu\bullet}(R)\hat{R}\psi_j^{\nu}&=\sum_j\psi_j^{\nu}\sum_R D_{lm}^{\mu\bullet}(R)D_{ji}^{\nu}(R)\\&=\frac{g}{n_\nu}\sum_j\psi_j^{\nu}\delta_{lj}\delta_{mi}\delta_{\mu\nu}=\frac{g}{n_\nu}\psi_l^{\nu}\delta_{mi}\delta_{\mu\nu}.\end{aligned} \tag{2-9-4}$$

特别当 $m=l,\mu=v$ 时，

$$\sum_R D_{ll}^{\nu\bullet}(R)\hat{R}\psi_i^{\nu}=\frac{g}{n_\nu}\psi_l^{\nu}\delta_{li}. \tag{2-9-5}$$

设 $l=i$，则产生

$$\sum_R D_{ii}^{\nu\bullet}(R)\hat{R}\psi_i^\nu = \frac{g}{n_\nu}\psi_i^\nu. \tag{2-9-6}$$

等式 (2-9-6) 就是 ψ_i^ν 要满足的条件，这样我们能找到 $n-1$ 个满足式 (2-9-2) 的伴随函数。从式 (2-9-4)，并 $\mu=\nu, m=k=i$，得到一个函数集合

$$\psi_l^\nu = \frac{n_\nu}{g}\sum_R D_{lk}^{\nu\bullet}(R)\hat{R}\psi_k^\nu. \tag{2-9-7}$$

一个满足式 (2-9-8) 的算子称为投影算子，它可帮助我们从函数中找到对应某不可约表示某一行的基函数

$$P_{ij}^{(\mu)} = \frac{n_\mu}{g}\sum_R D_{ij}^{(\mu)}(R)^*\hat{R}, \tag{2-9-8}$$

$$P_i^\mu\psi_j^\nu = \psi_i^\mu\delta_{\mu\nu}\delta_{ij}. \tag{2-9-9}$$

有一组函数基向量:

$$\psi = \sum_{k,\nu} c_k^{(\nu)}\psi_k^{(\nu)},$$

$$\begin{aligned}
P_{ij}^{(\mu)}\psi &= \frac{n_\mu}{g}\sum_{\substack{k,\nu\\R,m}} c_k^{(\nu)}D_{ij}^{(\mu)}(R)^*D_{mk}^{(\mu)}(R)\psi_m^{(\nu)}\\
&= \sum_{m,k,\nu}\delta_{im}\delta_{jk}\delta_{\mu\nu}c_k^{(\nu)}\psi_m^{(\nu)}\\
&= c_j^{(\mu)}\psi_i^{(\mu)}.
\end{aligned} \tag{2-9-10}$$

投影算子就是把基向量 ψ 在 $L_i^{(\mu)}$ 空间以外的所有分量变为零，而保持子空间 $L_i^{(\mu)}$ 中的分量不变。

当 S 作用在算子上，设 $SR=T$，则

$$\begin{aligned}
SP_{ij}^{(\mu)} &= \frac{n_\mu}{g}\sum_R D_{ij}^{(\mu)}(R)^*SR\\
&= \frac{n_\mu}{g}\sum_T D_{ij}^{(\mu)}(S^{-1}T)^*T\\
&= \frac{n_\mu}{g}\sum_{T,K} D_{ik}^{(\mu)}(S^{-1})^*D_{kj}^{(\mu)}(T)^*T\\
&= \frac{n_\mu}{g}\sum_{T,K} D_{ki}^{(\mu)}(S)\underline{D_{kj}^{(\mu)}(T)^*T}\\
&= \sum_K P_{kj}^{(\mu)}\cdot D_{ki}^{(\mu)}(S).
\end{aligned}$$

2.9.2 投影算子性质

投影算子具有埃尔米特性:

$$P_{jk}^{(\alpha)+} = P_{jk}^{(\alpha)}. \tag{2-9-11}$$

$$\begin{aligned}
P_{ij}^{(\mu)} \cdot P_{kl}^{(\nu)} &= \frac{n_\mu n_\nu}{g^2} \sum_{R,S} D_{ij}^{(\mu)}(R)^* D_{kl}^{(\nu)}(S)^* RS \\
&= \frac{n_\mu n_\nu}{g^2} \sum_{R,T} D_{ij}^{(\mu)}(R)^* D_{kl}^{(\nu)}(R^{-1}T)^* T \\
&= \frac{n_\mu n_\nu}{g^2} \sum_{R,T,m} D_{ij}^{(\mu)}(R)^* D_{km}^{(\nu)}(R^{-1})^* D_{ml}^{(\nu)}(T)^* T \\
&= \frac{n_\mu}{g} \sum_m \left[\sum_R D_{ij}^{(\mu)}(R)^* D_{mk}^{(\nu)}(R) \right] \cdot P_{ml}^{(\nu)} \\
&= \sum_m \delta_{\mu\nu} \delta_{im} \delta_{kj} \cdot P_{ml}^{(\nu)} \\
&= \delta_{\mu\nu} \delta_{jk} P_{il}^{(\nu)}.
\end{aligned} \tag{2-9-12}$$

两个投影算子相乘，根据不可约表示的正交性，只有两个相同的不可约表示的投影算子相乘，才能得到它本身。

$$\begin{aligned}
P_{ij}^{(\mu)} \cdot P_{kl}^{(\nu)} &= \delta_{\mu\nu} \delta_{jk} \cdot P_{iL}^{(\mu)}, \\
P_{ii}^{(\mu)} \cdot P_{ii}^{(\mu)} &= P_{ii}^{(\mu)}.
\end{aligned} \tag{2-9-13}$$

式 (2-9-13) 同时说明投影算子具有等幂性。

2.9.3 投影算子的意义

实际上，根据定义的算子 $P_i^{(\mu)}$ 可能较难构造，因为它含有 $D^{(\mu)}$ 所对应所有群元素 R 的对角矩阵元，而把 L 投影到较大的子空间 L_α 的算子，较容易构造出来。

因为

$$P_{ii}^{(\mu)} = \frac{n_\mu}{g} \sum_R D_{ii}^{(\mu)}(R)^* R,$$

所以

$$\sum_i P_{ii}^{(\mu)} = \frac{n_\mu}{g} \sum_R \chi^{(\mu)}(R)^* R. \tag{2-9-14}$$

式 (2-9-14) 只要用特征标就可以计算了。

投影算子作用在波函数上，可将需要的不可约表示基取出来。

$$\psi = \sum_{k,\nu} c_k^{(\nu)} \psi_k^{(\nu)},$$

$$
\begin{aligned}
P_{ij}^{(\mu)}\psi &= \frac{n_\mu}{g}\sum_{k,m,\nu,R} c_k^{(\nu)} D_{ij}^{(\mu)}(R)^* D_{mk}^{(\nu)}(R)\psi_m^{(\nu)} \\
&= \sum_{m,k,\nu} \delta_{im}\delta_{jk}\delta_{\mu\nu} c_k^{(\nu)}\psi_m^{(\nu)} \\
&= c_j^{(\mu)}\psi_i^{(\mu)}.
\end{aligned}
$$

$$
\begin{aligned}
&A = \sum_{R\in c_i} R, \\
&SAS^{-1} = A, \\
&A_i = \lambda_i I, \\
&g_i\chi_i = n\lambda_i, \quad \lambda_i = \frac{g_i}{n}\chi_i, \\
&\sum_i P_{ii}^{(\mu)} = \frac{n_\mu}{g}\sum_{c_i^\nu}\chi^{(\mu)}(c_i)\chi(c_i)\cdot\frac{g_i}{n}I.
\end{aligned}
$$

2.9.4 应用：构造环丙烯基的 π 轨道

C_3H_3 是最简单的含非定域 π 轨道的碳环。现以它为例，介绍用投影算子构成对称性匹配分子轨道。

(1) 根据 C_3H_3 的对称性，确定其属 D_{3h} 点群 (为简化计算，用其子群 D_3 处理)。

(2) 对照 D_3 群特征表，写出三个 pπ 轨道构成的可约表示：三个 pπ 轨道在 C_3 轴作用下都改变位置，可约表示为 0；三个 pπ 轨道在 C_2 轴作用下，只有该 C_2 轴穿过的 p 轨道上下翻转，其余两个 p 轨道离开原来位置，所以可约表示为 −1。

	E	$2C_3$	$3C_2$
A_1	1	1	1
A_2	1	1	−1
E	2	−1	0
Γ	3	0	−1

(3) 根据式 (2-6-9) 将可约表示化为不可约表示的直和。

若 A_1、A_2、E 不可约在可约表示中出现的次数为 a_1、a_2、a_3，则

$$a_1 = \frac{1}{6}[1\times 3\times 1 + 2\times 0\times 1 + 3\times(-1)\times 1] = 0,$$

$$a_2 = \frac{1}{6}[1\times 3\times 1 + 2\times 0\times 1 + 3\times(-1)\times(-1)] = 1,$$

$$a_3 = \frac{1}{6}[1\times 3\times 2 + 2\times 0\times(-1) + 3\times(-1)\times 0] = 1,$$

$$\Gamma = A_2 \oplus E.$$

(4) 用投影算符产生对称性匹配分子轨道 (一般不归一)

$$\hat{P}^{A_2} = \frac{1}{6}\sum_R \chi(R)^{A_2}\hat{R},$$

$$\begin{aligned}6\hat{P}^{A_2}\varphi_1 &\approx (1)\hat{E}\varphi_1 + (1)\hat{C}_3^1\varphi_1 + (1)\hat{C}_3^2\varphi_1 + (-1)\hat{C}_2'\varphi_1 + (-1)\hat{C}_2'\varphi_1 + (-1)\hat{C}_2''\varphi_1 \\ &\approx \varphi_1 + \varphi_2 + \varphi_3 + (-1)\times(-\varphi_1) + (-1)\times(-\varphi_2) + (-1)\times(-\varphi_3) \\ &\approx 2(\varphi_1 + \varphi_2 + \varphi_3).\end{aligned}$$

上式中投影算子 $\hat{P}^{A_2}$ 作用在 φ_1 上，等于每个对称操作的特征标乘以该操作作用在 φ_1 的结果，然后加起来求和，结果归一化后得到第一个对称化 π 分子轨道：

$$\psi_1 = \sqrt{\frac{1}{3}}(\varphi_1 + \varphi_2 + \varphi_3).$$

投影算子 (E) 作用在 φ_1 上，得第二个对称化 π 分子轨道：

$$\begin{aligned}6\hat{P}^{E}\varphi_1 &\approx (2)\hat{E}\varphi_1 + (-1)\hat{C}_3^1\varphi_1 + (-1)\hat{C}_3^2\varphi_1 + (0)\hat{C}_2\varphi_1 + (0)\hat{C}_2'\varphi_1 + (0)\hat{C}_2''\varphi_1 \\ &\approx 2\varphi_1 - \varphi_2 - \varphi_3.\end{aligned}$$

归一化后得

$$\psi_2 = \sqrt{\frac{1}{6}}(2\varphi_1 - \varphi_2 - \varphi_3).$$

第三个波函数可用投影算子 (E) 作用在 φ_2 获得，或从前两个波函数正交归一化获得

$$\psi_3 = \sqrt{\frac{1}{2}}(\varphi_2 - \varphi_3).$$

参考文献

马中骐. 2006. 物理学中的群论. 第二版. 北京: 科学出版社.

谢希德, 蒋平, 陆奋. 1986. 群论及其在物理学中的应用. 北京: 科学出版社.

Burus G. 1977. Introduction to Group Theory with Applictions. New York: Acadmic Press.

Elliott J P, Dawber P G. 1979. Symmetry in Physics. London: Macmillan Press Ltd.

Hamermesh M. 1964. Group Theory and its Application to Physical Problems. Massachusetts, London: Addison Wesley Publishing Company, Inc.

James G, Liebeck M. 2001. Representations and Characters of Groups. 2nd ed. London: Cambridge University Press.

Joshi A W. 1977. Elements of Group Theory for Physicists. New York: John Wiley Press.

Ludwig W, Falter C. 1998. Symmetries in Physics. 2nd ed. Berlin: Springer-Verlag Press.

习　题　2

2-1　下列等式定义的向量空间维数各是多少？

(1) $X = x_1 + x_2 \mathrm{e}^z$;

(2) $X = x_1 \cos z + x_2 \sin z$;

(3) $X = x_1 f_1(z) + x_2 f_2(z)$.

2-2　完成下列矩阵乘法，并解释为什么结果不同？

$$a = \begin{pmatrix} 1 & 3 \\ 2 & 2 \end{pmatrix}\begin{pmatrix} 2 & 0 \\ 1 & 1 \end{pmatrix}, \quad b = \begin{pmatrix} 2 & 0 \\ 1 & 1 \end{pmatrix}\begin{pmatrix} 1 & 3 \\ 2 & 2 \end{pmatrix}.$$

2-3　已知下列 A、B、C、D 矩阵，计算 AB、AD、CA、CD 和 DC。

$$A = \begin{pmatrix} 1 & 2 & 3 \\ -1 & -3 & 0 \\ 0 & 1 & 2 \end{pmatrix}, \ B = \begin{pmatrix} 0 & 5 & 1 \\ 3 & 5 & -2 \\ -1 & 0 & 5 \end{pmatrix}, \ C = \begin{pmatrix} 1 & i & -1 \end{pmatrix}, \ D = \begin{pmatrix} 0 \\ 4 \\ i \end{pmatrix}.$$

2-4　下面三个矩阵，哪一个是正交矩阵，哪一个是酉矩阵？

$$A = \begin{pmatrix} \cos\alpha & -\sin\alpha & 0 \\ \sin\alpha & \cos\alpha & 0 \\ 0 & 0 & 1 \end{pmatrix}, \quad B = \begin{pmatrix} 0 & 0 & -1 \\ -1 & 0 & 0 \\ 0 & 1 & 0 \end{pmatrix}, \quad C = \begin{pmatrix} 1 & 0 \\ 0 & i \end{pmatrix}.$$

2-5　若 A 和 B 矩阵为酉矩阵，试证明 $A \otimes B$ 也是酉矩阵：

$$(A \otimes B)^+ = (A \otimes B)^{-1}.$$

2-6　在基向量为 v_1、v_2 的二维空间，用 u_1、u_2 的线性组合构建一组正交基。

2-7　证明酉矩阵的各行 (列) 是相互正交的。

2-8　证明置换群 $\mathscr{S}_3$ 与点群 $C_{3\mathrm{v}}$、D_3 是同构的，并在群元素间建立一一对应的关系。

2-9　举例说明：若 G 是个简单的阿贝尔群，那么 G 也是一个循环群。

2-10　应用推理 2 证明阿贝尔群的所有不可约表示是一维的。

2-11　求出下列矩阵的逆矩阵：

$$A = \begin{pmatrix} 1 & 0 & 0 \\ 0 & 1 & 0 \\ 0 & 0 & 1 \end{pmatrix}, \quad B = \begin{pmatrix} 0 & 0 & -1 \\ -1 & 0 & 0 \\ 0 & 1 & 0 \end{pmatrix}, \quad C = \begin{pmatrix} \cos\phi & \sin\phi & 0 \\ -\sin\phi & \cos\varphi & 0 \\ 0 & 0 & -1 \end{pmatrix}.$$

2-12　找出点群 O_{h} 和 $D_{6\mathrm{h}}$ 的子群与不变子群。

2-13　求下列矩阵的直和与直积：

$$\begin{pmatrix} 2 & 5 & 9 \\ 1 & 4 & 7 \\ 3 & 3 & 3 \end{pmatrix} \quad 与 \quad \begin{pmatrix} 6 & 4 \\ 2 & 7 \end{pmatrix}.$$

2-14　已知群 G 与点群 D_3 同构，有三个不可约表示，特征标表是

	E	(ABC)	(DF)
Γ_1	1	1	1
Γ_2	1	-1	1
Γ_3	2	0	-1
Γ	6	2	0

请将可约表示 Γ 化成不可约表示的直和。

2-15　从 D_2 特征标表构造 $D_{2\mathrm{h}}$ 的特征标表。

2-16　已知 T_d 群的 A_1、A_2 和 E 表示，构建 T_1 和 T_2 不可约表示

2-17　查阅 $D_{6\mathrm{h}}$ 群特征标表，计算下列直积，并确定组成它们的不可约表示：

$$A_{1\mathrm{g}} \times B_{1\mathrm{g}};\ B_{2\mathrm{u}} \times E_{1\mathrm{g}};\ E_{1\mathrm{g}} \times E_{2\mathrm{u}}.$$

2-18　下列两个直积构成了什么群？

$$C_4 \otimes C_i, \quad D_3 \otimes C_i.$$

2-19　请用投影算子构造环丁二烯的 π 对称轨道。

2-20　如果矩阵 D^μ 和 D^ν 的特征标为实数，而 D^σ 的特征标为复数，证明 $D^\mu \times D^\nu$ 含有相同数目的 D^σ 和 $D^{\sigma*}$ 不可约表示。

第 3 章　分子对称点群的不可约表示

在物理或化学体系中，体系的各种物理、化学性质可由函数来描述。对称操作作用在函数上，可以是旋转操作，或是反映操作，或是置换操作，经过对称变换函数保持不变，我们就说该体系具有某种对称性，我们可用群的某种不可约表示来标识函数的对称性。这一章，我们讨论对称点群不可约表示的性质及其构造。

3.1　函数的旋转变换

描述空间某一点 P 物理性质 F 的函数，可表示为

$$\psi(r) = \psi_e(r).$$

式中，$\psi(r)$ 中的 r 表示坐标原点到 P 点的向量；e 表示坐标系基向量；$\psi_e(r)$ 中的 r 表示 P 点的坐标；ψ 表示描述物理性质 F 的函数关系。若旋转操作作用于函数 $\psi_e(r)$，则坐标系 (基向量 e) 不变的情况下，新函数为 $P_R\psi_e$。显然，旋转对称操作下体系的物理性质不变，有如下关系：

$$R\psi_e(r) = \psi'_e(r') = P_R\psi_e(Rr) = \psi_e(r). \tag{3-1-1}$$

即旋转后函数 $P_R\psi_e$ 在 Rr 的值等于旋转前原函数 ψ_e 在 r 的值。式 (3-1-1) 可以改写为

$$\begin{aligned} &P_R\psi_e(Rr) = P_R\psi_e(r') = \psi_e(R^{-1}r'), \\ &P_R\psi_e(r) = \psi_e(R^{-1}r). \end{aligned} \tag{3-1-2}$$

从式 (3-1-2) 可以看出，旋转对称操作 R 作用在函数上，与其逆操作 R^{-1} 作用在坐标系所引起的函数形式变化是等同的。

例 1　现有一函数 $\Psi(d_{xy})$(图 3-1(a))，将它按逆时针方向旋转 $\pi/4$，可得到另一函数 $-\Psi(d_{x_2-y_2})$，如图 3-1(b) 所示；若我们逆时针旋转坐标轴 $R(x,y,z)\pi/4$，则得到新坐标系 $R'(x,'y,'z')$，$\Psi(d_{xy})$ 函数成为 $\Psi(d_{x_2-y_2})$，如图 3-1(c) 所示。从这例子可看出，旋转函数与旋转坐标轴是互为逆变换。

令一维表示的基函数为 $\mathrm{e}^{-\mathrm{i}\phi}$，则有

$$C_n^k\mathrm{e}^{-\mathrm{i}\phi} = \mathrm{e}^{-\mathrm{i}(\phi-\frac{2k\pi}{n})} = \mathrm{e}^{\frac{2k\pi}{n}\mathrm{i}}\mathrm{e}^{-i\phi}. \tag{3-1-3}$$

类似地，对于一维基函数 $\mathrm{e}^{-\mathrm{i}m\phi}$ 有

$$C_n^k \mathrm{e}^{-\mathrm{i}m\phi} = \mathrm{e}^{-\mathrm{i}m(\phi - \frac{2k\pi}{n})} = \mathrm{e}^{\frac{2km\pi}{n}\mathrm{i}} \mathrm{e}^{-\mathrm{i}m\phi}. \tag{3-1-4}$$

若令二维基函数为 $(\mathrm{e}^{\mathrm{i}m\phi}, \mathrm{e}^{-\mathrm{i}m\phi})$，则有

$$\begin{aligned} C_n^k(\mathrm{e}^{\mathrm{i}m\phi}, \mathrm{e}^{-\mathrm{i}m\phi}) &= (\mathrm{e}^{-2km\pi\mathrm{i}/n}\mathrm{e}^{\mathrm{i}m\phi}, \mathrm{e}^{2km\pi\mathrm{i}/n}\mathrm{e}^{-\mathrm{i}m\phi}) \\ &= (\mathrm{e}^{\mathrm{i}m\phi}, \mathrm{e}^{-\mathrm{i}m\phi}) \begin{pmatrix} \mathrm{e}^{-2km\pi\mathrm{i}/n} & 0 \\ 0 & \mathrm{e}^{2km\pi\mathrm{i}/n} \end{pmatrix}. \end{aligned} \tag{3-1-5}$$

旋转对称操作下这些函数与坐标系的变化性质及其关系可用于分子点群不可约表示的构造。

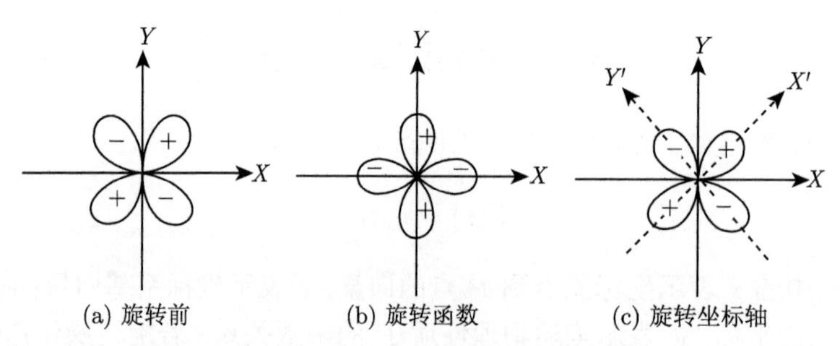

图 3-1　函数 d_{xy} 旋转前后示意图

3.2　阿贝尔群的不可约表示

令 $G = \{e, g_1, g_2, \cdots, g_{n-1}\}$，对于阿贝尔群有

$$g_i g_j = g_j g_i, \quad g_i = g_l^{-1} g_k g_l = g_k.$$

即阿贝尔群的元素乘积可交换，每一个元素自成一类。32 类分子点群中有 16 个阿贝尔群，包括 C_i、C_s、$C_n(n = 1, 2, 3, 4, 6)$、$C_{n\mathrm{h}}(n = 2, 3, 4, 6)$、$D_2$、$S_4$、$S_6$、$C_{2\mathrm{v}}$ 和 $D_{2\mathrm{h}}$。

3.2.1　循环群

n 阶循环群的抽象结构为

$$\{e, a, a^2, \cdots, a^{n-1} | a^n = e\}.$$

显然，循环群是一类阿贝尔群。分子点群中循环群的例子很多，如下面几个。

C_n 点群：若分子只有 n 次旋转轴，它属于 C_n 群，群元素为 $\{E, C_n^1, C_n^2, \cdots, C_n^{n-1} | C_n^n = E\}$，群的阶 $g = n$，C_n 群是 n 阶循环群，因为绕同一个轴的旋转是可以交换的，所以也是阿贝尔群。

S_n 点群：分子中只含有一个 n 次旋转反映轴，它属于 S_n 群。下面分别对 n 为奇数和偶数两种情况讨论 S_n 点群的不可约表示。

(1) n 为奇数。

$$g = 2n, \{E, S_n^1, S_n^2, \cdots, S_n^n = \sigma_h^n C_n^n = \sigma_h, \cdots, S_n^{2n-1} | S_n^{2n} = E\}.$$

(2) n 为偶数。

$$g = n, \{E, S_n^1, S_n^2, \cdots, S_n^{n-1} | S_n^n = E\}.$$

由于阿贝尔群所有的表示都是一维的，对循环群生成元 a 和对应的一维表示矩阵 $D(a)$ 有

$$a^n = e, [D(a)]^n = 1 = [\chi(a)]^n. \tag{3-2-1}$$

它表明体系经过 n 次对称操作后，仍是全对称的。

利用欧拉公式可以获得式 (3-2-1) 的 n 重根，即

$$\mathrm{e}^{2m\pi\mathrm{i}} = 1 = [\chi(a)]^n, \quad \chi(a) = \mathrm{e}^{2m\pi\mathrm{i}/n}.$$

$$\chi(a^k) = \mathrm{e}^{2mk\pi\mathrm{i}/n}, \quad m = 1, 2, \cdots, n \text{ 或 } m = 0, 1, \cdots, n-1. \tag{3-2-2}$$

若经过 n 次对称操作后，特征标 χ 为 -1，我们称它是反对称的。

利用式 (3-2-2)，我们可以很容易构造循环群不可约表示的特征标表，如表 3-1～表 3-3 所示。

表 3-1　C_2 群特征标表

C_2	E	C_2
$m=0$	1	1
$m=1$	1	-1

表 3-2　C_3 群特征标表 ($\omega = \mathrm{e}^{2\pi\mathrm{i}/3}$)

C_3	E	C_3	C_3^2
$m=0$	1	1	1
$m=1$	1	ω	ω^*
$m=2$	1	ω^*	ω

表 3-3　C_4、S_4 群特征标表

C_4	E	C_4	C_4^2	C_4^3
S_4	E	S_4	S_4^2	S_4^3
m=0	1	1	1	1
m=1	1	i	-1	$-i$
m=2	1	-1	1	-1
m=3	1	$-i$	-1	i

S_n 是一个比较特殊的群，$S_1 = C_1 \cdot \sigma_\mathrm{h}$，即经过 C_1 旋转后再进行平面反映 (实际操作是一个对称面)，S_1 群就是 C_s 点群。$S_2 = C_2 \cdot \sigma_\mathrm{h} = i$，体系经 C_2 轴旋转后再进行平面反映，相当于一个对称中心反演，即 S_2 群就是 C_i 点群。类似地，S_3 群存在对称元素 C_3 和 σ_h，和 $C_{3\mathrm{h}}$ 点群相同。S_4=$C_4\sigma_\mathrm{h}$，一般认为，S_4 才是一个独立的群。

3.2.2 V 群

V 群是一个 4 阶的阿贝尔群，其抽象群结构为

$$V = \{e, a, b, c\} \quad \begin{cases} bc = cb = a \\ a^2 = b^2 = c^2 = e \\ ab = ba = c \\ ac = ca = b \end{cases} .$$

由于表示均是一维的，有

$$\begin{aligned} & a^2 = b^2 = c^2 = e \leftrightarrow \chi^2(a) = \chi^2(b) = \chi^2(c) = 1 \\ & \Rightarrow \chi(a) = \chi(b) = \chi(c) = \begin{cases} 1 \\ -1 \end{cases} . \end{aligned}$$

表示的特征标全为 1，构成全对称表示；取 “-1” 的情况是由正交归一化条件得到，即全反对称。表 3-4 给出了与 V 群的同构分子点群 D_2、$C_{2\mathrm{v}}$、$C_{2\mathrm{h}}$ 的特征标表。

表 3-4　D_2、$C_{2\mathrm{v}}$、$C_{2\mathrm{h}}$ 群特征标表

D_2			E	C_2	C_2'	C_2''
	$C_{2\mathrm{v}}$		E	C_2	σ_v'	σ_v''
		$C_{2\mathrm{h}}$	E	C_2	i	σ_h
A_1	A_1	A_g	1	1	1	1
B_1	A_2	A_u	1	1	-1	-1
A_2	B_1	B_g	1	-1	1	-1
B_3	B_2	B_u	1	-1	-1	1

$C_{2\mathrm{v}}$ 点群的特征标也可以利用其商群与 2 阶群的同构关系先确定两个一维表示，即

$$H = \{E, C_2\}, \quad \sigma_\mathrm{v}'H = \{\sigma_\mathrm{v}', \sigma_\mathrm{v}''\}, \quad \frac{C_{2\mathrm{v}}}{H} = \{H, \sigma_\mathrm{v}'H\} \sim \{e, a\} \sim \{1, -1\}.$$

由此可以获得两个一维表示，一个为全对称表示，一个为反对称表示，即

$C_{2\mathrm{v}}/H$	H		$\sigma_\mathrm{v}'H$	
$C_{2\mathrm{v}}$	E	C_2	σ_v'	σ_v''
A_1	1	1	1	1
A_2	1	1	-1	-1

剩下的两个一维不可约表示可以利用正交关系方便获得。

我们注意到，$C_{2\mathrm{h}}$ 点群是其子群 C_2 与 C_s 的直积，$C_{2\mathrm{h}} = C_2 \otimes C_s$，表 3-5 给出其特征标表，其不可约表示的特征标可以通过直积群的表示获得，即

$$\chi^{(\mu\times\nu)}(RS) = \chi^{(\mu)}(R)\chi^{(\nu)}(S) \tag{3-2-3}$$

C_2	E	C_2
A	1	1
B	1	−1

C_s	E	σ_{h}
A'	1	1
A''	1	−1

表 3-5　$C_2 \otimes C_s$ 得到 $C_{2\mathrm{h}}$ 群特征标表

$C_{2\mathrm{h}} = C_2 \otimes C_s$	E	C_2	$C_2\sigma_{\mathrm{h}} = i$	σ_{h}
$A_{\mathrm{g}} = AA'$	1	1	1	1
$A_{\mathrm{u}} = AA''$	1	1	−1	−1
$B_{\mathrm{u}} = BA'$	1	−1	−1	1
$B_{\mathrm{g}} = BA''$	1	−1	1	−1

3.3　$C_{n\mathrm{v}}$ 和 D_n 点群的不可约表示

3.3.1　$C_{3\mathrm{v}}$ 和 D_3 点群

若分子只有一个 3 次旋转轴和三个包含 C_3 主轴的对称面，分子属于 $C_{3\mathrm{v}}$ 点群。若分子只有一个 3 次旋转主轴和三个垂直主轴的 2 次轴，分子属于 D_3 点群。三角锥形的分子，如 PF_3、$SPCl_3$、CH_3 等均属 $C_{3\mathrm{v}}$ 点群。乙烷分子 C_2H_6 既不重叠也不交叉的构象属于 D_3 点群。

$C_{3\mathrm{v}}$ 和 D_3 点群同构，具有相同的结构和不可约表示，是较小的非阿贝尔群。由于不可约表示维数的平方和等于群阶，有

$$n_1^2 + n_2^2 + n_3^2 = 6; \quad n_1 = n_2 = 1; \quad n_3 = 2.$$

因此，这两个群都有两个一维表示和一个二维表示。其中一个一维表示为全对称表示，另一个一维表示和二维不可约表示的特征标可以利用特征标性质方便地确定，即

$$\sum_R |\chi^{(\nu)}(R)|^2 = 6, \quad \sum_R \chi^{(\mu)}(R)\chi^{(\nu)}(R)^* = g\delta_{\mu\nu}.$$

可得到 $\chi^{(A_2)}(C_3) = 1$，$\chi^{(A_2)}(\sigma_{\mathrm{v}}/C_2) = -1$，$\chi^{(E)}(C_3) = -1$，$\chi^{(E)}(\sigma_{\mathrm{v}}) = 0$。表 3-6 给出了 $C_{3\mathrm{v}}$ 和 D_3 点群不可约表示的特征标表。

表 3-6　C_{3v} 和 D_3 点群特征标表

D_3		E	$2C_3$	$3C_2$
	C_{3v}	E	$2C_3$	$3\sigma_v$
A_1	A_1	1	1	1
A_2	A_2	1	1	-1
E	E	2	-1	0

此外，我们也可以利用 C_{3v} 和 D_3 点群的商群与 2 阶群的同构，先确定两个一维不可约表示的特征标，即

$$H = \{E, C_3, C_3^2\}, \quad \sigma_{v_1}H = \{\sigma_{v_1}, \sigma_{v_2}, \sigma_{v_3}\}, \quad \frac{C_{3v}}{H} = \{e, a\} \sim \{1, -1\}.$$

在此基础上利用特征标正交关系，可以方便确定二维不可约表示的特征标。

3.3.2　C_{4v} 和 D_4 点群

C_{4v} 和 D_4 点群的阶为 8，所有群元素分为五类，相应五个不可约表示维数的平方和等于群阶 8：$n_1^2 + n_2^2 + n_3^2 + n_4^2 + n_5^2 = 8$，可推测有四个表示为一维表示 $n_1 = n_2 = n_3 = n_4 = 1$，第五个表示是二维表示 $n_5=2$。

C_{4v} 和 D_4 点群的四个一维表示也可以利用其商群与 V 群的同构关系获得：先构造其商群

$$H = \left\{E, C_4^2\right\}, \quad C_4^1H = \{2C_4\}, \quad \sigma_v'H = \{2\sigma_v'\}, \quad \sigma_v''H = \{2\sigma_v''\},$$

$$\frac{C_{4v}}{H} = \{H, C_4^1H, \sigma_v'H, \sigma_v''H\} \sim V = \{e, a, b, c\}.$$

商群 C_{4v}/H 与 V 群同构。这样，即可得四个一维表示，再根据正交关系即可得其二维不可约表示的特征标。表 3-7 给出了 C_{4v} 和 D_4 点群的特征标。

表 3-7　C_{4v} 和 D_4 点群的特征标表

$\frac{C_{4v}}{H}$		e		a	b	c
D_4		E	C_4^2	$2C_4$	$2C_2'$	$2C_2''$
	C_{4v}	E	C_4^2	$2C_4$	$2\sigma_2'$	$2\sigma_2''$
A_1	A_1	1	1	1	1	1
A_2	A_2	1	1	1	-1	-1
B_1	B_1	1	1	-1	-1	1
B_2	B_2	1	1	-1	1	-1
E	E	2	-2	0	0	0

3.3.3　$C_{n\mathrm{v}}$ 和 D_n 点群

对于一般 $C_{n\mathrm{v}}$ 和 D_n 点群，我们依据 n 为奇数和偶数，分为两种情况讨论。以 $C_{n\mathrm{v}}$ 为例，分别介绍它们不可约表示特征标表的构造。

(1) n 为奇数 $(n=2m+1)$。

对于 n 为奇数的 $C_{n\mathrm{v}}$ 点群，群的阶 $g=2(2m+1)=4m+2$，其群元素和类分解如下：

$$C_{(2m+1)\mathrm{v}}\text{的群元素}: E, C_{2m+1}^1, C_{2m+1}^2, \cdots, C_{2m+1}^k, \cdots C_{2m+1}^{m+1}, \sigma_{\mathrm{v}}, \sigma_{\mathrm{v}}'', \sigma_{\mathrm{v}}''', \cdots$$

$$C_{(2m+1)\mathrm{v}}\text{的类分解}: \underline{E}, \underline{C_{2m+1}^1, C_{2m+1}^{2m}}, \cdots, \underline{C_{2m+1}^m, C_{2m+1}^{m+1}}, \underline{(2m+1)\sigma_{\mathrm{v}}}.$$

显然，$C_{(2m+1)\mathrm{v}}$ 点群类的数目为 $m+2$，即存在 $m+2$ 个不同的不可约表示。根据不可约表示的维数和群阶的关系

$$n_1^2+n_2^2+\cdots+n_{m+2}^2=g=4m+2,$$

有

$$n_1=n_2=1,\quad n_3=n_4=\cdots=n_{m+2}=2.$$

因此，$C_{n\mathrm{v}}$ 点群 $(n=2m+1)$ 有两个一维表示，m 个二维表示。两个一维表示可以通过其商群与一个 2 阶群的同构关系得到。

$$\begin{aligned} H&=\{E, C_n, \cdots, C_n^{n-1}\}\sim\{e\}, \\ \sigma H&=\{(2m+1)\sigma_{\mathrm{v}}\}\sim\{a\}, \\ \frac{C_{(2m+1)\mathrm{v}}}{H}&=\{H, \sigma H\}, \{e, a\}=\{1, -1\}. \end{aligned}$$

令二维不可约表示的基函数为 $(\mathrm{e}^{\mathrm{i}l\phi}, \mathrm{e}^{-\mathrm{i}l\phi})$，由式 (3-1-4) 有

$$\begin{aligned} C_n^k(\mathrm{e}^{\mathrm{i}l\phi}, \mathrm{e}^{-\mathrm{i}l\phi})&=(\mathrm{e}^{\mathrm{i}l(\phi-2k\pi/n)}, \mathrm{e}^{-\mathrm{i}l(\phi-2k\pi/n)}) \\ &=(\mathrm{e}^{\mathrm{i}l\phi}, \mathrm{e}^{-\mathrm{i}l\phi})\begin{pmatrix} \mathrm{e}^{\frac{-2lk\pi\mathrm{i}}{n}} & 0 \\ 0 & \mathrm{e}^{\frac{2lk\pi\mathrm{i}}{n}} \end{pmatrix}. \end{aligned} \tag{3-3-1}$$

利用欧拉关系 $\mathrm{e}^{\mathrm{i}\phi}+\mathrm{e}^{-\mathrm{i}\phi}=2\cos\theta$，得到操作 C_n^k 在第 l 个二维不可约表示的特征标为

$$\chi^{(l)}(C_n^k)=2\cos\frac{-2lk\pi}{n}=\chi^{(l)}(C_n^{-k}). \tag{3-3-2}$$

类似地，对于 σ_{v} 有

$$\begin{aligned} &\sigma_{\mathrm{v}}(\mathrm{e}^{\mathrm{i}l\phi}, \mathrm{e}^{-\mathrm{i}l\phi})=(\mathrm{e}^{\mathrm{i}l\phi}, \mathrm{e}^{-\mathrm{i}l\phi})\begin{pmatrix} 0 & 1 \\ 1 & 0 \end{pmatrix}, \\ &\chi^{(l)}(\sigma_{\mathrm{v}})=0. \end{aligned} \tag{3-3-3}$$

表 3-8 给出了 $C_{n\mathrm{v}}$ 点群不可约表示的特征标表，两个一维表示，m 个二维表示，其中 $n=2m+1$，$l=1,2,\cdots,m$，$k=1,2,\cdots,m$。

表 3-8　$C_{n\mathrm{v}}$ 点群特征标表

$C_{(2m+1)\mathrm{v}}$	E	$2C_{2m+1}^k$	$(2m+1)\sigma_\mathrm{v}$
$\varGamma_1$	1	1	1
$\varGamma_2$	1	1	-1
E_l	2	$2\cos\dfrac{2lk\pi}{2m+1}$	0

(2) n 为偶数 $(n=2m)$。

对于 n 为偶数的 $C_{n\mathrm{v}}$ 点群，群的阶 $g=2n=4m$，其群的类分解如下：

$$\underline{E};\underline{C_{2m}^1,C_{2m}^{2m-1}};\cdots,\underline{C_{2m}^{m-1},C_{2m}^{m+1}};\underline{C_{2m}^m=C_2};\underline{m\sigma_\mathrm{v}};\underline{m\sigma'_\mathrm{v}}.$$

共有 $m+3$ 类，由不可约表示的性质有

$$n_1^2+n_2^2+\cdots+n_{m+3}^2=4m,$$

有

$$n_1=n_2=n_3=n_4=1,\quad n_5=n_6=\cdots=n_{m+3}=2.$$

因此，$C_{n\mathrm{v}}$ 点群有四个一维表示，$m-1$ 个二维表示。

先构造四个一维表示，显然，$C_{n\mathrm{v}}$ 所有偶次转动的集合构成一个不变子群 H，即

$$H=\{C_{2m}^{2m}=e,C_{2m}^2,C_{2m}^4,\cdots,C_{2m}^{2k},\cdots,C_{2m}^{2m-2}\}\sim\{e\},$$

$$C_{2m}^1H=\{C_{2m}^1,C_{2m}^3,\cdots,C_{2m}^{2m-1}\}\sim\{a\},$$

$$\sigma_\mathrm{v}H=\{m\sigma_\mathrm{v}\}\sim\{b\},$$

$$\sigma'_\mathrm{v}H=\{m\sigma'_\mathrm{v}\}\sim\{c\},$$

$$\frac{C_{4m\mathrm{v}}}{H}=\{H,C_{2m}H,\sigma_\mathrm{v}H,\sigma'_\mathrm{v}H\}\sim\{e,a,b,c\}=V.$$

利用商群$\dfrac{C_{4m\mathrm{v}}}{H}$与 V 群的同构关系，我们可以先确定四个一维不可约表示的特征标。其中 m 可能为偶数或奇数，当 m 为偶数时，C_{2m}^m 为不变子群 H 中的元素，否则不是。

令二维不可约表示的基函数为 $(\mathrm{e}^{\mathrm{i}l\phi},\mathrm{e}^{-\mathrm{i}l\phi})$，利用式 (3-2-5) 和式 (3-2-6) 可以确定其他群元素 $2C_{2m}^k(k=1,2,\cdots,m)$ 和 $2m\sigma_\mathrm{v}$ 在二维不可约表示中的特征标。表 3-9 给出了 n 为偶数的 $C_{n\mathrm{v}}$ 点群不可约表示的特征标，与 n 为奇数的 $C_{n\mathrm{v}}$ 点

群不同，n 为偶数的 $C_{n\mathrm{v}}$ 群存在四个一维的不可约表示。具有 $C_{n\mathrm{v}}$ 点群对称性的分子非常普遍，如 H_2O、H_2CO、H_2S 等 V 形分子属于 $C_{2\mathrm{v}}$ 点群；而三角锥形的 NH_3、P_4S_3、CH_3Cl 等分子则属于 $C_{3\mathrm{v}}$ 点群。n 为奇数的 $C_{n\mathrm{v}}$ 群只有两个一维表示，其余为二维表示。D_n 和 $C_{n\mathrm{v}}$ 点群同构，具有相同的不可约表示，但 D_n 是纯旋转群，它的生成元由 C_n 轴与垂直于 C_n 轴的 2 次轴构成。

表 3-9　$C_{2m\mathrm{v}}$ 点群特征标表

$C_{2m\mathrm{v}}$	E	$2C_{2m}^{k'}$			$m\sigma_\mathrm{v}$	$m\sigma'_\mathrm{v}$
		C_{2m}^m	$2C_{2m}^{2k}$	$2C_{2m}^{2k+1}$		
A_1	1	1	1	1	1	1
A_2	1	1	1	1	-1	-1
B_1	1	$(-1)^m$	1	-1	1	-1
B_2	1	$(-1)^m$	1	-1	-1	1
E_l	2	$2(-1)^l$	$2\cos\dfrac{lk'\pi}{m}$		0	0
D_n	E	C_{2m}^m	$2C_{2m}^{2k}$	$2C_{2m}^{2k+1}$	mC_2	mC'_2

注：n 为偶数，$l=1,2,\cdots,\dfrac{n}{2}-1$。

3.4　$C_{n\mathrm{h}}$ 和 $D_{n\mathrm{h}}$ 点群的不可约表示

$C_{n\mathrm{h}}$ 和 $D_{n\mathrm{h}}$ 点群可以表示为其子群的直积，即 $G=A\otimes B$。

$$C_{n\mathrm{h}}=C_n\otimes C_s.$$

$D_{n\mathrm{h}}=D_n\otimes C_s(n\text{为奇数})\text{或}D_{n\mathrm{h}}=D_n\otimes C_i(n\text{为偶数})$。

我们已证明直积群的类可由子群 A 的一个类与子群 B 的一个类所组成。若 A 子群的不可约表示矩阵为 $U(A)$，B 子群的不可约表示矩阵为 $V(B)$，则

$$G^{\alpha\times\beta}(AB)=U^\alpha(A)\times V^\beta(B).$$

直积群 G 的特征标是 A^α 和 B^β 特征标的积：

$$\chi^{\alpha\times\beta}(G)=\chi^\alpha(A)\chi^\beta(B).$$

由此对群 G 所有元素求和。根据正交定理 $\sum\limits_\rho c_\rho\left|\chi_\rho\right|^2=g$，每个不可约表示特征标的平方和等于群阶

$$\sum_{a,b}\left|\chi^{\alpha\times\beta}(AB)\right|^2=\sum_a\left|\chi^\alpha(A)\right|^2\sum_b\left|\chi^\beta(B)\right|^2=jk.$$

式中，j、k 分别为子群 A、B 的群阶。这证明 $G^{\alpha\times\beta}$ 是不可约的。

因此，$C_{n\mathrm{h}}$ 和 $D_{n\mathrm{h}}$ 点群的不可约表示可以通过它们子群的不可约表示直积获得。例如，$C_{3\mathrm{h}}$ 的不可约表示可以通过子群 C_3 和 $C_s\{e,\sigma_\mathrm{h}\}$ 不可约表示的直积得到，见表 3-10。

表 3-10　$C_{3\mathrm{h}}$ 群特征标表 ($\omega=\mathrm{e}^{2\pi\mathrm{i}/3}$)

$C_{3\mathrm{h}}$	E	C_3	C_3^2	σ_h	$C_3\sigma_\mathrm{h}=S_3$	S_3^5
A'	1	1	1	1	1	1
E'	1	ω	ω^*	1	ω	ω^*
	1	ω^*	ω	1	ω^*	ω
A''	1	1	1	−1	−1	−1
E''	1	ω	ω^*	−1	$-\omega$	$-\omega^*$
	1	ω^*	ω	−1	$-\omega^*$	$-\omega$

1，3 二氯乙烯、反式丁二烯分子属于 $C_{2\mathrm{h}}$ 群，H_3BO_3 分子是 $C_{3\mathrm{h}}$ 点群。与 $C_{n\mathrm{h}}$ 群分子大都是平面分子不同，$D_{n\mathrm{h}}$ 分子既有平面分子，还有许多立体分子。$D_{n\mathrm{h}}$ 群可由 D_2 与 2 阶群 C_s 或 C_i 直积获得，组成 D_2 群的 4 个元素分为 4 类，$D_{2\mathrm{h}}$ 群的元素分为 8 类，全是一维表示 (见表 3-11)。若将 $D_{2\mathrm{h}}$ 群的特征标表划分为 4 等分，左上角部分为 D_2 群特征标的再现，右上角与左下角两部分与左上角相同，右下角部分则与左上角完全反对称；$D_{4\mathrm{h}}$ 元素则分为 10 类，而 $D_{6\mathrm{h}}$ 群则分为 12 类，它们都有 8 个一维表示。

表 3-11　$D_{2\mathrm{h}}$ 群特征标表

$D_{2\mathrm{h}}$	E	$C_2(z)$	$C_2(y)$	$C_2(x)$	i	$\sigma(xy)$	$\sigma(xz)$	$\sigma(yz)$
A_g	1	1	1	1	1	1	1	1
$B_{1\mathrm{g}}$	1	1	−1	−1	1	1	−1	−1
$B_{2\mathrm{g}}$	1	−1	1	−1	1	−1	1	−1
$B_{3\mathrm{g}}$	1	−1	−1	1	1	−1	−1	1
A_u	1	1	−1	−1	−1	−1	−1	−1
$B_{1\mathrm{u}}$	1	1	−1	−1	−1	−1	1	1
$B_{2\mathrm{u}}$	1	−1	1	−1	−1	1	−1	1
$B_{3\mathrm{u}}$	1	−1	−1	1	−1	1	1	−1

$D_{6\mathrm{h}}$ 群有 24 个对称元素，是对称性很高的群，如苯分子就是属 $D_{6\mathrm{h}}$ 群，对称元素包括位于苯环中心，垂直于该平面的 C_6 轴，还有 6 个垂直于 C_6 轴的 C_2 轴。苯环所在平面为水平对称面，还有经过 C_6 轴并平分 2 次轴的 6 个垂面。另外，三明治分子二苯铬也属于 $D_{6\mathrm{h}}$ 点群对称性，即 $D_{n\mathrm{h}}$ 群对称性的分子是以水平平面为

对称，上下图形完全对称。

3.5 D_{nd} 点群的不可约表示

D_{nd} 点群含有一个主轴 C_n、n 个垂直于 C_n 轴的 C_2 轴、n 个平分两个相邻 C_2 轴夹角的 σ_d，共有 $4n$ 个对称操作。丙二烯 C_3H_4 分子属于 D_{2d} 点群，交错构型的二茂铁 $Fe(C_5H_5)_2$ 分子属于 D_{5d} 点群。下面分两种情况讨论 D_{nd} 群的不可约表示。

3.5.1 n 为奇数

n 为奇数的 D_{nd} 群，对每个垂直反映面，都有一个垂直于它的 2 次轴，因此这类群含有反演中心，因而 n 为奇数的 D_{nd} 群是其子群 D_n 和 $C_i\{e,i\}$ 的直积，可以利用群的直积关系

$$D_{nd} = D_n \otimes C_i,$$

及子群 D_n 与 C_i 的不可约表示获得 D_{nd} 群的不可约表示。如图 3-2 所示，$D_{3d} = D_3 \otimes i$，$C_2 i = \sigma_d$，$C_3C_2 i = \sigma'_d$.

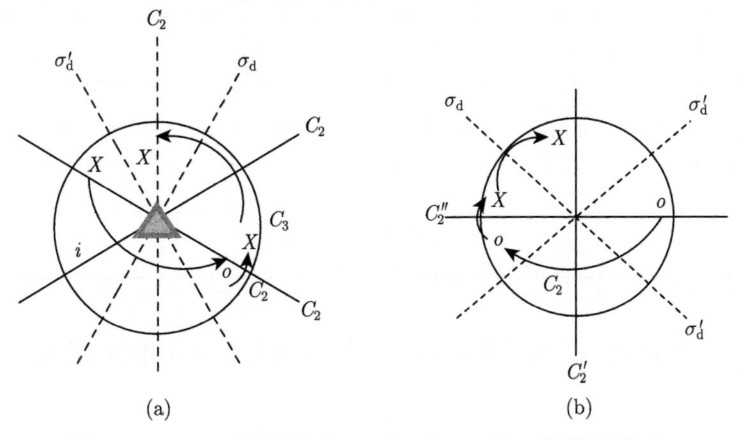

图 3-2　(a) $C_2 i$ 操作形成 σ_d 和 (b) $\sigma_d C''_2 C_2$ 操作形成 S_4

3.5.2 n 为偶数

n 为偶数的 D_{nd} 群含有 S_{2n} 子群，如图 3-2 所示，D_{2d} 点群含有一个 4 次旋转反映轴，即

$$\sigma_d C''_2 C_2 = C_4 \sigma_h = S_4.$$

D_{nd} 群元素: n 个 C_n^k 对称操作 (包括 E)、n 个 C'_2 对称操作 (垂直于 C_n)、n 个 S_{2n}^k 对称操作 (扣除 C_n^k)，n 个平分相邻 2 次轴的对称面 σ_d，群阶为 $4n$。n 为

偶数时，D_{nd} 与 D_{2n} 群同构，它们有相同的类结构：

$$D_4:\{E, C_4^2=C_2, 2C_4, 2C_2, 2C_2'\},$$
$$D_{2d}:\{E, C_2, 2S_4, 2C_2, 2\sigma_d\}.$$

$$D_{nd}\text{群类分解}: \underline{E}; \underline{S_{2n}^1, S_{2n}^{2n-1}}; \cdots; \underline{S_{2n}^{n-1}, S_{2n}^{n+1}}; \underline{S_{2n}^n}; \underline{nC_2'}; \underline{n\sigma_d}.$$

因此，D_{nd} 群元素分为 $n+3$ 类，根据不可约表示维数和群阶的关系

$$n_1^2+n_2^2+\cdots+n_{n+3}^2=4m,$$

有

$$n_1=n_2=n_3=n_4=1,\quad n_5=n_6=\cdots=n_{n+3}=2.$$

令所有偶次旋转反映操作组成的不变子群为 H，D_{nd} 群对 H 陪集分解如下：

$$H=\{S_{2n}^{2k}\}\leftrightarrow e,\quad S_{2n}H=\{S_{2n}^{2k+1}\}\leftrightarrow a,$$

$$C_2'H=\{n\sigma_d\}\leftrightarrow b,\quad \sigma_dH=\{nC_2'\}\leftrightarrow c.$$

其商群 $\dfrac{D_{nd}}{H}=\{H, S_{2n}H, C_2'H, \sigma_dH\}$ 与 V 群同构。利用商群与 V 群的同构关系，可以方便获得 D_{nd} 群 (n 为偶数) 的 4 个一维表示，见表 3-12。

表 3-12　D_{nd} 群特征标表

D_{nd}	E	$S_{2n}^n(C_2)$	S_{2n}^{2k}	S_{2n}^{2k+1}	nC_2'	$n\sigma_d$
A_1	1	1	1	1	1	1
A_2	1	1	1	1	−1	−1
B_1	1	1	1	−1	1	−1
B_2	1	1	1	−1	−1	1
E_l	2	$2(-1)^l$	$2\cos\dfrac{2kl\pi}{n}$	$2\cos\dfrac{(2k+1)l\pi}{n}$	0	0

注：n 为偶数，$l=1,2,\cdots,n-1$。

选二维不可约表示的基函数为 $(\mathrm{e}^{\mathrm{i}l\phi}, \mathrm{e}^{-\mathrm{i}l\phi})$，其他对称操作的特征标可以确定如下：

$$S_{2n}^{2k}=(\sigma_h)^{2k}C_{2n}^{2k}=C_n^k,\quad \chi^l(C_n^k)=2\cos\frac{2lk\pi}{n},$$

$$S_{2n}^{2k+1}=(\sigma_h)^{2k+1}C_{2n}^{2k+1}=\sigma_hC_{2n}^{2k+1}=C_{2n}^{2k+1}\sigma_h,$$

$$S_{2n}^{2k+1}(\mathrm{e}^{\mathrm{i}l\phi}, \mathrm{e}^{-\mathrm{i}l\phi})=C_{2n}^{2k+1}(\mathrm{e}^{\mathrm{i}l\phi}, \mathrm{e}^{-\mathrm{i}l\phi}),$$

$$\chi^l(C_{2n}^{2k+1})=2\cos\frac{2l(2k+1)\pi}{2n},\quad \chi^l(S_{2n}^{2k+1})=2\cos\frac{lk'\pi}{2n},$$

$$C_2'(\mathrm{e}^{\mathrm{i}l\phi}, \mathrm{e}^{-\mathrm{i}l\phi})=(\mathrm{e}^{-\mathrm{i}l\phi}, \mathrm{e}^{\mathrm{i}l\phi})=(\mathrm{e}^{\mathrm{i}l\phi}, \mathrm{e}^{-\mathrm{i}l\phi})\begin{pmatrix}0&1\\1&0\end{pmatrix},\quad \chi^l(C_2')=0.$$

表 3-12 给出了 D_{nd} 群 (n 为偶数) 的不可约表示。以 D_{4d} 为例，表 3-13 给出了其不可约表示完整的特征标表。

表 3-13　D_{4d} 点群的特征标表

D_{4d}	E	$2S_8$	$2C_4$	$2S_8^3$	C_2	$4C_2'$	$4\sigma_d$
A_1	1	1	1	1	1	1	1
A_2	1	1	1	1	1	-1	-1
B_1	1	-1	1	-1	1	1	-1
B_2	1	-1	1	-1	1	-1	1
E_1	2	$\sqrt{2}$	0	$-\sqrt{2}$	-2	0	0
E_2	2	0	-2	0	2	0	0
E_3	2	$-\sqrt{2}$	0	$\sqrt{2}$	-2	0	0

3.6　高阶群的不可约表示

本节讨论高阶群。这一类点群的共同特点是含有多个高次旋转对称轴，具有该对称性的分子与 5 种正多面体 (四面体、立方体、八面体、十二面体、二十面体) 有着密切联系，分属于正四面体群、立方群、二十面体群 3 类。下面分别讨论这些高阶群的不可约表示性质和特征标表的构造。

3.6.1　正四面体群

正四面体群包括 T、T_d、T_h 3 种点群，它们的共同特征是都具有正四面体的所有旋转轴，即 4 个 3 次轴 ($4C_3$) 和 3 个 2 次轴 ($3C_2$)。T 群只具有正四面体 (图 3-3) 的所有旋转轴，不包括其他反映面、反演中心等元素。T 群的群元素为 $\{E, 4C_3, 4C_3^2, 3C_2\}$，因此是一个 12 阶群。在 T 群的基础上，如果还包含 3 个旋转反映轴 S_4 和 6 个 σ_d，则为 T_d 群。T_d 群的对称性比 T 群高，其群元素为 $\{E, 8C_3, 6S_4, 3C_2, 6\sigma_d\}$，因此是一个 24 阶群。$T_d$ 群对称性的分子很多，如 CH_4、CF_4 等。在 T 群的基础上，如果还包含垂直于 C_2 的 3 个对称面 σ_h，C_2 轴与 σ_h 又会产生对称中心 i，则为 T_h 群，它有 24 个对称操作：$\{E, 4C_3, 4C_3^2, i, 4S_6, 4S_6^5, 3C_2, 3\sigma_h\}$。$T_h$ 群对称性的分子很少，如图 3-4 所示的 $[Ti_8C_{12}]^+$ 团簇。

现以 T 群为例，构造四面体群的不可约表示。T 群有 4 个通过四面体顶点的 3 次轴 (C_3)，3 个平分两条棱的 2 次轴 (C_2)，对应的操作可分别用下列置换表示：

$$C_3 \leftrightarrow \begin{pmatrix} 1 & 2 & 3 & 4 \\ 1 & 4 & 2 & 3 \end{pmatrix};\quad C_2 \leftrightarrow \begin{pmatrix} 1 & 2 & 3 & 4 \\ 4 & 3 & 2 & 1 \end{pmatrix};\cdots$$

其中数字分别为图 3-3 中顶点的编号，利用置换和对称操作的对应关系，很容易获

得 T 群的类分解，即

$$\underline{E}; \underline{3C_2}; \underline{4C_3}; \underline{4C_3^2}.$$

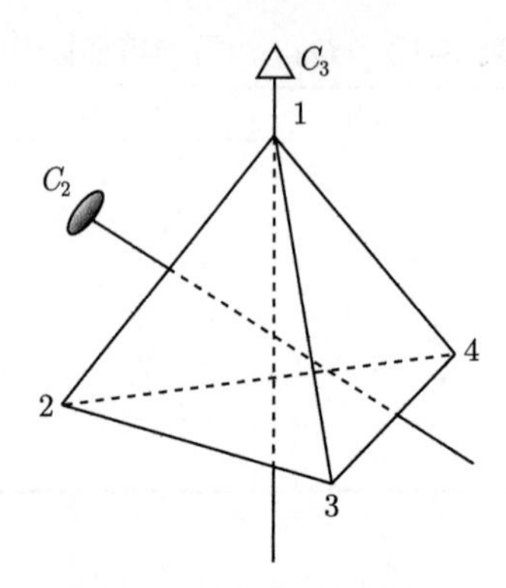

图 3-3　正四面体旋转轴

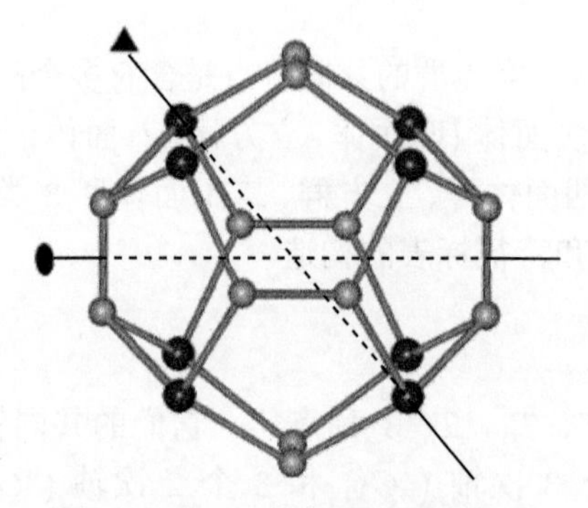

图 3-4　$[Ti_8C_{12}]^+$ 属于四面体群

例如，通过 4 个顶点的 3 次转动 (C_3) 属于同一类，

$$C_2 \leftrightarrow \begin{pmatrix} 1 & 2 & 3 & 4 \\ 4 & 3 & 2 & 1 \end{pmatrix} \quad (\text{通过边 } 1-4\text{、}2-3 \text{ 中点的} C_2\text{轴})$$

$$C_2C_3C_2 \leftrightarrow \begin{pmatrix} 1\,2\,3\,4 \\ 4\,3\,2\,1 \end{pmatrix}\begin{pmatrix} 1\,2\,3\,4 \\ 1\,4\,2\,3 \end{pmatrix}\begin{pmatrix} 1\,2\,3\,4 \\ 4\,3\,2\,1 \end{pmatrix} = \begin{pmatrix} 1\,2\,3\,4 \\ 2\,3\,1\,4 \end{pmatrix} = C_3'.$$

因此，T 群元素分为 4 类，4 个 3 次轴为一类，另外 4 个 3 次轴为另一类，3 个 2 次轴属于一类。根据不可约表示维数和群阶的关系

$$n_1^2 + n_2^2 + n_3^2 + n_4^2 = 12,$$

有

$$n_1 = n_2 = n_3 = 1, \quad n_4 = 3.$$

T 群对 D_2 陪集分解如下：

$$H = D_2 = \{E, 3C_2\} \leftrightarrow e, \quad C_3H = \left\{4C_3^1\right\} \leftrightarrow a,$$

$$C_3^2H = \left\{4C_3^2\right\} \leftrightarrow a^2.$$

其商群$\dfrac{T}{H} = \{H, C_3^1H, C_3^2H\}$ 与 3 阶循环群同构，我们可以方便获得 T 群的 3 个一维表示。利用特征标的正交关系可以方便获得三维不可约表示的特征标，表 3-14 给出了 T 群的不可约表示特征标表。

表 3-14　T 群的特征标表 ($\omega = \mathrm{e}^{2\pi\mathrm{i}/3}$)

T	E	$3C_2^1$	$4C_3'$	$4C_3^2$
A	1	1	1	1
E	1	1	ω	ω^*
	1	1	ω^*	ω
T	3	−1	0	0

图 3-5 是立方体嵌套四面体，从图中可看出立方体群与四面体群的关系：立方体的体对角线是四面体顶点到三角面中心的 C_3 轴，四面体连接两条棱的 S_4 映转轴就是贯穿立方体的 C_4 轴。

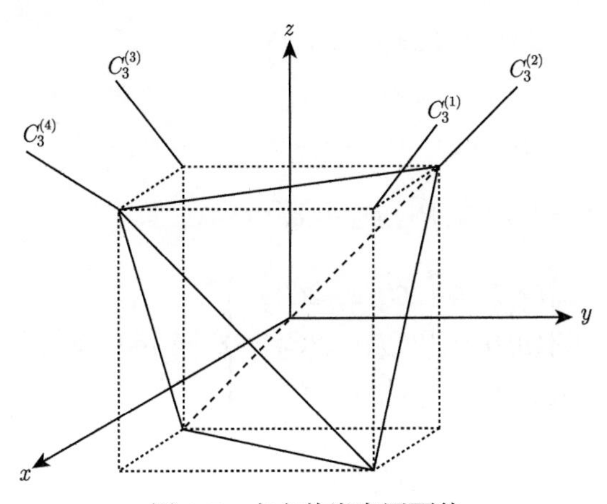

图 3-5　立方体嵌套四面体

3.6.2　O 群与 T_d 群

正八面体和立方体都具有 O 群对称性。O 群包含正八面体 (图 3-6) 的所有旋转轴：3 个通过八面体一对顶点的 4 次轴，4 个贯穿平行三角面的 3 次轴，还有经过 2 条棱中心的 6 个 2 次轴，不包括其他对称元素。立方体也具有 3 个 4 次轴和

4 个 3 次轴 (立方体体对角线)，还有 6 个 2 次轴。O 群与 T_{d} 群是同构的 24 阶群，群元素类分解和对应关系如下：

O	E	$3C_4^2$	$6C_4^1$	$8C_3^1$	$6C_2$
T_{d}	E	$3S_4^2$	$6S_4^1$	$8C_3^1$	$6\sigma_{\mathrm{d}}$

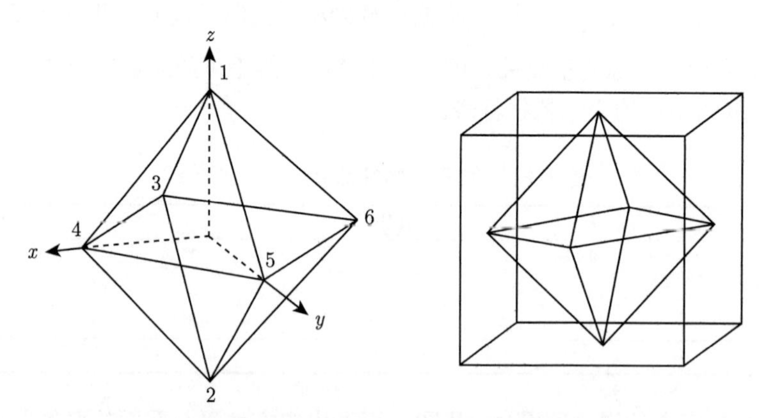

图 3-6　八面体与立方体嵌套八面体

根据不可约表示特征标的性质，有

$$n_1^2 + n_2^2 + n_3^2 + n_4^2 + n_5^2 = 24,$$

$$n_1 = n_2 = 1; \quad n_3 = 2; \quad n_4 = n_5 = 3.$$

令不变子群：$H = \{E, 3C_4^2\} \sim D_2 \leftrightarrow e$,

$$\left.\begin{array}{l} C_4^1(x)H = \{2C_4^1(x), 2C_2^1\} \\ C_4^1(y)H = \{2C_4^1(y), 2C_2^1\} \\ C_4^1(z)H = \{2C_4^1(z), 2C_2^1\} \end{array}\right\} \leftrightarrow \{3\sigma_{\mathrm{v}}/3C_2\},$$

$$C_3^1 H = \{4C_3^1\} \leftrightarrow C_3^1.$$

$$C_3^2 H = \{4C_3^2\} \leftrightarrow C_3^2.$$

其商群 $\dfrac{O}{H} = \{H, C_4^1(x)H, C_4^1(y)H, C_4^1(z)H, C_3^1 H, C_3^2 H\}$ 与 6 阶群 $C_{3\mathrm{v}}$ 和 D_3 同构，我们可以方便获得 O 群的 2 个一维表示和 1 个二维表示。利用不可约表示的性质，可以确定剩下 2 个三维表示。O 群和 T_d 群的特征标见表 3-15。

表 3-15　O 群和 T_{d} 群的特征标表

$C_{3\mathrm{v}}$	E		$2C_3$	$3\sigma_{\mathrm{v}}$	
O	E	$3C_4^2$	$8C_3$	$6C_4^1$	$6C_2^1$
A_1	1	1	1	1	1
A_2	1	1	1	−1	−1
E	2	2	−1	0	0
T_1	3	−1	0	1	−1
T_2	3	−1	0	−1	1
T_{d}	E	$3S_4^2$	$8C_3^1$	$6S_4^1$	$6\sigma_{\mathrm{d}}$

O 群与 S_2 群的直积可得到 O_{h} 群，共有 48 个对称元素：$O \otimes S_2 = O_{\mathrm{h}}$。从图 3-6 可看出立方体与八面体共有 3 个 4 次轴，立方体的体对角线 (C_3 轴) 正好穿过八面体 2 个三角面的中心。八面体、立方体都还有许多对称面，都有对称中心。

3.6.3　I 群和 I_{h} 群

正二十面体和正十二面体具有完全相同的对称操作 (图 3-7)，从十二面体的五边形中心取 12 个点，即可形成正二十面体，其中纯转动操作组成 I 转动点群。I 群包括 6 个 C_5 轴 (分别经过二十面体 12 个顶点中的 2 个)、10 个 C_3 轴 (经过二十面体两个平行三角面)、15 个 C_2 轴 (经过两条棱的中点)，共同组成 I 群的 60 个群元素，分为 5 类：

$$\{E, 12C_5, 12C_5^2, 20C_3, 15C_2\}.$$

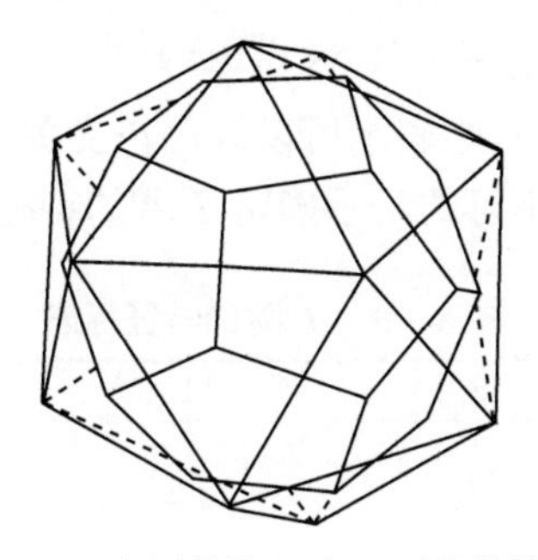

图 3-7　正二十面体和正十二面体的嵌套结构

在 I 群对称元素基础上增加一个对称中心，可再产生 60 个对称元素，形成一个 120 阶的 I_{h} 群，其群元素分为 10 类：

$$\{E, 12C_5, 12C_5^2, 20C_3, 15C_2, i, 12S_{10}, 12S_{10}^3, 20S_6, 15\sigma\}.$$

图 3-8 中 $[\mathrm{B_{12}H_{12}}]^{2-}$ 和 $\mathrm{C_{20}H_{20}}$ 分别具有正二十面体和十二面体的对称性，属于 I_{h} 点群。富勒烯 $\mathrm{C_{60}}$ 由 12 个五边形与 20 个六边形构成，也属于 I_{h} 对称性。

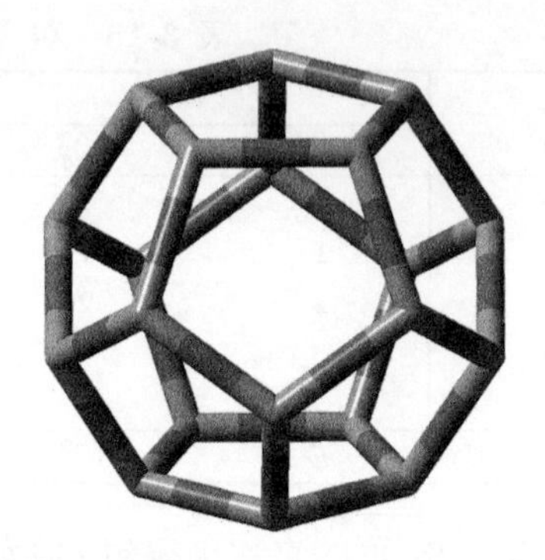

图 3-8 $[B_{12}H_{12}]^{2-}$ 和 $C_{20}H_{20}$

根据不可约表示特征标的性质，对 I 群有

$$n_1^2+n_2^2+n_3^2+n_4^2+n_5^2=60,$$

$$n_1=1,\quad n_2=n_3=3,\quad n_4=4,\quad n_5=5.$$

这里的一维表示为全对称表示，其中的一类三维表示和五维表示可分别由选取三维基函数 $(\mathrm{e}^{\mathrm{i}l\phi},1,\mathrm{e}^{-\mathrm{i}l\phi})$ 和五维基函数 $(\mathrm{e}^{\mathrm{i}2\phi},\mathrm{e}^{\mathrm{i}\phi},1,\mathrm{e}^{-\mathrm{i}\phi},\mathrm{e}^{-\mathrm{i}2\phi})$ 获得。例如，对于五维的 H 表示，有

$$\begin{aligned}&\chi(C_n^k)=1+2\cos\frac{4k\pi}{n}+2\cos\frac{2k\pi}{n},\\&\chi(C_5^1)=\chi(C_5^2)=0,\\&\chi(C_3^1)=-1;\ \chi(C_2^1)=1.\end{aligned}$$

剩下的一类三维表示和四维表示可以利用正交关系和特征标的性质获得，同时，也可以参考 D_5 子群的不可约表示确定 I 群的特征标表 (表 3-16)。

表 3-16 I 群的特征标表

I	E	$12C_5$	$12C_5^2$	$20C_3$	$15C_2$
A	1	1	1	1	1
T_1	3	$\frac{1+\sqrt{5}}{2}$	$\frac{1-\sqrt{5}}{2}$	0	-1
T_2	3	$\frac{1-\sqrt{5}}{2}$	$\frac{1+\sqrt{5}}{2}$	0	-1
G	4	-1	-1	1	0
H	5	0	0	-1	1

3.7 $C_{\infty\mathrm{v}}$ 和 $D_{\infty\mathrm{h}}$ 群的不可约表示

线性分子可以分成两类，不存在对称中心的分子属于 $C_{\infty\mathrm{v}}$ 点群，如异核双原子分子、HCN 等均属于此群；存在对称中心的线性分子属于 $D_{\infty\mathrm{h}}$ 点群。对于 $C_{\infty\mathrm{v}}$

点群，群元素和类分解如下：

$$C_{\infty\mathrm{v}}:\{E,C_{\infty}^{\phi},(C_{\infty}^{\phi})^2,\cdots(C_{\infty}^{\phi})^k,\cdots,\infty\sigma_{\mathrm{v}}\},$$

$$\{\underline{E},\underline{2C_{\infty}^{\phi}},\cdots,\underline{\infty\sigma_{\mathrm{v}}}\}.$$

令不变子群：$H=\{C_{\infty}^{\phi},0\leqslant\phi\leqslant 2\pi\}$，有 $\sigma_{\mathrm{v}}H=\{\infty\sigma_{\mathrm{v}}\}$，其商群 $\dfrac{C_{\infty\mathrm{v}}}{H}=\{H,\sigma_{\mathrm{v}}H\}$ 与 2 阶群同构，可以方便获得 $C_{\infty\mathrm{v}}$ 点群的两个一维表示。

选取 $(\mathrm{e}^{\mathrm{i}m\phi},\mathrm{e}^{-\mathrm{i}m\phi})$ 为基，有

$$C_{\infty}^{\phi}(\mathrm{e}^{\mathrm{i}m\phi},\mathrm{e}^{-\mathrm{i}m\phi})=(\mathrm{e}^{\mathrm{i}m\phi},\mathrm{e}^{-\mathrm{i}m\phi})\begin{pmatrix}\mathrm{e}^{-\mathrm{i}m\phi} & 0\\ 0 & \mathrm{e}^{\mathrm{i}m\phi}\end{pmatrix}.$$

二维不可约表示的特征表为：$\chi^{(m)}(C_{\infty}^{\phi})=2\cos m\phi$，表 3-17 给出了 $C_{\infty\mathrm{v}}$ 点群不可约表示的特征标。

表 3-17　$C_{\infty\mathrm{v}}$ 点群的特征标表

		$C_{\infty\mathrm{v}}$	E	$2C_{\infty}^{\phi}$	$\cdots$	$\infty\sigma_{\mathrm{v}}$
	A_1	Σ^+	1	1	$\cdots$	1
	A_2	Σ^-	1	1	$\cdots$	−1
$m=1$	E_1	Π	2	$2\cos\phi$	$\cdots$	0
$m=2$	E_2	Δ	2	$2\cos 2\phi$	$\cdots$	0
$m=3$	E_3	Φ	2	$2\cos 3\phi$	$\cdots$	0
$\cdots$	$\cdots$	$\cdots$	$\cdots$	$\cdots$	$\cdots$	$\cdots$

$D_{\infty\mathrm{h}}$ 点群可以看作其子群 $C_{\infty\mathrm{v}}$ 与 C_i(或 C_s) 的直积，即

$$D_{\infty\mathrm{h}}=C_{\infty}^{\phi}\otimes\sigma_{\mathrm{h}}\quad\text{或}\quad D_{\infty\mathrm{h}}=C_{\infty}^{\phi}\otimes i,\quad i=C_2\sigma_{\mathrm{h}}.$$

利用直积群不可约表示的性质，可以方便地由其子群 $C_{\infty\mathrm{v}}$ 与 C_i(或 C_s) 不可约表示构造 $D_{\infty\mathrm{h}}$ 群的不可约表示特征标表 (表 3-18)。

表 3-18　$D_{\infty\mathrm{h}}$ 群的特征标表

$D_{\infty\mathrm{h}}$	E	$2C_{\infty}^{\phi}$	$\cdots$	$\infty\sigma_{\mathrm{v}}$	i	$2S_{\infty}^{\phi}$	$\cdots$	∞C_2
Σ_{g}^+	1	1	$\cdots$	1	1	1	$\cdots$	1
Σ_{g}^-	1	1	$\cdots$	−1	1	1	$\cdots$	−1
Π_{g}	2	$2\cos\phi$	$\cdots$	0	2	$-2\cos\phi$	$\cdots$	0
Δ_{g}	2	$2\cos 2\phi$	$\cdots$	0	2	$-2\cos 2\phi$	$\cdots$	0
$\cdots$	$\cdots$	$\cdots$	$\cdots$	$\cdots$	$\cdots$	$\cdots$	$\cdots$	$\cdots$

参考文献

Cotton F A. 1971.Chemical Applications of Group Theory. New York:Wiley.

Hamermesh M.1964.Group Theory and its Application to Physical Problems. Massachusetts，London:Addison Wesley Publishing Company，Inc.

Wigner E P. 1959. Group Theory and its Application to the Quantum Mechanics of Atomic Spectra. New York: Academic Press.

习　题　3

3-1　寻找与 C_6 群同构的两个点群。

3-2　写出与 $T_{\rm d}$ 群同态的两个小群。

3-3　试用 C_3 与 C_s 群的直积获得 $C_{3\rm h}$ 群的特征标表。

3-4　写出与 $D_{3\rm d}$ 群同构的 D_6 群的各个类。

3-5　从 D_2 群构建 $D_{2\rm h}$ 群的特征标表。

3-6　根据 $C_{3\rm v}$ 群的特征标表，分解群内不可约表示 E 直积的结果 $\varGamma = E \otimes E =?$

3-7　根据 O 群的特征标表，分解不可约表示 T_1 和 T_2 直积的结果 $\varGamma = T_1 \otimes T_2 =?$

3-8　讨论 p、d 轨道在下列化学环境中的能级分裂：① $O_{\rm h}$；②$C_{2\rm h}$；③$D_{\infty\rm h}$。

3-9　讨论 f 轨道在下列在 $T_{\rm d}$ 和 $C_{3\rm v}$ 化学环境中的能级分裂。

3-10　简要讨论 C_{10} 双环体系的 π 电子的成键性质 (面内与面外)。

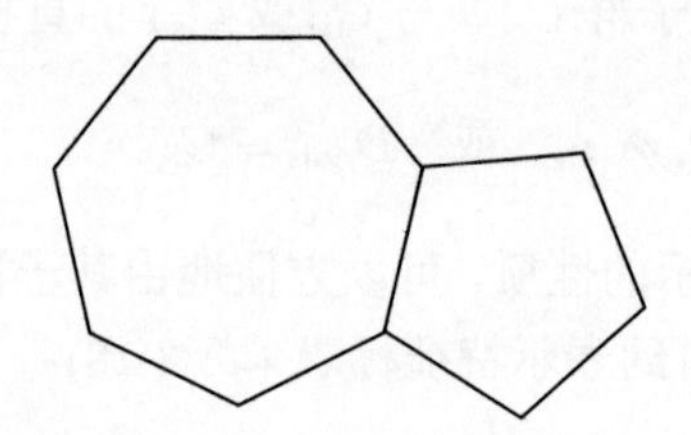

3-11　立方晶体具有 $O_{\rm h}$ 对称性：①如果晶体在 (111) 方向伸长变形，得到的对称群是什么？②如果在 4 次轴方向延长，又会得到什么对称群？

3-12　请将 C_i 群的表示 $D(e) = \begin{pmatrix} 1 & 0 \\ 0 & 1 \end{pmatrix}, D(i) = \begin{pmatrix} 0 & -1 \\ -1 & 0 \end{pmatrix}$，通过相似变换 $D' = S^{-1}DS$ 约化，$S = \dfrac{1}{\sqrt{2}}\begin{pmatrix} 1 & 1 \\ 1 & -1 \end{pmatrix}$。

第4章　置　换　群

置换群描述全同粒子体系的对称性。在置换群理论中发展起来的一套杨 (Young) 算符方法，在多体理论中得到广泛应用。从数学上说，置换群是一类十分重要的有限群，因为所有有限群都同构于置换群的子群。用杨算符方法可系统地建立置换群的表示理论，用于计算置换群元素的表示矩阵及置换群表示的外积。

4.1　置换群引论

4.1.1　置换群的定义

假设一组标号 $\{1,2,\cdots,n\}$ 的物体，对这组 n 个标号物体次序的排列进行操作称为置换。通常置换表示为

$$P=\begin{pmatrix} 1 & 2 & \cdots & n \\ p_1 & p_2 & \cdots & p_n \end{pmatrix}. \tag{4-1-1}$$

操作 P 的定义为：将标号 p_1 取代 1，p_2 取代 2，p_n 取代 n，其中标号 $p_1,p_2,\cdots,p_n$ 为标号 $1,2,\cdots,n$ 的重新排列。

对标号 $1,2,\cdots,n$ 的对象进行不同排列次序的置换对应于不同的操作 P，因此，一共存在 $n!$ 个置换。可以证明，这 $n!$ 个置换构成一个群，称为置换群，记为 $\mathscr{S}_n$。

循环是一类比较特殊的置换。设整数p_1, p_2, $\cdots$, p_l 依次排列在一个圆周上，相距 $2\pi/l$，当旋转 $2\pi/l$ 角度后，将产生置换$\begin{pmatrix} p_1 & p_2 & p_3 & \cdots & p_{l-1} & p_l \\ p_2 & p_3 & p_4 & \cdots & p_l & p_1 \end{pmatrix}$，这样的置换称为循环，记作 $(p_1,p_2,\cdots,p_1)$。任意置换可分解成循环的乘积。

由于置换表示为不相交循环的形式具有唯一性，我们可以定义置换的循环结构

$$(1^{v_1},2^{v_2},\cdots,n^{v_n}). \tag{4-1-2}$$

其中，v_i 表示置换包含 v_i 个长度为 i 的独立循环。显然，$\{v_i\}$ 满足

$$v_1+2v_2+\cdots+nv_n=n!. \tag{4-1-3}$$

长度为 2 的循环称为对换，它只交换两个数码。对换记作 P_{ij}。任意一个循环，进而任意一个置换，都可以写成对换的积。

无论是数学、物理，还是化学学科，置换群都是非常重要的有限群。就化学学科而言，由于电子的不可分辨性质，任何分子体系均具有置换群对称性。应用置换群的群代数和群表示理论是多电子理论的重要方法之一。

4.1.2 置换群的性质

可以证明置换群具有下列性质：

(1) 任一置换 P 可以写为不相交循环的乘积，表示是唯一的，但顺序可以对调。

$$P = \begin{pmatrix} a_1 & a_2 & \cdots & a_m & b_1 & b_2 & \cdots & b_n \\ a_2 & a_3 & \cdots & a_1 & b_2 & b_3 & \cdots & b_1 \end{pmatrix}. \tag{4-1-4}$$

例如，

$$P = \begin{pmatrix} 1 & 2 & 3 & 4 & 5 & 6 & 7 & 8 \\ 3 & 1 & 2 & 5 & 6 & 7 & 8 & 4 \end{pmatrix} = (\ 1\ \ 3\ \ 2\ )(\ 4\ \ 5\ \ 6\ \ 7\ \ 8\ ).$$

其中，$(\ 1\ \ 3\ \ 2\ ) = \begin{pmatrix} 1 & 2 & 3 \\ 2 & 3 & 1 \end{pmatrix}$ 称为一个循环。

(2) 任一置换 P 可以写为交换的乘积，表示不是唯一的。由于任一置换群可以写为不相交的循环乘积，而对任一循环，可以有

$$(a_1\ \ a_2 \cdots\ \ a_m) = (a_1\ \ a_2)(a_2\ \ a_3)\cdots(a_{m-1}\ \ a_m) = (a_1\ \ a_m)(a_1\ \ a_{m-1})\cdots(a_1\ \ a_2) \tag{4-1-5}$$

例如，

$$P = (\ 1\ \ 2\ \ 3\ \ 4\ ) = (\ 1\ \ 2\ )(\ 2\ \ 3\ )(\ 3\ \ 4\ ) = (\ 1\ \ 4\ )(\ 1\ \ 3\ )(\ 1\ \ 2\ ).$$

奇数长循环具有偶数个对换，奇偶性为 $+1$；偶数长循环具有奇数个对换，奇偶性为 -1。置换的奇偶性等于它的每个循环奇偶性的积。

置换 P 的减量 (decrement) 定义为

$$d = n - r. \tag{4-1-6}$$

其中，r 为置换 P 的独立循环个数。当减量为偶 (奇) 数时，称置换 P 为偶 (奇) 置换。

(3) 置换 P 的逆置换 P^{-1} 与 P 具有相同的循环结构。根据性质 (1)，我们可以将置换 P 写为独立的循环乘积，对应于每一个循环，

$$(a_1\ \ a_2\cdots a_m)=\begin{pmatrix} a_1 & a_2 & \cdots & a_m \\ a_2 & a_3 & \cdots & a_1 \end{pmatrix}. \tag{4-1-7}$$

其逆置换为

$$(a_1\ \ a_2\cdots a_m)^{-1}=\begin{pmatrix} a_2 & a_3 & \cdots & a_1 \\ a_1 & a_2 & \cdots & a_m \end{pmatrix}=(a_m\ \ a_{m-1}\cdots a_1).$$

则每个循环与其逆循环具有相同的循环长度。

(4) 具有相同循环结构的置换相互共轭，形成一个类。假定 P_a 与 P_b 具有相同的循环结构，即可以有对应关系：

$$(a_1\ \ a_2\cdots a_m)\leftrightarrow(b_1\ \ b_2\cdots b_m).$$

则 $(b_1\ \ b_2\cdots b_m)=(a_1\ \ b_1)(a_2\ \ b_2)\cdots(a_m\ \ b_m)(a_1\ \ a_2\cdots a_m)(a_m\ \ b_m)(a_1\ \ b_1)$。

应用性质 (4)，我们可以采用循环结构作为置换群的共轭类标记：

$$\sigma=(1^{v_1},2^{v_2},\cdots,n^{v_n}). \tag{4-1-8}$$

可以证明 v 类元素的个数为

$$v_n=\frac{n!}{1^{v_1}v_1!,2^{v_2}v_2!,\cdots,n^{v_n}v_n!}. \tag{4-1-9}$$

例 1　群 $\mathscr{S}_3$ 由 6 个元素组成，分成 3 类：

(1)(2)(3)

(1　2)(1　3)(2　3)

(1　2　3)(1　3　2)

例 2　$\mathscr{S}_4$ 包含有 5 类

(1)(2)(3)(4)；(1　2)(3)(4)；(1　2　3)(4)；(1　2)(3　4)；(1　2　3　4).

对应每一类的置换个数分别为 1、6、8、3、6。

4.2　置换群不可约表示

4.2.1　不可约表示分类

在上一节中，我们已经证明了置换群的共轭类可以用循环结构分类。如果我们定义：

$$\begin{aligned} \lambda_1&=v_1+v_2+v_3+\cdots+v_n,\\ \lambda_2&=v_2+v_3+\cdots+v_n,\\ &\vdots\\ \lambda_n&=v_n. \end{aligned} \tag{4-2-1}$$

可以得到

$$\lambda_1 + \lambda_2 + \cdots + \lambda_n = n, \tag{4-2-2}$$

且

$$\lambda_1 \geqslant \lambda_2 \geqslant \lambda_3 \cdots \geqslant \lambda_n \geqslant 0. \tag{4-2-3}$$

$(v_1, v_2, \cdots, v_n)$ 与 $(\lambda_1, \lambda_2, \cdots, \lambda_n)$ 存在一一对应关系。我们应用 $(\lambda_1, \lambda_2, \cdots, \lambda_n)$ 标记置换群的不可约表示。

4.2.2　杨图与杨表

置换群的不可约表示可以采用图形来表示，称为杨图。

在杨图中，对于一个不可约表示 $[\lambda] = [\lambda_1, \lambda_2, \cdots, \lambda_n]$。杨图由 n 行的方格构成，其中第一行含 λ_1 个方格，第二行含 λ_2 个方格，依次类推。由于 λ_i 的取值限制，杨图的上面行格数不小于下面行格数，左面列格数不小于右面列格数。

在一个有 n 个方格的杨图中，把数字 1 到 n 填写到所有方格中，得到的图表称为杨表。如果杨表中每一行中左面的数小于右面的数，每一列中上面的数小于下面的数，称为标准杨表示。

例如，$\mathscr{S}_2$：对于不可约表示 $[\lambda]$=[2]，对应的杨表有

1	2

对于 $[\lambda]=[1^2]$，

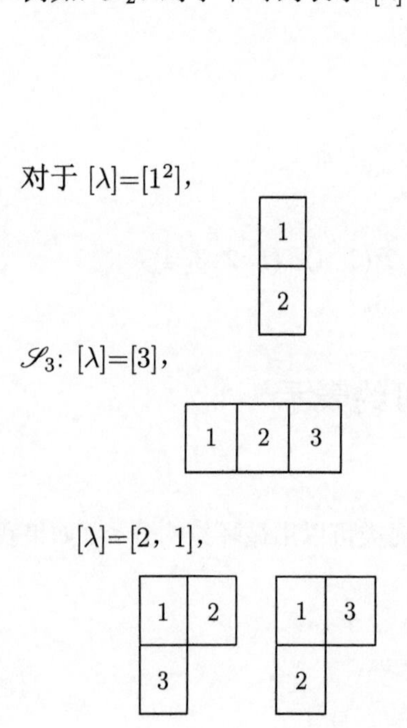

$\mathscr{S}_3$：$[\lambda]$=[3]，

$[\lambda]$=[2，1]，

$[\lambda]=[1^3]$,

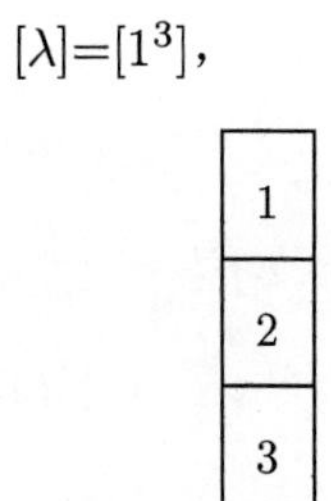

例 3　对应于 $\mathscr{S}_4$, 5 个不可约表示的杨图为

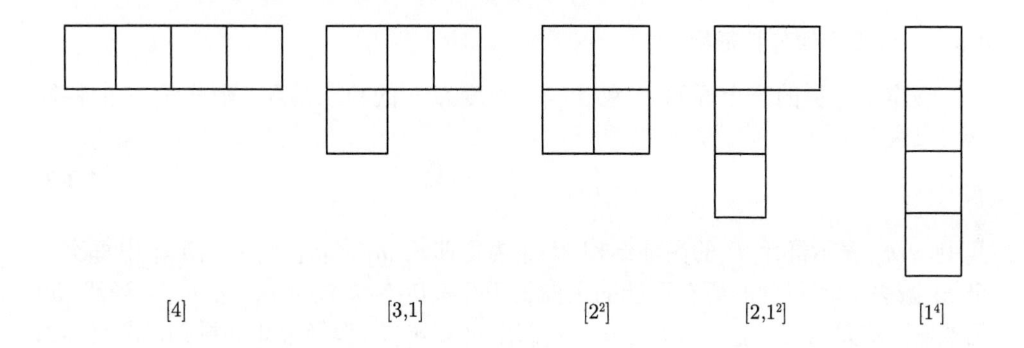

4.3　置换群表示的特征标

4.3.1　曲长

给定一个杨图 $[\lambda]=[\lambda_1,\lambda_2,\cdots,\lambda_n]$, 对于一个方格, 曲长定义为方格同一行右边的方格个数与同一列下边的方格行数再加上方格本身。

例如

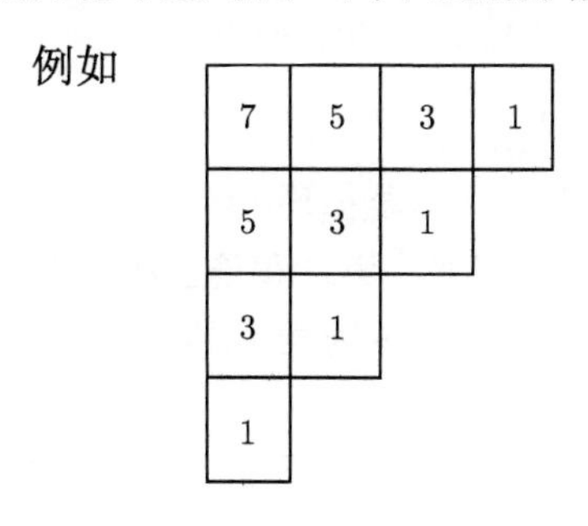

第一列的曲长称为主曲长，记为 $[h_1, h_2, \cdots, h_m]$。

$$\begin{aligned} h_1 &= \lambda_1 + m - 1, \\ h_2 &= \lambda_2 + m - 2, \\ &\vdots \\ h_r &= \lambda_r + m - r, \\ &\vdots \\ h_m &= \lambda_m. \end{aligned} \tag{4-3-1}$$

其中，m 为杨图的总行数。显然，主曲长满足 $h_r > h_{r+1}, r = 1, 2, \cdots, m$。

4.3.2　分支定律与特征标

假定 $\mathscr{S}_n$ 群的一个群元 P 包含一个长度为 k 的独立循环，则群元 P 的特征标可以表示为

$$\chi^{[\lambda]}_{(l(k))} = \sum_{\lambda'} \pm \chi^{[\lambda']}_{(l)}. \tag{4-3-2}$$

其中，$l(k)$ 表示群元 P 的循环结构；$[\lambda']$ 为主曲长 $[h] = [h_1, h_2, \cdots, h_m]$ 中每次一个 h_i 减去 k 所得到的所有可能的主曲长 $[h'] = [h_1 - k, h_2 - k, \cdots, h_m]$。当然 $[h']$ 仍然需要满足 $h'_i > h'_{i-1}$，即 $h'_i \neq h_{i+1}$。若 $h'_i < h'_{i+1}$，调换 $[h'_i]$ 的排列，式 (4-3-2) 求和的正负号取决于调换的次数，利用式 (4-3-2) 可以得到不可约表示 $[\lambda]$。

例 4　$\mathscr{S}_9$ 的不可约表示

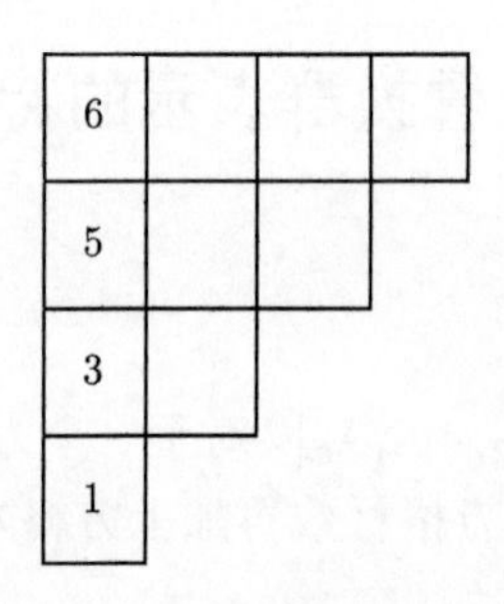

$$\chi_{(1)^2(2)^2(3)^1} = -\chi^{(3,1^3)}_{(1)^2(2)^2} - \chi^{(3^2)}_{(1)^2(2)^2}.$$

这里因为从主曲长 $(6,5,3,1)$ 剪掉 3，可以得到三个可能循环 $(3,5,3,1)$，$(6,2,3,1)$，$(6,5,0,1)$，其中第一种情况不满足主曲长的条件，第二和第三种需要一次调换得到 $(6,3,2,1)$，$(6,5,1,0)$，而它们分别对应于不可约表示 $[\lambda'] = [3,1^3]$ 和 $[3^2]$。

显然，分支定律提供了计算特征标的一种递推方法。通过反复应用分支定律，最后获得置换的特征标。

例 5　计算 $\mathscr{S}_3$ 的特征标表。

首先，我们很容易得到 $\mathscr{S}_1$ 和 $\mathscr{S}_2$ 的特征标表。

$\mathscr{S}_1$：$\chi_{(1)}^{[1]} = 1.$

$\mathscr{S}_2$	$(1)^2$	$(2)^1$
[2]	1	1
$[1^2]$	1	−1

$\mathscr{S}_3$ 置换分为三类，共有三个不可约表示：

$\mathscr{S}_3$	$(1)^3$	(1)，(2)	(3)
[3]	1	1	1
[2, 1]			
$[1^3]$			

对应于 $[\lambda] = [2, 1]$，其主曲长为

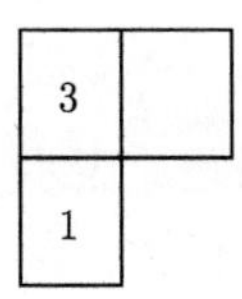

则特征标：

$$\chi_{(1)^3}^{[2,1]} = \chi_{(1)^2}^{[1^2]} + \chi_{(1)^2}^{[2]} = 1 + 1 = 2,$$

$$\chi_{(1)(2)}^{[2,1]} = 0,$$

$$\chi_{(3)}^{[2,1]} = \chi_0^{[1]} = 1.$$

其中规定：

$$\chi_0^{[\lambda]} = 1,$$

$$\chi_{1^3}^{[1^3]} = \chi_{1^2}^{[1^2]} = 1,$$

$$\chi_{(1)(2)}^{[1^3]} = -\chi_{(1)}^{[1^3]} = -1,$$

$$\chi_{(3)}^{[1^3]} = 1.$$

则 $\mathscr{S}_3$ 群的特征标表为

$\mathscr{S}_3$	$(1)^3$	(1，2)	(3)
[3]	1	1	1
[2, 1]	2	0	−1
$[1^3]$	1	−1	1

4.4 共轭表示

全对称表示 对于任何一个置换群，必定存在恒等表示 $[\lambda]=[n]$，称之为全对称表示。显然全对称表示的维数为 1，所有群元的特征标均为 1。

交替表示 交替表示定义为 $[\lambda]=[1^n]$。群元的特征标为 $\chi_P^{[1^n]}=\varepsilon_P$，取决于群元的偶 (奇) 性。

共轭表示 对于表示 $[\lambda]$，不可约表示矩阵元为 $A(P)$，可以证明，置换群必存在一个表示，称为共轭表示。

$$A_{(P)}^{[\widetilde{\lambda}]}=\varepsilon_p A_{(P)}^{[\lambda]}.$$

证明

$$A_{(P_1)}^{[\widetilde{\lambda}]}A_{(P_2)}^{[\widetilde{\lambda}]}=\varepsilon_{P_1}\varepsilon_{P_2}A_{(P_1)}^{[\lambda]}A_{(P_2)}^{[\lambda]}=\varepsilon_{P_1P_2}A_{(P_1P_2)}^{[\lambda]}=A_{(P_1P_2)}^{[\widetilde{\lambda}]},$$

故 $A^{[\widetilde{\lambda}]}$ 是群的表示。

可以证明，共轭表示 $[\widetilde{\lambda}]$ 的杨图是原表示 $[\lambda]$ 杨图的行和列对调，即在 $[\lambda]$ 的杨图每行的格数为 $[\widetilde{\lambda}]$ 的杨图每列的格数。

例如，若 $[\lambda]=[4,3,1^2]$，则 $[\widetilde{\lambda}]=[4,2^2,1]$。

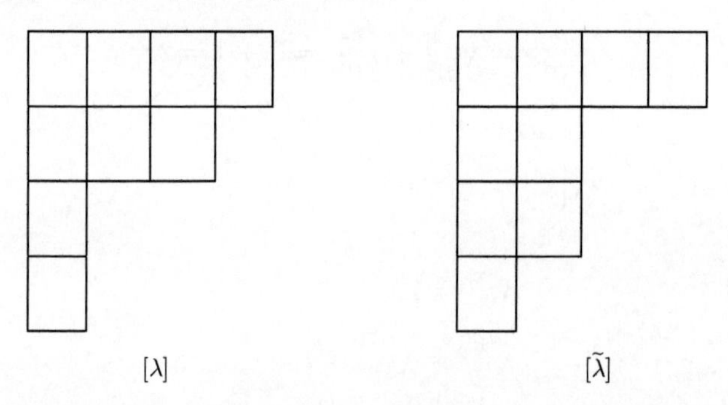

$[\lambda]$　　　　$[\widetilde{\lambda}]$

若一个表示的共轭表示为表示自身，则称表示 $[\lambda]$ 为自共轭表示。显然，对于奇置换 P，$A_{(P)}^{[\lambda]}=0$。

根据群表示理论，不可约表示的直积可以约化为不可约表示的直和

$$[\mu]\otimes[\nu]\to\sum[\lambda].$$

其中每个不可约表示出现次数为

$$a_\lambda=\frac{1}{|G|}\sum_P\chi_P^{[\mu]}\chi_P^{[\nu]}\chi_P^{[\lambda]}.$$

当对于全对称表示 $[\lambda]=[n]$ 和交替表示 $[\lambda]=[1^n]$，有

$$a_{[n]}=\frac{1}{n!}\sum_P \chi_P^{[\mu]}\chi_P^{[\nu]}=\delta_{\mu\nu}. \tag{4-4-1}$$

$$a_{[1^n]}=\frac{1}{n!}\sum_P \varepsilon_P\chi_P^{[\mu]}\chi_P^{[\nu]}=\delta_{\tilde{\mu}\nu}. \tag{4-4-2}$$

上式表明，只有两个相同不可约表示的直积，其约化结果才含有全对称表示，而只有两个不可约表示互为共轭，其直积才含有交替表示。

4.5　不可约表示的基函数

如前所述，置换群的不可约表示由杨图标记。可以证明，不可约表示的维数表示为

$$d_\lambda=\frac{n!}{\Pi_r h_r}=\frac{n!}{\Pi_r(\lambda_r+m-r)}. \tag{4-5-1}$$

其中，分母是杨图中所有格的曲长的连乘。

例 6　对于 $\mathscr{S}_6$，$[\lambda]=[2^3]$，则

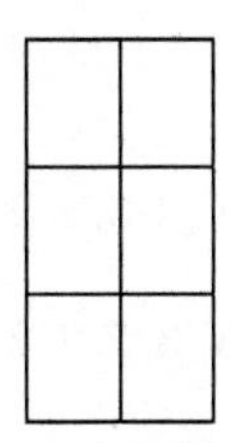

$$d^{[2^3]}=\frac{6!}{4\cdot3\cdot3\cdot2\cdot2\cdot1}=5.$$

对于 $[\lambda]=[2^3]$，共有五个标准杨表。

1	2
3	4
5	6

Y_1

1	2
3	5
4	6

Y_2

1	2
2	4
5	6

Y_3

1	3
2	5
4	6

Y_4

1	4
2	5
3	6

Y_5

同一个杨图的杨表的排序规定为按照字典规则，即从上到下，从左到右逐一比较两个杨表 Y_r 和 Y_s 相同格子内的数字。假设第一个不相同的 i_r 和 i_s，若 $i_r < i_s$，规定 Y_r 排在 Y_s 之前，即 $r < s$。

如果我们从 $\mathscr{S}_n$ 群的标准杨表中逐一抹去最大数字所在的方格，所得到的杨表仍然是杨表。当然，它们所对应的是 $\mathscr{S}_{n-1}, \mathscr{S}_{n-2}, \cdots, \mathscr{S}_1$ 的杨表。因此，$\mathscr{S}_n$ 群的杨表可以由子群链 $\mathscr{S}_{n-1}, \mathscr{S}_{n-2}, \cdots, \mathscr{S}_1$ 的不可约表示来标记。

对于 $\mathscr{S}_6$，$[\lambda] = [2^3]$，则

$$\mathrm{Y}_1 : [2^2, 1] \supset [2^2] \supset [2, 1] \supset [2] \supset [1],$$

$$\mathrm{Y}_2 : [2^2, 1] \supset [2, 1^2] \supset [2, 1] \supset [2] \supset [1],$$

$$\mathrm{Y}_3 : [2^2, 1] \supset [2^2] \supset [2, 1] \supset [1^2] \supset [1],$$

$$\mathrm{Y}_4 : [2^2, 1] \supset [2, 1^2] \supset [2, 1] \supset [1^2] \supset [1],$$

$$\mathrm{Y}_5 : [2^2, 1] \supset [2, 1^2] \supset [1^3] \supset [1^2] \supset [1].$$

我们可以将杨表记为 Yamanouchi 符号：$\mathrm{Y}(r_n, r_{n-1}, \cdots, 1)$，其中 r_i 为数字 i 所在的行数。

例如，可以将上面的杨表写为

$$\mathrm{Y}_1 = \mathrm{Y}(3, 3, 2, 2, 1, 1),$$

$$\mathrm{Y}_2 = \mathrm{Y}(3, 2, 2, 2, 1, 1),$$

$$\mathrm{Y}_3 = \mathrm{Y}(3, 3, 2, 1, 2, 1),$$

$$\mathrm{Y}_4 = \mathrm{Y}(3, 2, 3, 1, 2, 1),$$

$$\mathrm{Y}_5 = \mathrm{Y}(3, 2, 1, 3, 2, 1).$$

4.6 标准正交矩阵元

标准正交不可约表示可以通过 Young-Yamanouchi 定理得到。

Young-Yamanouchi 定理 对于 $\mathscr{S}_n$ 群的不可约表示 $[\lambda]$，设 $(r) = (r_n r_{n-1} \cdots r_1)$ 为杨表 Y_r 的 Yamanouchi 符号。如果 Φ_r 为群 $\mathscr{S}_n$ 群的不可约表示 $[\lambda]$ 的基函数，那么 Φ_r 同时也是 $[\lambda]$ 所对应于 $\mathscr{S}_{n-1}, \mathscr{S}_{n-2}, \cdots, \mathscr{S}_1$ 子群链不可约表示的基函数。这样的基函数所构成的不可约表示称为标准正交表示。假设我们已知 $\mathscr{S}_{n-1}$

的标准不可约表示；要求 $\mathscr{S}_n$ 群的不可约表示仅需求得交换 $(n-1,n)$ 的表示矩阵元就可以了，这是因为任一置换可以表示为交换的乘积，而由于 $\mathscr{S}_{n-1}$ 的表示矩阵已经得到，则除了 $(i,n), i=1,2,\cdots,n-1$ 外，其余交换的表示矩阵元都已经确定。

同时，因为

$$(i,n)=(n-1,n)(i,n-1)(n-1,n),$$

所以我们只需要求得到 $(n-1,n)$ 的表示矩阵，加上原来已知的 $\mathscr{S}_{n-1}$ 表示矩阵，就可以得到所有 $\mathscr{S}_n$ 群元的表示矩阵。

Young-Yamanouchi 定理可以证明：交换 $(n-1,n)$ 作用于基函数 $\mathrm{Y}(r_n\ \ r_{n-1}\cdots r_1)$，根据：

$$\begin{aligned}&(n-1,n)\mathrm{Y}\left|r_n,r_{n-1},r_{n-2},\cdots,r_1\right\rangle\\ =&\mathrm{Y}\left|r_{n-1},r_n,r_{n-2},\cdots,r_1\right\rangle.\end{aligned} \tag{4-6-1}$$

如果 $\left|r_n\ \ r_{n-1}\cdots r_1\right\rangle$ 不是标准杨表，

$$\begin{aligned}&(n-1,n)\mathrm{Y}\left|r_n,r_{n-1},r_{n-2},\cdots,r_1\right\rangle\\ =&-\mathrm{Y}\left|r_{n-1},r_n,r_{n-2},\cdots,r_1\right\rangle.\end{aligned} \tag{4-6-2}$$

如果 $\left|r,s,r_{n-2},\cdots,r_1\right\rangle$ 和 $\left|s,r,r_{n-2},\cdots,r_1\right\rangle$ 均为标准杨表，

$$\begin{aligned}&(n-1,n)\mathrm{Y}\left|r,s,r_{n-2},\cdots,r_1\right\rangle\\ =&\delta_{rs}\mathrm{Y}\left|r,s,r_{n-2},\cdots,r_1\right\rangle\\ &+\sqrt{1-\delta_{rs}^2}\mathrm{Y}\left|s,r,r_{n-2},\cdots,r_1\right\rangle.\end{aligned} \tag{4-6-3}$$

其中，

$$\delta_{rs}=\frac{1}{\tau_{rs}}=\frac{1}{\lambda_r-\lambda_s+s-r}. \tag{4-6-4}$$

式 (4-6-1)~ 式 (4-6-3) 表明，当 $n-1$ 和 n 在杨表中的同一行 (第 r 行) 时，$(n-1,n)$ 的作用保持杨表 Y 不变。当在同一列时，使杨表变号。若不在同一行或同一列，且杨表中的 $n-1$ 和 n 对换仍为标准杨表，则满足式 (4-6-3)，τ_{rs} 可以理解为在杨表中从 n 到 $n-1$ 所需用的步数，其中向左向下为正，向上向右为负。

Young-Yamanouchi 定理为我们提供了计算标准正交表示矩阵的方法，图 4-1 给出了 $\mathscr{S}_3$、$\mathscr{S}_4$ 群的若干不可约表示矩阵。

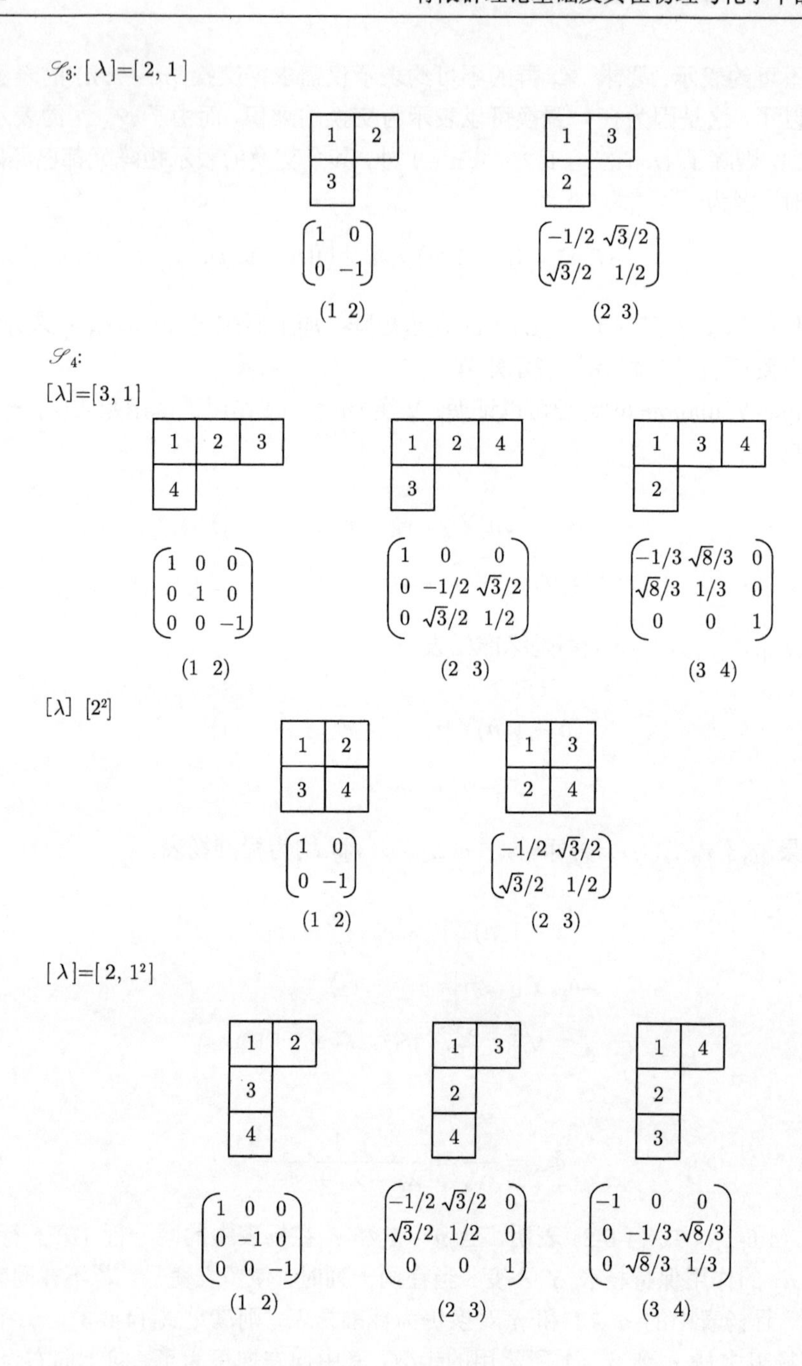

图 4-1　$\mathscr{S}_3$ 和 $\mathscr{S}_4$ 群部分表示矩阵

4.7　标准投影算符与杨算符

4.7.1　投影算符和杨算符

应用置换群的标准正交表示定义的标准投影算符：

$$e_{rs}^{[\lambda]} = \left(\frac{f_\lambda}{N!}\right)^{1/2} \sum_{P\in S_n} D_{rs}^{[\lambda]}(P)P. \tag{4-7-1}$$

投影算符的作用在于，通过投影算符作用于一个初始函数上，我们可以得到不可约表示的基函数。由于多电子体系具有 $\mathscr{S}_n$ 群对称性，多电子波函数可以作为 $\mathscr{S}_n$ 群的基函数。换句话说，我们可以通过标准投影算符构造多电子波函数。

除了标准投影算符外，杨算符也是人们用来作为投影算符构造多电子波函数的算符。

为了得到其他不可约表示，我们考虑两种置换：一种是水平置换 P，符号的变换仅限在同一行；一种是垂直置换 N，变换限制在同一列。对应于杨表 Y_s，我们建立了一个量：

$$P_s = \sum\nolimits_i p_i \text{对称}. \tag{4-7-2}$$

$$N_r = \sum\nolimits_j (-1)^j n_j \text{反对称}. \tag{4-7-3}$$

求和遍及所有的水平置换和垂直置换。

杨算符定义为

$$e_{rs}^{[\lambda]} = N_r \sigma_{rs} P_s. \tag{4-7-4}$$

其中，N 和 P 分别是杨表 $\boldsymbol{\Gamma}_r^{[\lambda]}$ 的列反对称性算符和表 $\boldsymbol{\Gamma}_s^{[\lambda]}$ 行对称性算符；σ_{rs} 是将 $\boldsymbol{\Gamma}_s^{[\lambda]}$ 中的数字置换为 $\boldsymbol{\Gamma}_r^{[\lambda]}$ 的置换。

杨算符是等幂的。从不同的杨图产生的表示是不等价的。相同的杨图不同的杨表产生的不可约表示是等价的。

如果我们总是选择标准杨表，我们将获得 $\mathscr{S}_n$ 群正则表示的全部不可约表示。下面我们举几个简单的例子说明。

例 7　$n=2, e+(1\ \ 2)$ 对应

1	2

，

$e-(1\ \ 2)$ 对应

1
2

它们是等幂的。

$$[e\pm(1\ \ 2)][e\pm(1\ \ 2)]=e^2\pm 2e(1\ \ 2)+(1\ \ 2)(1\ \ 2)=2[e\pm(1\ \ 2)],$$

$$e=\frac{e+(1\ \ 2)}{2}+\frac{e-(1\ \ 2)}{2}.$$

第一项给出恒等表示，第二项给出交替表示。每个在正则表示中只出现一次。

例 8　$n=3$

对于

$$\begin{array}{|c|c|c|}\hline 1 & 2 & 3\\ \hline\end{array}\ ,$$

由 $\frac{1}{6}\sum\limits_R R$ 给出恒等表示；

对于

$$\begin{array}{|c|}\hline 1\\ \hline 2\\ \hline 3\\ \hline\end{array}\ ,$$

由 $\frac{1}{6}\sum\limits_R \delta_R R$ 给出交替表示。

e+(1　2) 是等幂的，将它作用在基函数上会产生下列效果：

$$\begin{aligned}&e[e+(1\ \ 2)]=e+(1\ \ 2)=(1\ \ 2)[e+(1\ \ 2)],\\&(1\ \ 3)[e+(1\ \ 2)]=(1\ \ 3)+(1\ \ 2\ \ 3)=(1\ \ 2\ \ 3)[e+(1\ \ 2)],\\&(2\ \ 3)[e+(1\ \ 2)]=(2\ \ 3)+(1\ \ 3\ \ 2)=(1\ \ 3\ \ 2)[e+(1\ \ 2)].\end{aligned}$$

我们看到 $e+(1\ \ 2)$ 生成了基向量 e+(1　2)、(1　3)+(1　2　3)、(2　3)+(1　3　2)，[e−(1　2)] 可生成 e−(1 2)，(1 3)−(1 2 3)，(2 3)−(1 3 2)，

$$[e\pm(1\ \ 2)][e\mp(1\ \ 2)]=0.$$

在 $\boldsymbol{L}_1$ 与 $\boldsymbol{L}_2$ 空间，$\boldsymbol{L}_1$ 含有一个恒等表示和一个二维表示；同样，$\boldsymbol{L}_2$ 也含有一个交替表示和一个二维表示。从这种方式获得的单位元素是

$$e=\frac{1}{6}\sum_R+\frac{1}{6}\sum\delta_R R+\left[\frac{e+(1\ \ 2)}{2}-\frac{1}{6}\sum R\right]+\left[\frac{e-(1\ \ 2)}{2}-\frac{1}{6}\sum\delta_R R\right].$$

继续做下去，对标准杨表

$$\mathrm{Y}_r=\begin{array}{|c|c|}\hline 1 & 2\\ \hline 3 & \multicolumn{1}{c}{}\\ \cline{1-1}\end{array}\ ,$$

$$P_r=e+(1\ \ 2),N=e-(1\ \ 3),Y=NP=e+(1\ \ 2)-(1\ \ 3)-(1\ \ 2\ \ 3).$$

对 $Y_s=\begin{array}{|c|c|}\hline 1 & 3 \\ \hline 2 & \multicolumn{1}{c}{} \\ \cline{1-1} \end{array}$,

$$P_s = e + (1\ \ 3), N_s = e - (1\ \ 2), Y_s = N_s P_s = e - (1\ \ 2) + (1\ \ 3) - (1\ \ 3\ \ 2).$$

这样获得单位元素的结果是

$$e = \frac{1}{6}\sum R + \frac{1}{6}\delta_R R + \frac{1}{3}Y + \frac{1}{3}Y'.$$

$Y/3$ 和 $Y'/3$ 都是等幂的，$YY' = Y'Y = 0$.

例 9 对于 $\mathscr{S}_5$ 的不可约表示 $[\lambda] = [3, 2]$,

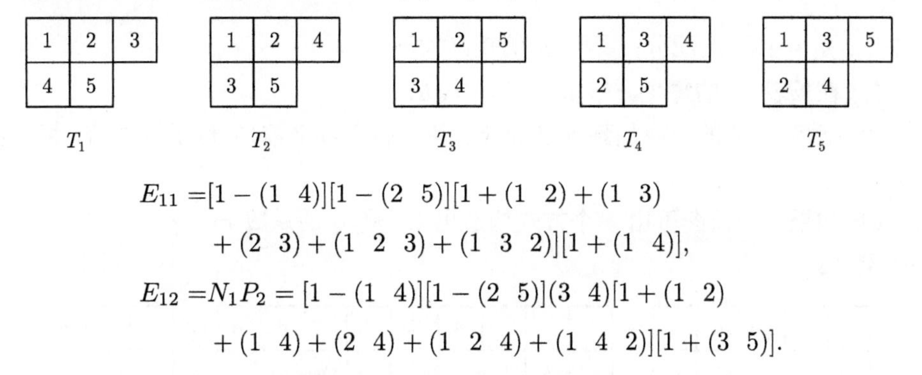

$$\begin{aligned} E_{11} =& [1 - (1\ \ 4)][1 - (2\ \ 5)][1 + (1\ \ 2) + (1\ \ 3) \\ & + (2\ \ 3) + (1\ \ 2\ \ 3) + (1\ \ 3\ \ 2)][1 + (1\ \ 4)], \\ E_{12} =& N_1 P_2 = [1 - (1\ \ 4)][1 - (2\ \ 5)](3\ \ 4)[1 + (1\ \ 2) \\ & + (1\ \ 4) + (2\ \ 4) + (1\ \ 2\ \ 4) + (1\ \ 4\ \ 2)][1 + (3\ \ 5)]. \end{aligned}$$

可以证明，E_{rs} 也是等幂算符，满足投影算符的性质。

4.7.2 两个不可约表示的直积

任意两个不可约表示 D^{α} 和 D^{β}，我们可以构造它们的直积表示 $D^{\alpha} \otimes D^{\beta}$，其维数等于 D^{α} 和 D^{β} 维数的乘积。直积表示化为不可约表示，可利用特征标表来处理。例如

$$D^{[2\ \ 1]} \otimes D^{[2\ \ 1]} = D^{[3]} \oplus D^{[2\ \ 1]} \oplus D^{[1\ \ 1\ \ 1]}.$$

这类直积有两个重要的特例值得注意，一是任意不可约表示与交替表示的直积等于该表示的维数，因交替表示是一维的。

给定两个不可约表示 D^{α} 和 $D^{\alpha'}$，它们分属 $\mathscr{S}_n$ 和 $\mathscr{S}_{n'}$ 群，如何找出属于 $\mathscr{S}_{n+n'}$ 的不可约表示呢？先看简单例子。

例 10 如果 $n = n' = 1$，不可约 D 的维数是 2，两个基向量 $f(1)g(2)$、$f(2)g(1)$，取对称和反对称的组合，相对于 $\mathscr{S}_2$，这个二维表示约化了，用杨图表示可写为

$$\square \otimes \square = \square\square \oplus \begin{array}{c}\square\\[-4pt]\square\end{array}$$

例 11 对于 $n=2$，$n'=1$ 的外积有三个基向量，在三维空间可分解成一个对称向量和一对混合对称性 [2 1] 的向量

这结果可推广到更一般的约化

$$D = D^{\alpha} \otimes D^{\alpha'} = \sum_{\beta} m(\beta;\alpha,\alpha') D^{\beta}.$$

其中，β 是 $n+n'$ 的配分；系数 m 的规则如下：

(1) 在杨表 α' 的每个方格填上字母 a、b、c 等；

(2) 把杨表 α' 的方块加到杨表 α 上，使 a 位于 b 之前，b 位于 c 之前，每一步得到一个新杨图 β；

(3) 如果一个杨图可由 p 个方式构造出来，则 β 的系数 $m=p$。

例 12

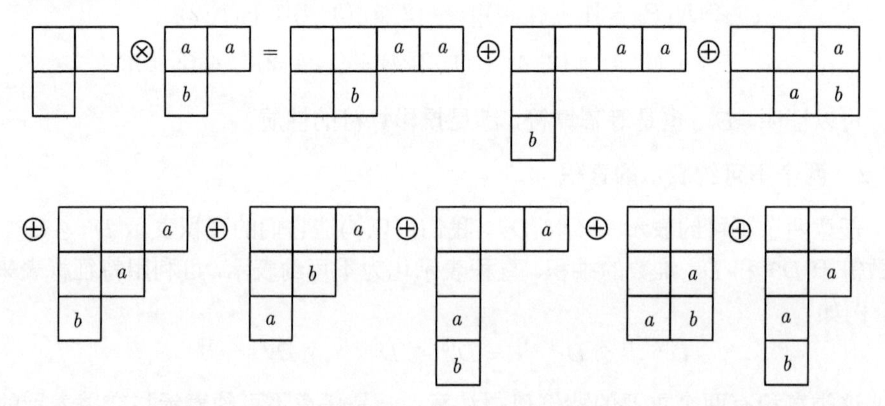

$$D^{[2\ 1]} \otimes D^{[2\ 1]} = D^{[4\ 2]} \oplus D^{[4\ 1\ 1]} \oplus D^{[3\ 3]} \oplus 2D^{[3\ 2\ 1]} \oplus D^{[3\ 1\ 1\ 1]} \oplus D^{[2\ 2\ 2]} \oplus D^{[2\ 2\ 1\ 1]}.$$

4.8 一种新的标准表示矩阵计算方法

原则上 Young-Yamanouchi 定理给出了 $\mathscr{S}_n$ 群的标准正交不可约表示矩阵的计算方法，然而在实际应用中，这一方法相当繁琐，因为我们需要先计算得到 $\mathscr{S}_{n-1}$ 群的表示矩阵，并将群元表示为交换的乘积，通过矩阵的相乘，最终得到特定群元的表示矩阵。在本节中，我们将介绍一种方法直接计算 $\mathscr{S}_n$ 群的标准正交矩阵。

标准投影算符 $e_{rs}^{[\lambda]}$ 和杨算符 $E_{rs}^{[\lambda]}$ 都可以构造得到 $\mathscr{S}_n$ 群的不可约表示基函数。它们之间存在变换关系，可以证明：

$$E = h_\lambda^{1/2}\tilde{A}\, eB. \tag{4-8-1}$$

其中，E 和 e 分别为由 $E_{rs}^{[\lambda]}$ 和 $e_{rs}^{[\lambda]}$ 定义的矩阵，

$$(E)_{rs} = E_{rs}^{[\lambda]}, \tag{4-8-2}$$

$$(e)_{rs} = e_{rs}^{[\lambda]}. \tag{4-8-3}$$

A 和 B 为三角矩阵，定义为

$$(A)_{rs} = D_{f_r}^{[\lambda]}(\sigma_{f_s}), \tag{4-8-4}$$

$$(B)_{rs} = D_{r_1}^{[\lambda]}(\sigma_{s_1}). \tag{4-8-5}$$

f 为最后一个杨表，且

$$h_\lambda = m_\lambda n_\lambda. \tag{4-8-6}$$

m_λ 和 n_λ 分别为 P 和 N 的阶。

将 $E_{rs}^{[\lambda]}$ 展开，

$$E_{rs}^{[\lambda]} = \sum_{\pi} C_{rs}^{[\lambda]}(P)P. \tag{4-8-7}$$

可以得到

$$D(P) = \left(\frac{N!}{f_\lambda h_\lambda}\right)^{1/2} \tilde{A}^{-1} C^{[\lambda]}(P)B^{-1}, \tag{4-8-8}$$

$$[D(P)]_{rs} = D_{rs}^{[\lambda]}(P), \tag{4-8-9}$$

$$[C(P)]_{rs} = C_{rs}^{[\lambda]}(P). \tag{4-8-10}$$

式 (4-8-8) 提供了一种通过杨算符计算标准表示矩阵元的计算方法。由于矩阵 A 和 B 与具体的群元无关，而只决定于不可约表示，故我们只要能够计算矩阵 $C(P)$，表示矩阵 $D(P)$ 就可以方便得到。

运用式 (4-8-8) 有

$$\tilde{A}B = \left(\frac{f_\lambda h_\lambda}{N!}\right)^{1/2} C. \tag{4-8-11}$$

其中，矩阵 C 为对应于单位元的 C 矩阵，$C = C(I)$。

对于标准杨表 T_r 和 T_s，如果不存在两个指标同时出现在 T_r 的同一行和 T_s 的同一列，那么必存在一个杨表 T_u，满足：

$$P_r = P_u, \quad N_s = N_u. \tag{4-8-12}$$

例如

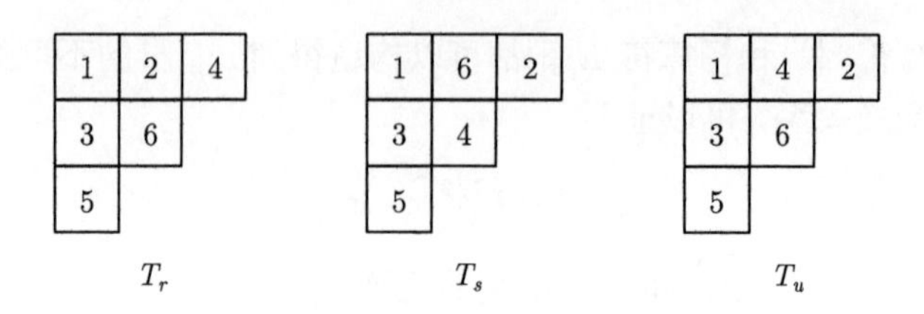

利用以上性质，可以证明，矩阵 C 由下面规则得到。

(1) $C_{rs}=0$，如果 $N_rP_s=0$，即存在两个指标同时在 T_r 的同一列和 T_s 的同一行；

(2) $C_{rs}=1$，如果 $N_rP_s=N_uP_u\neq 0$，即满足式 (4-8-11) 的情况，且 σ_{ru} 为偶置换；

(3) $C_{rs}=-1$，如果 $N_rP_s=N_uP_u\neq 0$，且 σ_{ru} 为奇置换。

进一步，可以证明：

$$C_{rs}(P)=C_{rs'}. \tag{4-8-13}$$

其中，$T_{s'}$ 为

$$T_{s'}=PT_{s'}. \tag{4-8-14}$$

应用上面的讨论，我们得到了一种计算置换群标准表示矩阵的方法。与传统的递推方法相比，这方法将任意群元的表示矩阵表示为三个矩阵相乘，其中两个矩阵只与不可约表示有关，与具体阵元无关。因此，可以预先计算列表，给出不可约表示的矩阵 A 和 B，而与阵元有关的矩阵 C 的矩阵元只有三个可能的取值 0、±1。显然，这一方法有明显的优越性。

参 考 文 献

马中琪. 2006. 物理学中的群论. 第二版. 北京：科学出版社.

Hamermesh M.1964.Group Theory and its Application to Physical Problems. Massachusetts，London:Addison Wesley Publishing Company，Inc.

Ludwig W，Falter C.1998. Symmetries in Physics.2nd ed. Berlin:Springer-Verlag Press.

Weyl H. 1950.The Theory of Group and Quantum Mechanics.New York:Dover Publications.

Wigner E P. 1959. Group Theory and its Application to the Quantum Mechanics of Atomic Spectra. New York: Academic Press.

习 题 4

4-1 把置换$\begin{pmatrix}1&2&3&4&5&6&7\\2&3&1&5&4&7&6\end{pmatrix}$写成循环的积。

4-2　把置换 $\begin{pmatrix} 1 & 2 & 3 & 4 & 5 & 6 \\ 2 & 4 & 6 & 1 & 5 & 3 \end{pmatrix}$ 写成循环的积，并证明它属于类 $[3\ \ 2\ \ 1]$。

4-3　写出 $\mathscr{S}_4$ 中 $(1\ \ 2)(3)(4)$ 类里的各个置换。

4-4　画出 $\mathscr{S}_4$ 中 $(1\ \ 2)(3\ \ 4)$ 类对应的三个杨表。

4-5　写出 $\mathscr{S}_4$ 的五个共轭类。

4-6　写出 $\mathscr{S}_5$ 的表示 $[3,\ 2]$ 所有可能的杨表，并由此求出它的维数。

4-7　写出置换群 $\mathscr{S}_5$ 的不变子群。

4-8　试用计算说明两个 $\mathscr{S}_2$ 群的直积 $\mathscr{S}_2 \otimes \mathscr{S}_2$ 可获得 $\mathscr{S}_4$ 群的类。

4-9　请用杨图表示两个不可约表示的外积结果：$D^{[4]} \otimes D^{[3]}$。

4-10　从 $\mathscr{S}_4$ 的三个杨表

1	2	3
4		

1	2	4
3		

1	3	4
2		

推出三个杨算符。

第 5 章　对称性与物质结构

前几章讨论了群论的基本概念、表示理论，并重点介绍了分子点群与置换群的不可约表示。接下来几章讨论群论对称性在量子力学、基本粒子、分子轨道、分子光谱以及化学反应选择性、晶体结构等各方面的应用。

本章先讨论群论在量子力学构建波函数、约化矩阵元等方面的应用，然后介绍空间群基本概念及其在晶体结构的应用、SU_n 群及其在基本粒子的应用。

5.1　波函数作不可约表示的基

5.1.1　波函数可作不可约表示的基函数

群论研究的主要对象是寻找各种群的所有不等价不可约表示，研究可约表示的约化。在一个具有空间反演不变性的体系，体系的对称性可用来对定态波函数进行分类。

对于一个给定的量子力学体系，体系中的粒子通常是电子、核子等全同粒子。量子力学中许多重要问题，都由与时间无关的哈密顿算符描述，可写出其运动的薛定谔方程

$$H\psi = E\psi. \tag{5-1-1}$$

其中，H 是哈密顿能量算符。若 ψ 是体系本征函数，在哈密顿 H 作用下得到函数本身乘以一个常数。该方程称为本征方程，常数称为本征值，它是体系的能量。

本征函数 ψ 的完全集合，在具有相同边界条件下，函数 ψ 可展开成一个无穷级数，$\psi_{\mathrm{E}}(r)$ 称为定态解，它的概率密度与时间无关。它构成的函数空间通常称为希尔伯特空间，本征函数的集合是正交归一的。

当一个对称操作把体系变换到等价构型中 (即在物理上不能和原始构型有任何区别)，在完成对称动作前后，体系能量必须相同，我们就说对称操作 R 与哈密顿算符可交换，写为

$$R(G)\psi(r) = \psi'(r),$$
$$R(G)HR^{-1}(G) = H'.$$

如果哈密顿算符在这些变换作用下保持不变，那么群 G 就称作哈密顿算符的对

称群

$$R(G)HR^{-1}(G) = H. \tag{5-1-2}$$

也可以写成

$$R(G)H - HR(G) = 0 \quad 或 \quad [R(G), H] = 0.$$

也就是哈密顿算符与对称群所导出的所有变换对易。

在具有对称性群 G 的系统中，哈密顿算符的本征函数 ψ 可用 G 的不可约表示来标示。

确定不可约表示基的顺序是，首先确定体系对应的对称群 G；然后通过群论方法，找到对称群 G 的所有不可约表示，包括特征标表和相关矩阵的表示形式；最后再讨论用对称群的不可约表示对定态波函数进行分类。

5.1.2　不可约基函数的构造

在函数空间 L 中，函数基的选择有任意性。量子力学中用一组相互对易的完备力学量来共同确定这组基函数。对于任意选定的函数基 $\Psi_p(x)$，可以计算出相应的表示 $D(G)$ 及其特征标 $\chi(R)$。我们选择的函数基 $\Psi_p(x)$ 是正交归一化的，P_{R} 算符是酉算符，$D(G)$ 是酉表示。一般说来，这种表示是可约表示，我们先用相似变换将其约化为不可约表示的直和：

$$X^{-1}D(R)X = \sum_j \oplus a_j D^j(R), \tag{5-1-3}$$

$$\chi(R) = \sum_j a_j \chi^j(R), \quad a_j = \frac{1}{g}\sum_{R\in G}\chi^j(R)^{\bullet}\chi(R). \tag{5-1-4}$$

a_j 是不可约表示 $D^j(G)$ 在 $D(G)$ 中出现的次数，可由式 (5-1-4) 算出，因此式 (5-1-3) 右边是已知的，X 矩阵原则上可以算出来。

具体计算 X 矩阵时，只要让对称群的生成元满足式 (5-1-3)，其他元素也一定满足此式。作为标准不可约表示形式，尽可能使群的生成元的表示矩阵是对角化的。但若群 G 不是阿贝尔群，生成元的表示矩阵不可能都对角化，因此 X 矩阵还有些待定参数。

在线性代数中，X 矩阵一方面作为相似变换矩阵，改变算符的矩阵形式，另一方面又作为组合系数，把旧函数基组合成新的函数基。组合后的新函数基 Ψ^j_{ur} 需用三个指标标记，在对称变换中，按不可约表示 D^j 变换

$$\Psi^j_{ur}(x) = \sum_p \psi_p(x)X_{p,jur}, \quad \psi_p(x) = \sum_{jur}\Psi^j_{ur}(x)(X^{-1})_{jur,p}, \tag{5-1-5}$$

$$P_R\Psi^j_{ur}(x) = \sum_\nu \Psi^j_{\nu r}(x)D^j_{\nu u}(R). \tag{5-1-6}$$

具有这样变换性质的函数基 $\Psi_{ur}^{j}(x)$ 称为属于不可约表示 D^{j} 的函数。用这种方法把定态波函数组合成属于对称群不可约表示的函数，也就是用对称群不可约表示对定态函数进行分类。

属不可约表示 D_j 的函数 $\Psi_{ur}^{j}(x)$，它的物理意义与具体群有关，也与选择的表象有关。例如，通常选取的不可约表示的标准形式，要尽可能使生成元的表示矩阵对角化，式 (5-1-6) 是它们共同的本征方程，这样选择的函数基就是力学量的共同本征函数。

5.1.3　D_3 群的不可约基

现以 D_3 群为例，说明如何寻找不可约表示的基。D_3 群是最简单的非阿贝尔群，包含六个元素，三个类。D_3 群有两个一维和一个二维不可约表示，特征标如表 5-1 所示。

表 5-1　D_3 群的特征标表

D_3	E	$2C_3$	$3C_2'$
A	1	1	1
B	1	1	−1
E	2	−1	0

生成元取 A 和 D

$$A=\begin{pmatrix}1 & 0\\ 0 & -1\end{pmatrix},\quad D=\frac{1}{2}\begin{pmatrix}-1 & -\sqrt{3}\\ \sqrt{3} & -1\end{pmatrix}.$$

生成元 A 的表示矩阵是对角化的，因此 D_3 群的不可约基是左乘和右乘 A 的共同本征矢量

$$A\phi^A=\phi^A A=\phi^A,\quad A\phi^B=\phi^B A=-\phi^B,$$
$$A\phi_{1r}^E=\phi_{1r}^E,\quad \phi_{\mu 1}^A A=\phi_{\mu 1}^A,$$
$$A\phi_{2r}^E=-\phi_{2r}^E,\quad \phi_{\mu 2}^A A=-\phi_{\mu 2}^A.$$

因为 A 的阶数为 2，所以本征值只能是 $\mathrm{e}^{-\mathrm{i}2\pi/a}=-1$ 的幂次，通常用幂次标记不可约基的下标。现在幂次取 0、1、mod2(逢 2 倍数可去掉)。

$$\phi^A\to\phi_{00}^A,\quad \phi^B\to\phi_{11}^B,$$
$$\phi_{11}^E\to\phi_{00}^E,\quad \phi_{12}^E\to\phi_{01}^E,$$
$$\phi_{21}^E\to\phi_{10}^E,\quad \phi_{22}^E\to\phi_{11}^E.$$

简单问题可用代数方法寻找不可约基，更普遍的方法是用投影算符方法，这里介绍后者。

根据投影算符公式

$$P^{\alpha}=\frac{n_{\alpha}}{g}\sum_{\alpha}\chi^{\alpha}(R)D(R).$$

其中，n_α 为 α 不可约表示的维数；g 为群 G 的阶数；χ 为 α 不可约表示 R 对称元素的特征标值；$D(R)$ 为 R 对称操作。

我们选择函数 $f_1=x^2$，用投影算符，再结合特征标表可得一维 A 和 B 不可约表示的基函数

$$\begin{aligned}P^{A}x^2&=\frac{1}{6}[1+D(C_3^1)+D(C_3^2)+D(C_2)+D(C_2')+D(C_2'')]x^2\\&=\frac{1}{6}\left[x^2+\frac{1}{2}x^2+\frac{3}{2}y^2+x^2+\frac{1}{2}x^2+\frac{3}{2}y^2\right]\\&=\frac{1}{2}(x^2+y^2),\end{aligned}$$

$$\begin{aligned}P^{B}x^2&=\frac{1}{6}[1+D(C_3^1)+D(C_3^2)-D(C_2)-D(C_2')-D(C_2'')]x^2\\&=\frac{1}{6}\left[x^2+\frac{1}{2}x^2+\frac{3}{2}y^2-x^2-\frac{1}{2}x^2-\frac{3}{2}y^2\right]\\&=0.\end{aligned}$$

即 x^2 函数用 A 不可约表示投影出 $1/2(x^2+y^2)$ 的基函数，用 B 不可约表示则投影不出。

对二维 E 表示，我们选择 $f_2=x^2+xz+yx$。这里不是简单地投影到二维表示对应的子空间，还要用到生成元矩阵，而不是单用特征标表。由于计算较繁，我们把 f_2 两部分分开计算。

$$\begin{aligned}P_{11}^{E}x^2&=\frac{2}{6}\left[1-\frac{1}{2}D(C_3^1)-\frac{1}{2}D(C_3^2)-D(C_2)+\frac{1}{2}D(C_2')+\frac{1}{2}D(C_2'')\right]x^2\\&=\frac{1}{3}\left[x^2-\frac{1}{4}x^2-\frac{3}{4}y^2-x^2+\frac{1}{4}x^2+\frac{3}{4}y^2\right]\\&=0.\end{aligned}$$

$$\begin{aligned}P_{22}^{E}x^2&=\frac{2}{6}[2-D(C_3^1)-D(C_3^2)]x^2\\&=\frac{1}{3}\left[2x^2-\frac{1}{2}x^2-\frac{3}{2}y^2\right]\\&=\frac{1}{2}(x^2-y^2).\end{aligned}$$

$$P_{12}^{E}x^2=\frac{2}{6}\left[-\left(\frac{3}{4}\right)^{\frac{1}{2}}D(C_3^1)+\left(\frac{3}{4}\right)^{\frac{1}{2}}D(C_3^2)-\left(\frac{3}{4}\right)^{\frac{1}{2}}D(C_2')+\left(\frac{3}{4}\right)^{\frac{1}{2}}D(C_2'')\right]x^2$$

$$
\begin{aligned}
&= \frac{1}{3}\left[\frac{3}{2}xy + \frac{3}{2}xy\right] \\
&= xy.
\end{aligned}
$$

$$
\begin{aligned}
P_{11}^{E}(xz+yz) = {} & \frac{2}{6}\bigg\{xz + \left(-\frac{1}{2}\right)\left[-\frac{1}{2}(1+\sqrt{3})xz + \frac{1}{2}(\sqrt{3}-1)xz\right] + xz \\
& + \left(-\frac{1}{2}\right)\left[-\frac{1}{2}(1+\sqrt{3})xz + \frac{1}{2}(\sqrt{3}-1)xz\right] + yz + \frac{1}{2}(\sqrt{3}-1)yz \\
& - \frac{1}{2}(1+\sqrt{3})yz - yz + \frac{1}{2}(1-\sqrt{3})yz + \frac{1}{2}(1+\sqrt{3})yz\bigg\} \\
= {} & \frac{1}{3}\left[1 + \frac{1}{4}(1+\sqrt{3}) - \frac{1}{4}(\sqrt{3}-1) + 1 + \frac{1}{4}(1+\sqrt{3}) - \frac{1}{4}(\sqrt{3}-1)\right]xz \\
& + \frac{1}{3}\left[1 - \frac{1}{4}(\sqrt{3}-1) + \frac{1}{4}(1+\sqrt{3}) - 1 - \frac{1}{4}(1-\sqrt{3}) - \frac{1}{4}(1+\sqrt{3})\right]yz \\
= {} & xz + 0 \times yz = xz.
\end{aligned}
$$

$$
\begin{aligned}
P_{22}^{E}(xz+yz) = {} & \frac{2}{6}\bigg\{xz + \left(-\frac{1}{2}\right)\left[-\frac{1}{2}(1+\sqrt{3})xz\right] + \frac{1}{2}\left[-\frac{1}{2}(1+\sqrt{3})\right]xz - xz \\
& + \left(-\frac{1}{2}\right)\left[\frac{1}{2}(\sqrt{3}-1)\right]xz + \frac{1}{2}\left[\frac{1}{2}(\sqrt{3}-1)\right]xz + yz + \frac{1}{2}(\sqrt{3}-1)yz \\
& - \frac{1}{2}(1+\sqrt{3})yz + yz + \frac{1}{2}(1-\sqrt{3})yz + \frac{1}{2}(1+\sqrt{3})yz\bigg\} \\
= {} & \frac{1}{3}\left[1 + \frac{1}{4} + \frac{1}{4} - \left(1 + \frac{1}{4} + \frac{1}{4}\right) + \sqrt{3}\left(\frac{1}{4} - \frac{1}{4} + \frac{1}{4} - \frac{1}{4}\right)\right]xz \\
& + \frac{1}{3}\left[1 + \frac{1}{4} + \frac{1}{4} + \left(1 + \frac{1}{4} + \frac{1}{4}\right) + \sqrt{3}\left(\frac{1}{4} - \frac{1}{4} + \frac{1}{4} - \frac{1}{4}\right)\right]yz \\
= {} & 0 \times xz + yz = yz.
\end{aligned}
$$

由此可看出，x^2 函数从 E 不可约表示投影出 $1/2(x^2-y^2)$ 和 xy 的基函数，$(xz+yz)$ 函数投影出 xz 和 yz 的基函数。

5.2　矩阵元的计算

5.2.1　维格纳–埃卡定理

现在我们介绍维格纳–埃卡 (Wigner-Eckart) 定理 (即广义正交定理)，它是群论方法在量子力学中广泛应用的基础。该定理表述如下：

属于酉变换群 P_G 的两个不等价不可约表示的函数相互正交，属同一不可约表示不同行的函数也相互正交，属同一不可约表示同一行的函数间的内积与行数无关。

证明　设函数基 ψ_u^j 和 ϕ_v^k 分别属于群 P_G 不可约酉表示 D_u^j 行和 D_v^k 行。

$$P_R\psi_u^j(x)=\sum_p \psi_p^i(x)D_{pu}^j(R),\quad P_R\phi_v^k(x)=\sum_\lambda \phi_\lambda^k(x)D_{\lambda v}^k(R).$$

令两个基 ψ_u^j 和 ϕ_v^k 的积为 X_{vu}^{kj}

$$\begin{aligned}\left\langle\phi_v^k(x)\middle|\,\psi_u^j\,(x)\right\rangle&=X_{vu}^{kj},\\ \left\langle\phi_v^k(x)\mid P_G\psi_u^j(x)\right\rangle&=\sum_\rho\left\langle\phi_v^k(x)\mid\psi_u^j(x)\right\rangle D_{\rho u}^j(R)\\ &=\sum_\rho X_{v\rho}^{kj}D_{\rho u}^j(R)\\ &=\left\langle P_R^{-1}\phi_v^k(x)\mid\psi_u^j(x)\right\rangle\\ &=\sum_\lambda D_{\lambda v}^k(R^{-1})^\bullet\left\langle\phi_v^k(x)\mid\psi_u^j(x)\right\rangle\\ &=\sum_\rho D_{v\lambda}^k(R)X_{\lambda u}^{kj}.\end{aligned}$$

由 Schur 引理得知

$$X_{vu}^{kj}=\begin{cases}0 & 当\ k\neq j\\ \delta_{vu}\left\langle k\mid j\right\rangle & 当\ k=j\end{cases},$$

$$\left\langle\phi_v^k(x)\mid\psi_u^j(x)\right\rangle=\delta_{kj}\delta_{vu}\left\langle k\mid j\right\rangle.$$

其中，$\langle k\mid j\rangle$ 是常数，与下标无关，称为约化矩阵元。

5.2.2　矩阵元的约化

量子力学中，物理量的计算多数归结为矩阵元的计算，当把定态波函数组合成属于对称群某不可约表示某一行的基函数后，维格讷–埃卡定理使 m_km_j 个矩阵元 $\left\langle\phi_v^k(x)\mid\psi_u^j(x)\right\rangle$ 的计算简化成一个矩阵元的计算。在实际问题里，定态波函数很难严格求解，波函数的具体形式经常并不知道，而是根据对研究体系对称性质的分析，确定什么样状态之间的矩阵元为零 (选择定则)。有时把约化矩阵元看作参数，从而掌握不同矩阵元 (观测量) 之间的相对关系。

当力学量算符在对称变换中的性质已知时，维格讷–埃卡定理还可以简化力学量矩阵元的计算。设一组力学量 $L_\rho^k(x)$ 在对称算符 R 作用下按下式变换：

$$RL_\rho^k(x)R^{-1}=\sum_\lambda L_\lambda^k(x)D_{\lambda\rho}^k(R).$$

这组算符常称不可约张量算符：

$$RL_\rho^k(x)\psi_u^j(x)=\sum_\lambda L_\lambda^k(x)\psi_\tau^j(x)[D^k(R)\times D^j(R)]_{\lambda\tau,\rho u}.$$

既然 $L_\rho^k(x)\psi_u^j(x)$ 按直乘表示变换，可用克莱布–高登系数把它们组合成属于不可约表示 D_{m}^j 行的函数：

$$F_{Mr}^J(x)=\sum_{\rho u}L_\rho^k(x)\psi_u^j(x)C_{\rho u,JMr}^{\kappa j},$$

$$RF_{Mr}^J(x)=\sum_{M'}F_{M'r}^J(x)D_{M'M}^J(R),$$

$$L_\rho^k(x)\psi_u^j(x)=\sum_{JMr}F_{Mr}^J(x)[(C^{kj})^{-1}]_{JMr,\rho u}.$$

力学量在定态波函数中的 $m_{j'}m_km_j$ 个矩阵元的计算，简化为有限几个约化矩阵元的计算。

具体以能量矩阵元计算为例，

$$\frac{\langle\psi_i\mid H\psi_j\rangle}{\langle\psi_i\mid\psi_j\rangle}=E.$$

矩阵元计算取决于 ψ_i 和 ψ_j 所包含的表示，只有 ψ_i 和 ψ_j 包含相同的不可约表示，矩阵元才可能不为零。

5.2.3 苯分子能量矩阵的约化

苯分子属 $D_{6\mathrm{h}}$ 点群，用其子群 D_6 处理，可得到 6 个 p_z 轨道的可约表示，约化为 4 个不可约表示 $\Gamma=A_2+B_2+E_1+E_2$。

然后应用投影算符获得对称性匹配的分子轨道

$$\psi_1(A_2)=\frac{1}{\sqrt{6}}(\phi_1+\phi_2+\phi_3+\phi_4+\phi_5+\phi_6),$$

$$\psi_2(B_2)=\frac{1}{\sqrt{6}}(\phi_1-\phi_2+\phi_3-\phi_4+\phi_5-\phi_6),$$

$$\psi_3(E_1)=\frac{1}{2\sqrt{3}}(2\phi_1+\phi_2-\phi_3-2\phi_4-\phi_5+\phi_6),$$

$$\psi_4(E_1)=\frac{1}{2}(\phi_2+\phi_3-\phi_5-\phi_6),$$

$$\psi_5(E_2)=\frac{1}{2\sqrt{3}}(2\phi_1-\phi_2-\phi_3+2\phi_4-\phi_5-\phi_6),$$

$$\psi_6(E_2)=\frac{1}{2}(\phi_1-\phi_3+\phi_5-\phi_6).$$

本来苯分子的 π 电子能量矩阵是一个 6×6 的矩阵，经过对称性约化，矩阵非零矩阵元对角化，这样矩阵约化成两个 1×1 的矩阵，两个 2×2 的矩阵，即

$$H_{11}-E_{A_2}=0,$$

$$H_{22} - E_{B_2} = 0.$$

$$\begin{vmatrix} H_{33} - E_{E_1} & H_{34} \\ H_{43} & H_{44} - E_{E_1} \end{vmatrix} = 0,$$

$$\begin{vmatrix} H_{55} - E_{E_2} & H_{56} \\ H_{65} & H_{66} - E_{E_2} \end{vmatrix} = 0.$$

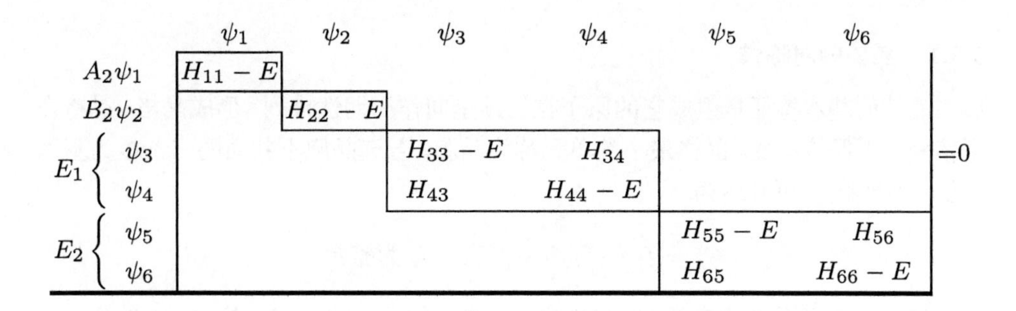

$$\begin{aligned} E_{A_2} &= H_{11} = \langle\psi_1|\hat{H}|\psi_1\rangle \\ &= \frac{1}{6}\langle\phi_1+\phi_2+\phi_3+\phi_4+\phi_5+\phi_6|\hat{H}|\phi_1+\phi_2+\phi_3+\phi_4+\phi_5+\phi_6\rangle. \end{aligned}$$

根据休克尔 (Hückel) 近似，$\langle\phi_i|\hat{H}|\phi_i\rangle = \alpha$，$\langle\phi_i|\hat{H}|\phi_j\rangle \begin{cases} \beta & (j = i \pm 1) \\ 0 & (j \neq i \pm 1) \end{cases}$，

$$\begin{aligned} E_{A_2} &= \frac{1}{6}(6\alpha + 12\beta) = (\alpha + 2\beta), \\ E_{B_2} &= H_{22} = \langle\psi_2|\hat{H}|\psi_2\rangle \\ &= \frac{1}{6}\langle\phi_1-\phi_2+\phi_3-\phi_4+\phi_5-\phi_6|\hat{H}|\phi_1-\phi_2+\phi_3-\phi_4+\phi_5-\phi_6\rangle \\ &= \frac{1}{6}(6\alpha - 12\beta) = \alpha - 2\beta. \end{aligned}$$

$$\begin{vmatrix} H_{33} - E_{E_1} & H_{34} \\ H_{43} & H_{44} - E_{E_1} \end{vmatrix} = 0,$$

$$H_{33} = \frac{1}{12}\langle 2\phi_1+\phi_2-\phi_3-2\phi_4-\phi_5+\phi_6|\hat{H}|2\phi_1+\phi_2-\phi_5+\phi_4-\phi_5+\phi_6\rangle = \alpha+\beta,$$

$$H_{34} = 0, \quad H_{43} = 0,$$

$$E_{E_1} = H_{33} = H_{44} = \alpha + \beta.$$

$$\begin{vmatrix} H_{55} - E_{E_2} & H_{56} \\ H_{65} & H_{66} - E_{E_2} \end{vmatrix} = 0,$$

$$H_{66} = \frac{1}{4}\langle\phi_2 + \phi_3 + \phi_5 - \phi_6|\hat{H}|\phi_2 - \phi_3 + \phi_5 - \phi_6\rangle = \alpha - \beta = H_{55},$$
$$E_{E_2} = H_{55} = H_{66} = \alpha - \beta.$$

这样，我们用对称性约化，获得了苯分子 6 个 π 轨道的能级和波函数。

5.3 晶体中的空间群

5.3.1 晶体的对称性

晶体的基本特征是组成它的原子在三维空间作周期性排列，形成晶格。晶格在平移变换下保持不变。晶格最小的单元称为晶胞。若选晶胞不共面的三条棱为基本矢量，则平移 f 可表达为

$$f = f_1\vec{a} + f_2\vec{b} + f_3\vec{c}, \quad f_i \text{ 为整数}.$$

任何平移可用 3 个整数 f_i 来描述。保持晶体不变的平移变换 $T(f)$ 的集合构成平移群，记作 T。

除了平移不变外，还有转动和反演变换的不变性。晶体对称变换的集合构成晶体的空间群 S。平移群 T 是空间群 S 的子群。

对于给定晶体，它的对称变换 $G(R,\alpha)$ 中出现的所有实正交变换 R 的集合，构成晶格点群

$$R\vec{t} = \vec{t}'. \tag{5-3-1}$$

设 t_i 是 α_i 的整数部分，

$$\begin{aligned} &\alpha_i = t_i + r_i, \quad 0 \leqslant r_i < 1, \\ &G(R,\alpha) = T(t)G(R,t). \end{aligned} \tag{5-3-2}$$

式 (5-3-2) 给出了平移群陪集的一般形式，平移群陪集与点群元素 R 之间存在一一对应的关系。只有 $G(R,t)$ 中的矢量 $t = 0$，点群成为空间群的子群。由于式 (5-3-1)，晶体点群受到很大限制，而给定了点群，晶格矢量的大小和方向也受到限制，决定了晶体可能的晶系和布拉维格子。这就是晶体的周期性排列决定了晶体分类的本质原因。

5.3.2 晶体点群

如果点群只包含一个转动群，则它是循环群，晶格点群中只有 5 种，申弗利斯 (Schoenflies) 符号记为 C_N，N=1,2,3,4,6，国际符号则用数字 N 表示。

C_N 群是阿贝尔群，含 N 个对称元素。有一个生成元 C_N，是绕 c 轴转动 $2\pi/N$ 角的变换，其他元素是它的幂次，C_N 群有 N 个一维不可约表示。

设晶体固有点群 G 包含 n_2 个 2 次轴、n_3 个 3 次轴、n_4 个 4 次轴和 n_6 个 6 次轴，群 G 包含的对称元素数目是

$$g = 1 + n_2 + 2n_3 + 3n_4 + 5n_6.$$

这些对称元素矩阵的迹，除了恒等元素矩阵迹为 3，其他元素矩阵的迹为 $N-3$，所有元素的矩阵迹之和为

$$3 + (2-3)n_2 + (3-3)n_3 + (4-3)n_4 + (6-3)n_6 = 3 - n_2 + n_4 + 3n_6.$$

而点群若包含 2 个以上的旋转轴，这样的矢量和为零，即 $3 - n_2 + n_4 + 3n_6 = 0$。该条件限制了点群包含旋转轴的数目。

若有 3 个 2 次轴相互垂直，该群为 D_2 群。若有高于 2 次轴的选为主轴 N，则 D_N 群有 $2N$ 个元素，$N = 3, 4, 6$。群 G 包含两个以上 3 次轴的有 T 群和 O 群。

晶体固有点群为 C_1、C_2、C_3、C_4、C_6，D_2、D_3、D_4、D_6 和 T、O，共有 11 个群。这些群再与 C_i 群的直积，可得 11 个非固有群：

$$\begin{aligned}
&C_i,\quad C_2\otimes C_i = C_{2\mathrm{h}},\quad C_3\otimes C_i = C_{3i},\quad C_4\otimes C_i = C_{4\mathrm{h}},\quad C_6\otimes C_i = C_{6\mathrm{h}},\\
&D_2\otimes C_i = D_{2\mathrm{h}},\quad D_3\otimes C_i = D_{3\mathrm{d}},\quad D_4\otimes C_i = D_{4\mathrm{h}},\quad D_6\otimes C_i = D_{6\mathrm{h}},\\
&T\otimes C_i = T_{\mathrm{h}},\quad O\otimes C_i = O_{\mathrm{h}}.
\end{aligned}$$

还有 10 个同构点群：

$$\begin{aligned}
&C_{\mathrm{s}}\approx C_2,\quad S_4\approx C_4,\quad C_{3\mathrm{h}}\approx C_6,\quad C_{2\mathrm{v}}\approx D_2,\quad C_{3\mathrm{v}}\approx D_3,\\
&C_{4\mathrm{v}}\approx D_{2\mathrm{d}}\approx D_4,\quad C_{6\mathrm{v}}\approx D_{3\mathrm{h}}\approx D_6,\quad T_{\mathrm{d}}\approx O.
\end{aligned}$$

这样总共有 32 个晶体点群。

5.3.3　晶系与布拉维格子

由于晶体平移变换的限制，晶体可分为 7 个晶系：

(1) 三斜晶系 (triclinic), 对应点群 C_1 和 C_i；

(2) 单斜晶系 (monoclinic)，对应点群 C_2、C_s 和 $C_{2\mathrm{h}}$；

(3) 正交晶系 (orthorhombic)，对应点群 D_2、$C_{2\mathrm{v}}$ 和 $D_{2\mathrm{h}}$；

(4) 三方晶系 (trigonal)，对应点群 C_3、C_{3i}、$C_{3\mathrm{v}}$、D_3 和 $D_{3\mathrm{d}}$；

(5) 六方晶系 (hexagonal)，对应点群 C_6、$C_{3\mathrm{h}}$、$C_{6\mathrm{h}}$、$C_{6\mathrm{v}}$、D_6、$D_{3\mathrm{h}}$ 和 $D_{6\mathrm{h}}$；

(6) 四方晶系 (tetragonal)，对应点群 C_4、S_4、$C_{4\mathrm{h}}$、$C_{4\mathrm{v}}$、D_4、$D_{2\mathrm{d}}$ 和 $D_{4\mathrm{h}}$；

(7) 立方晶系 (cubic)，对应点群 T、T_{h}、T_{d}、O 和 O_{h}.

若晶体的平移用 $T(f)$ 表示，根据分量的选择，一个晶系有几种布拉维格子：

$$f = f_1\vec{a} + f_2\vec{b} + f_3\vec{c},\quad f_i = 0 \text{ 或 } 1/2. \tag{5-3-3}$$

根据 $T(f)$ 的形式，平移群分为 4 类。

(1) 初始 (primitive) 平移群：

$$T = T_{\mathrm{f}}. \tag{5-3-4}$$

(2) 体心 (body-centered) 平移群：

$$T = T_{\mathrm{f}} \otimes \left\{E, T\left(\frac{1}{2}, \frac{1}{2}, \frac{1}{2}\right)\right\}. \tag{5-3-5}$$

(3) 底心 (base-centered) 平移群 A、B 和 C：

$$\begin{aligned} A:\ T &= T_{\mathrm{f}} \otimes \left\{E, T\left(0, \frac{1}{2}, \frac{1}{2}\right)\right\}, \\ B:\ T &= T_{\mathrm{f}} \otimes \left\{E, T\left(\frac{1}{2}, 0, \frac{1}{2}\right)\right\}, \\ C:\ T &= T_{\mathrm{f}} \otimes \left\{E, T\left(\frac{1}{2}, \frac{1}{2}, 0\right)\right\}. \end{aligned} \tag{5-3-6}$$

(4) 面心 (face-centered) 平移群：

$$T = T_{\mathrm{f}} \otimes \left\{E, T\left(0, \frac{1}{2}, \frac{1}{2}\right), T\left(\frac{1}{2}, 0, \frac{1}{2}\right), T\left(\frac{1}{2}, \frac{1}{2}, 0\right)\right\}. \tag{5-3-7}$$

把平移群与晶系结合起来，就形成 14 种布拉维格子。

5.3.4 空间群分类与符号

我们介绍空间群的国际符号，最前面是布拉维格子的符号 P、I、F、A、B、C 等，接下来按晶系的规定取向，写上旋转轴、反映面的符号。国际符号中旋转轴用数字 n 表示，反轴用 $\bar{n}$ 表示。反映面用 m 表示。旋转轴与垂直的反映面用 n/m 表示，对称中心用 1 表示。在既可写轴又可写面时，尽量写反映面，因反映面组合可得到旋转轴，而旋转轴组合得不到反映面。

(1) 三斜晶系，对应点群 C_1 和 C_i，恒等变换和反演变换的矩阵形式是常数矩阵，它们对晶格矢量的选择没有限制。三斜晶系只有一种 P 型布拉维格子，两种简单空间群 $P1$ 和 $P\bar{1}$。

(2) 单斜晶系，对应点群 C_2、C_s 和 $C_{2\mathrm{h}}$。这些晶格点群含一个 2 次旋转轴为主轴，取主轴方向最短晶格矢量为基矢 $\vec{c}$，在垂直于主轴平面内，取两个不共线的最小基矢 $\vec{a}$ 和 $\vec{b}$，并要求 $\vec{a} \times \vec{b}$ 沿 $\vec{c}$ 正向，基矢间夹角 $\alpha = \beta = \pi/2$，点群生成元矩阵

$$D(C_2) = \begin{pmatrix} -1 & 0 & 0 \\ 0 & -1 & 0 \\ 0 & 0 & 1 \end{pmatrix} \tag{5-3-8}$$

因为 $f = f_1\vec{a} + f_2\vec{b} + f_3\vec{c}$,　$f_i = 0$ 或 $1/2$。

当 $f_3 = 0$ 时, 必须 $f_1 = f_2 = 0$，这样 f 有以下几种解:

$$P\text{格子}:\ f = 0.$$
$$A\text{格子}:\ f = (\vec{b} + \vec{c})/2.$$
$$B\text{格子}:\ f = (\vec{a} + \vec{c})/2.$$
$$I\text{格子}:\ f = (\vec{a} + \vec{b} + \vec{c})/2.$$

因为不能有 C 格子，所以 A 格子和 B 格子不能同时存在，因而不能有 F 格子。对于 I 格子，可以把 $\vec{a} + \vec{b}$ 当作 $\vec{b}$，则 I 格子成为 A 格子。这样单斜晶系有布拉维 P 型和 A 型格子，六种简单空间群：$P2, P\bar{2}, P\pm 2, A2, A\bar{2}$ 和 $A\pm 2$。

(3) 正交晶系，对应点群 D_2、$C_{2\mathrm{v}}$ 和 $D_{2\mathrm{h}}$。这些点群都包含 3 个互相垂直的 2 次轴，取沿主轴 2 次轴方向的最短基矢为 c 轴，沿另 2 个 2 次轴的最短基矢分别为 $\vec{a}$ 和 $\vec{b}$ 轴，并要求 $\vec{a}\times\vec{b}$ 沿 $\vec{c}$ 正向，3 个基矢互相垂直

$\alpha = \beta = \gamma = \pi/2$，沿主轴 c 的矩阵为

$$D(C_2) = \begin{pmatrix} -1 & 0 & 0 \\ 0 & -1 & 0 \\ 0 & 0 & 1 \end{pmatrix}. \tag{5-3-9}$$

沿垂直主轴的 2 次轴的矩阵为

$$D(C_2') = \begin{pmatrix} 1 & 0 & 0 \\ 0 & -1 & 0 \\ 0 & 0 & -1 \end{pmatrix}. \tag{5-3-10}$$

f 取值还有

$$C\text{格子}:\ f = (\vec{a} + \vec{b})/2,$$
$$F\text{格子}:\ f = \begin{cases} (\vec{a} + \vec{b})/2 \\ (\vec{a} + \vec{c})/2. \\ (\vec{b} + \vec{c})/2 \end{cases}$$

对于点群 D_2 和 $D_{2\mathrm{h}}$，A、B、C 格子没有区别，对于 $C_{2\mathrm{v}}$ 点群，A 和 B 格子虽相同，但 C 格子不一样，仍算同一种格子。这样，正交晶系有 4 种布拉维格子：P、C 和 F、I 型格子，13 种简单空间群：

$$P22', P2\bar{2}', P\pm 22', C22', C2\bar{2}', C\pm 22', A22', I22', I2\bar{2}', I\pm 22', F22', F2\bar{2}', F\pm 22'$$

(4) 三方和六方晶系，三方晶系对应点群 C_3、C_{3i}、$C_{3\mathrm{v}}$、D_3 和 $D_{3\mathrm{d}}$，取 3 次转动轴方向的最短基矢为 $\bar{c}$，在垂直于 3 次轴的平面，取 2 个 2 次轴方向最短基矢为 a 和 b，$a = b$，$\alpha = \beta = \pi/2$，$\gamma = 2\pi/3$，点群生成元矩阵为

$$D(C_3) = \begin{pmatrix} 0 & -1 & 0 \\ 1 & -1 & 0 \\ 0 & 0 & 1 \end{pmatrix} \quad D(C_2') = \begin{pmatrix} 1 & -1 & 0 \\ 0 & -1 & 0 \\ 0 & 0 & -1 \end{pmatrix}. \tag{5-3-11}$$

考虑各种情况后，$f = 0$，给出 P 型格子。这种格子与六方晶系的 P 格子相同，合并为六方晶系 P 型布拉维格子，有 8 种简单空间群：

$$P3, P\bar{3}, P32', P32'', P3\bar{2}', P3\bar{2}'', P\bar{3}2', P\bar{3}2''.$$

对于 D_3、$C_{3\mathrm{v}}$ 和 $D_{3\mathrm{d}}$ 情况，取新的基矢

$$\begin{aligned} a' &= (2\vec{a} + \vec{b} + \vec{c})/3, \quad & c'' &= \vec{a}' + \vec{b}' + \vec{c}', \\ b' &= (-\vec{a} + \vec{b} + \vec{c})/3, \quad & a'' &= \vec{a}' - \vec{b}', \\ c' &= (-\vec{a} - 2\vec{b} + \vec{c})/3, \quad & b'' &= \vec{b}' - \vec{c}'. \end{aligned}$$

这组新基对应的点群生成元矩阵为

$$D(C_3) = \begin{pmatrix} 0 & 0 & 1 \\ 1 & 0 & 0 \\ 0 & 1 & 0 \end{pmatrix} \quad D(C_2') = \begin{pmatrix} 0 & -1 & 0 \\ -1 & 0 & 0 \\ 0 & 0 & -1 \end{pmatrix}. \tag{5-3-12}$$

这种晶格称为菱方晶系 (rhombohedral)R 型布拉维格子，3 个基矢长度相等，夹角相等，

$$a = b = c, \quad \alpha = \beta = \gamma.$$

菱方晶系 R 型格子有 5 种简单空间群：

$$R3, R\bar{3}, R32', R3\bar{2}', R\bar{3}2'.$$

六方晶系对应点群 C_6、$C_{3\mathrm{h}}$、$C_{6\mathrm{h}}$、$C_{6\mathrm{v}}$、D_6、$D_{3\mathrm{h}}$ 和 $D_{6\mathrm{h}}$，取 6 次转动轴方向的最短基矢为 c 轴，得到六方晶系 P 格子以外的 8 种简单空间群：

$$P6, P\bar{6}, P \pm 6, P62', P6\bar{2}', P\bar{6}2', P\bar{6}2'', P \pm 62'.$$

(5) 四方晶系，对应点群 C_4、S_4、$C_{4\mathrm{h}}$、$C_{4\mathrm{v}}$、D_4、$D_{2\mathrm{d}}$ 和 $D_{4\mathrm{h}}$，取沿 4 次主轴方向的最短基矢为 c 轴。在垂直 c 轴平面内，对点群 C_4、S_4 和 $C_{4\mathrm{h}}$，取一最短基

矢为 a；对点群 D_4、$C_{2\mathrm{v}}$、$D_{2\mathrm{d}}$ 和 $D_{4\mathrm{h}}$，在垂直平面沿各 2 次轴取最短基矢 a 和 b，且 $a=b$，$\alpha=\beta=\gamma=\pi/2$。

点群生成元的矩阵是

$$D(C_4)=\begin{pmatrix}0 & -1 & 0\\ 1 & 0 & 0\\ 0 & 0 & 1\end{pmatrix}, \tag{5-3-13}$$

$$D(C_2')=\begin{pmatrix}1 & 0 & 0\\ 0 & -1 & 0\\ 0 & 0 & -1\end{pmatrix},\quad D(C_2'')=\begin{pmatrix}0 & 1 & 0\\ 1 & 0 & 0\\ 0 & 0 & -1\end{pmatrix}. \tag{5-3-14}$$

当 $f_1=f_2=0$ 时，只能 $f_3=0$，四方晶系只有 P 和 I 格子，16 种简单空间群：

$$P4, P\bar{4}, P\pm4, P42', P4\bar{2}', P\bar{4}2', P\bar{4}2'', P\pm42, I4, I\bar{4}, I\pm4, I42', I4\bar{2}', I\bar{4}2', I\bar{4}2'', I\pm42'.$$

(6) 立方晶系，对应点群 T、T_{h}、T_{d}、O 和 O_{h}。沿 3 个互相垂直的 4 次轴 (对点群 O 和 O_{h})，或 3 个互相垂直的 2 次轴 (点群 T 和 T_{h})，取最短的基矢，按右手螺旋方向，选作 3 个晶格基矢，它们长度相等，且互相垂直 $a=b=c$，$\alpha=\beta=\gamma=\pi/2$。

沿 c 轴方向的 4 次转轴生成元由式 (5-3-13) 给出，2 次转轴生成元由式 (5-3-9) 给出，沿 $(\vec{a}+\vec{b}+\vec{c})$ 的 3 次转轴生成元由式 (5-3-12) 给出。

立方晶系有 3 种布拉维格子 P、I 和 F，15 种简单空间群：

$$P3'22', P\bar{3}'22', P3'42'', P3'\bar{4}\bar{2}'', P\bar{3}'42'', I3'22', I\bar{3}'22', I3'42'', I3'\bar{4}\bar{2}'', I\bar{3}'42'',$$
$$F3'22', F\bar{3}'22', F3'42'', F3'\bar{4}\bar{2}'', F\bar{3}'42''.$$

5.3.5　等效点系

1) 对称元素的组合

空间群中，宏观点群的对称元素反映面与微观的平移元素组合形成滑移面，旋转轴与平移组合成螺旋轴。与点群中元素组合不同，空间群中元素组合不要求交于一点，现逐一介绍：

(1) 两个互相平行的反映面的连续动作，相当于一个平移动作，平移距离是反映面间距的 2 倍。

(2) 平移及垂直平移的反映面的组合，相当于相距反映面 1/2 平移单位有一个反映面。

(3) 反映面与斜交的平移组合成滑移面 (标记为 a、b、c、d、n、e)。其中 a、b、c 滑移面的对称动作为反映后再分别沿 a、b 或 c 轴平移 1/2 单位，而 d、n 滑移面则是反映后，沿 2 个晶轴或 3 个晶轴的组合方向平移 $1/n$ 单位，e 滑移面则是沿 a、b，或 b、c 等方向的双滑移面，见表 5-2。

(4) 旋转轴与平移动作组合成螺旋轴，有 2_1、3_1、3_2、4_1、$4_2=2_1$、4_3、6_1 等螺旋轴，如 2_1 螺旋轴的实际动作是旋转 180° 再上升半个单位，3_1 螺旋轴则是旋转 120° 再上升 1/3 单位。

表 5-2　两个正交滑移面的组合(形成螺旋轴，包括旋转轴)

	m	n	a	b	c	d	e
m	2	$2_1(b/4)$	$2(a/4)$	$2(b/4)$	2_1		
n	$2_1(a/4)$	$2(a+b)/4$	$2_1(a+b)/4$	$2_1(a+b)/4$	$2(a/4)$		
a	$2(a/4)$	$2_1(a+b)/4$	2	$2(a+b)/4$	$2_1(a/4)$		
b	$2(b/4)$	$2_1(a+b)/4$	$2(a+b)/4$	2	$2_1(b/4)$		
c	2_1	$2(b/4)$	$2_1(a/4)$	$2_1(b/4)$	2		
d						$2_1(a+b)/8$	
e							沿 $a\backslash b$ 或 $a\backslash c$ 双滑移

注：$(a+b)/4$ 等表示 2 次轴在格子中的位置。

表 5-3 是微观对称元素螺旋轴、滑移面名称、符号与方向。

表 5-3　微观对称元素螺旋轴、滑移面名称、符号与方向

名称	符号		名称	符号		名称	符号		τ
	垂直	平行		垂直	平行		垂直	平行	
2		←→	$\bar{4}$			m			0
2_1		← →	$\bar{3}$			a			$\frac{a}{2}$
3			6			b			$\frac{b}{2}$
3_1			6_1			c			$\frac{c}{2}$
3_2			6_2			n			$\frac{(a+b)}{2}$ 或 $\frac{(b+c)}{2}$ 或 $\frac{(a+c)}{2}$ 或 $\frac{(a+b+c)}{2}$
4			6_3			d			$\frac{(a+b)}{4}$ 或 $\frac{(b+c)}{4}$ 或 $\frac{(a+c)}{4}$ 或 $\frac{(a+b+c)}{4}$
4_1			6_4						
4_2			6_5						
4_3			$\bar{6}$						

2) 等效点系

用一套点系表示某空间群对称性，这组点系称为等效点系。在晶体中，从一个原始点出发，经过空间群所有对称元素作用，重复出来一系列点的总和，称为等效点系。我们只要弄清楚一个晶胞中的等效点系，晶体的所有结构由晶胞三维重复而成。等效点则有普通等效点与特殊等效点之分。普通等效点因不处在对称元素上，重复数大，特殊等效点因处在对称元素上重复数成倍减少，如点在反映面上，重复数减少一半，在 3 次轴上，重复数减少 2/3。

先以空间群 $C_{2\mathrm{v}}$-$Pmc2_1$ 群为例，其对称元素的排列如图 5-1 所示。空间群为 P 格子，平行 a 轴有一个反映面 (实线)，与 a 轴垂直的 b 轴方向有一个滑移面 (虚线)，两面相交处有一个 2 次螺旋轴。

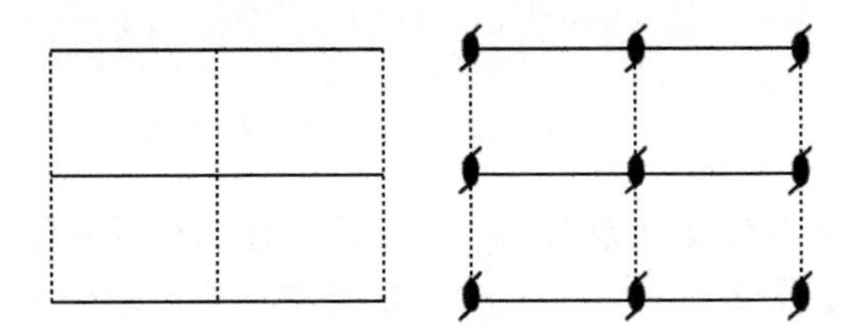

图 5-1　空间群 $C_{2\mathrm{v}}^2$-$Pmc2_1$ 的对称元素

再以单斜晶系的空间群$C_{2\mathrm{h}}^5$-$P\dfrac{2_1}{c}$ 为例，说明等效点系图中元素和点的表示方法。该群为 P 格子，在 c 轴方向有一 2_1 螺旋轴与 c 滑移面。图 5-2(a) 为对称元素，以符号 $\circ$ 表示对称中心，以∮表示 2 重螺旋轴，以 $^{1/4}\lrcorner$ 表示在 b 轴 1/4 处有滑移面 c，反映后再沿 c 轴滑移 1/2 单位。

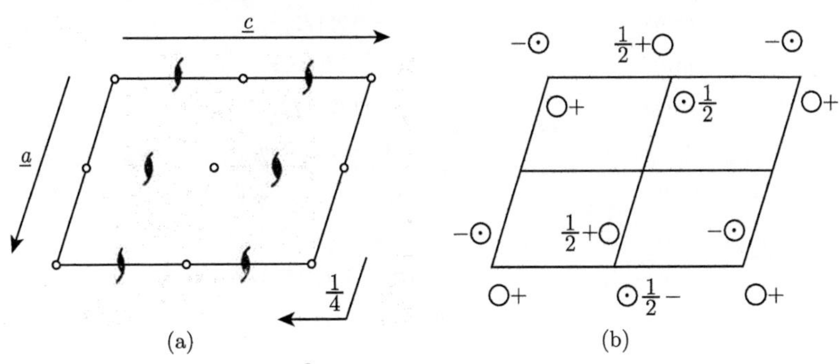

图 5-2　$C_{2\mathrm{h}}^5$-$P\dfrac{2_1}{c}$ 的对称元素 (a)、等效点系 (b) 图

图 5-2 的原点有一对称心，一个原子在原点附近的平面上方 (以 $+\bigcirc$ 表示)，经反演到平面下 (以 $-\odot$ 表示)。这个原子还通过 2 次螺旋轴旋转 180°，再上升半个单位 $\left(\dfrac{1}{2}+\bigcirc\right)$，通过对称心再得到一个平面下降半个单位的点 (用 $\odot\dfrac{1}{2}-$ 表示)

我们再介绍空间群中等效点重复的次数，图 5-3 是空间群 $Pmm2$ 的等效点系

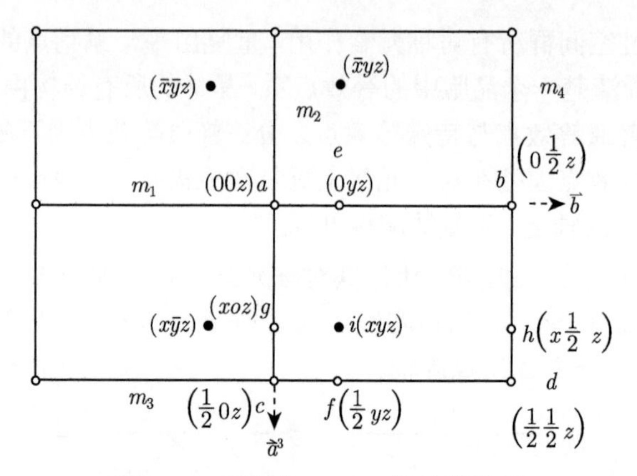

图 5-3 空间群 $Pmm2$ 的等效点系

图 5-3 中 9 个点，前 4 个点 a、b、c、d 均处在两个反映面相交处，又是 2 次轴所在的地方，重复数仅为 1。e、f、g、h 均处在一个反映面上，重复数为 2(图中只标出一个坐标，表中列出 2 个坐标)。最后 i 点，不在任何对称元素上，重复数为 4(见图中 4 个黑点)。一般来说，普通点在图中的重复次数 = 群阶 × 分子数，见表 5-4。

表 5-4 空间群 $Pmm2$ 的等效点系

点	所处对称元素	等效点坐标	重复次数
a	$mm2$	$(0, 0, z)$	1
b	$mm2$	$(0, 1/2, z)$	1
c	$mm2$	$(1/2, 0, z)$	1
d	$mm2$	$(1/2, 1/2, z)$	1
e	m	$(0, y, z), (0, \bar{y}, z)$	2
f	m	$(1/2, y, z), (1/2, \bar{y}, z)$	2
g	m	$(x, 0, z), (\bar{x}, 0, z)$	2
h	m	$(x, 1/2, z), (\bar{x}, 1/2, z)$	2
i	1	$(x, y, z), (\bar{x}, y, z), (\bar{x}, \bar{y}, z), (x, \bar{y}, z)$	4

3) 尿素单晶分析实例

先从尿素单晶系统消光确定点阵形式和空间群：

衍射 hkl 无消光 → 简单点阵 P 格子；

$hk0, 00l$ 无消光 → c 轴方向无滑移面、螺旋轴；

$0kl, h0l$ 无消光 → a 轴方向无滑移面；

$h00$ h— 奇数消光；

$0k0$ k— 奇数消光，a 方向有 2_1、b 方向有 2_1 螺旋轴；

hkl 无消光 $\rightarrow a+b$ 方向无滑移面。

综合以上情况，确定空间群为 D_{2d}^3-$P\bar{4}2_1m$。

在 D_{2d}^3 空间群晶胞中，普通等效点重复数为 8。尿素的密度为 1.330g/cm^3，分子式为 $OC(NH_2)_2$，分子量为 60，可算出每个晶胞中有 2 个分子。分子中 C 原子作 sp^2 杂化，连接一个 O 和两个 N，为平面分子，分子必须处在特殊位置。重复数为 4 的等效点系是在 4 次反轴上和 2 次轴上，分子不能在 4 次反轴上，只能把 C=O 放在 2 次轴上，N 则需要放在过 2 次轴的一个反映面上，如图 5-4 中虚线长方框的位置。

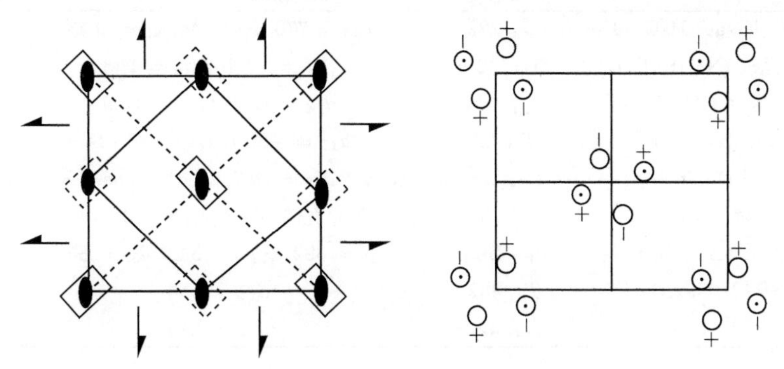

图 5-4　尿素的等效点系图

5.3.6　晶体的压电效应

晶体的压电效应在 1880 年被 J.Curie 和 P.Curie 发现，当水晶承受机械压力时，表面会感应出电流。若一面是正电荷，另一面则是负电荷，这种效应称为正压电效应。同样，也发现了逆压电效应，即电场作用在晶体上，晶体将发生形变。第二次世界大战期间，已发现了 500 多种压电晶体，如酒石酸钾钠 (KNT)、磷酸二氢钾 (KDP)、磷酸二氢钠 (ADP) 和钛酸钡 ($BaTiO_3$) 等，其所属点群与压电模量见表 5-5。20 世纪 50~60 年代又发现新的压电晶体，如硫酸三甘肽 (TGS) 及 $KTaO_3$、$LiNbO_3$ 等。压电晶体的应用也得到极快发展。正压电效应最早用于唱机的拾音器，将压力变换成电信号，经过放大，变为听得见的声音。第二次世界大战期间，用压电材料制成声呐取得成功。以后又用电场产生的超声波进行海底探矿等。

由于晶体对称性的影响，32 种晶格点群可分为两类：压电与非压电晶体。其中 12 种含对称心的点群晶体是非压电晶体，其余 20 种点群晶体都是压电晶体。而真正的压电晶体必须是非导体，而且是离子晶体或离子团组成的分子晶体。

现以水晶为例说明，水晶 (石英，α-SiO_2) 属 D_3 群，是最早发现、研究较充分的晶体。它的压电模量较小，仅 10^{-12}C/N，不能用作换能器，但水晶的机械性能和稳定性很好，可用来制作谐振器，用以调频。

由于压电模量 $d_{3N}=0$，沿结晶学 Z 轴对晶体施加任何压力不会产生极化电荷，同样对晶体 Z 轴施加电场，晶体也不会产生任何应变，则 Z 轴为光轴方向，有特殊的光学性质。而水晶的 d_{11} 为负值，正应力加在 X 轴或 Y 轴方向，才能引起水晶的极化，且只是沿 X 轴极化。常将水晶的 2 次轴称为电轴，利用正压电效应，可将声能转换为电能。

表 5-5　几种压电晶体所属点群与压电模量

晶体	点群	压电模量/$(10^{-12}C/N)$	温度/℃
酒石酸钾钠 $(KNaC_4H_4O_6{\cdot}4H_2O)$	$D_2, 222$	$d_{14}=770, d_{25}=46, d_{36}=9.43$	0
磷酸二氢铵 $(NH_4H_2PO_4)$	$D_{2d}, 42m$	$d_{14}=-1.76, d_{36}=48.3$	20
磷酸二氢钾 (KH_2PO_4)	$D_{2d}, 42m$	$d_{14}=1.28, d_{36}=-20.9$	20
水晶 $(\alpha\text{-}SiO_2)$	$D_3, 32$	$d_{11}=-2.31, d_{14}=-0.727$	室温
铌酸锂 $(LiNbO_3)$	$C_{3v}, 3m$	$d_{15}=74.0, d_{22}=20.7, d_{13}=-0.86, d_{33}=16.2$	20
碘酸锂 $(LiIO_3)$	$C_6, 6$	$d_{14}=7.3, d_{15}=49.3, d_{31}=7.3, d_{33}=92.7$	0
钛酸钡 $(BaTiO_3)$	$C_{4v}, 4mm$	$d_{15}=392, d_{13}=-34.5, d_{33}=85.6$	25
砷化镓 (GaAs)	$T_d, 432$	$d_{14}=2.60$	室温
氧化碲 (TeO_2)	$D_4, 422$	$d_{14}=8.13$	20

5.3.7　晶体相变与对称性

晶体的各种结构相变都涉及晶体对称性的改变，这种变化可用朗道 (Landau) 的相变理论描述。该理论主要应用于二级相变，自发电极化 P_i 是连续的，对于接近连续的一级相变也可近似应用。

因为相变是连续的，在居里 (Curie) 温度下，P_i 的出现也是连续的。在相变点 $P_i=0$，晶体的热力学函数 F 在相变点附近按照 P_i 的幂次展开：

$$F=F_0+A^{(1)}+A^{(2)}+A^{(3)}+A^{(4)}+\cdots+A^{(k)}$$

其中，$A^{(1)}$、$A^{(2)}$、$A^{(3)}$ 和 $A^{(4)}$ 分别是 P_i 的一次、二次、三次和四次齐次式，它们都是温度和压力的函数。

朗道理论认为，F 的展开式可以代表晶体相变前后的状态。在高温中，各 P_i 不等于零，则表示体系处于一个热力学不稳定状态，实际上它是不能存在的。实际可存在的是 $F=F_0$ 的各 P_i 为零的状态，热力学函数为最小值的顺电相。但是，当温度降低到一定程度，情况恰好相反，P_i 不等于零，此时晶体过渡到铁电相，同时发生了对称性改变。

以钙钛矿为例说明，$BaTiO_3$ 晶体属 O_h-$m3m$ 群，从特征标表可找到 T_{1u} 不可约表示，它的基函数变化与晶轴 a、b、c 相同。在这种情况下，P_s 的三个分量

P_1、P_2、P_3 与 a、b、c 一样变化。

铁电相的 P_1、P_2、P_3 由 F 的极值条件决定，由 $\dfrac{\partial F}{\partial P_1}=0$ 等可得到 3 种可能的解：

(1) $P_2=P_3=0, P_1\neq 0$；

(2) $P_1=P_2\neq 0, P_3=0$；

(3) $P_1=P_2=P_3\neq 0$。

在情况 (1) 中，经过 $C_2(c)$ 对称操作，要将 $P_{\rm s}$ 反转 180°，而 C_3 的对称操作，将 $P_{\rm s}$ 旋转 90°，从 a 方向变到 b 方向。现在的铁电相晶体对称性为 $C_{4\rm v}$-$4mm$，等效的自发电极化方向为 $\pm a$、$\pm b$、$\pm c$ 轴的方向，常用 $\langle 100\rangle$ 表示这 6 个方向。

在情况 (2) 中，可能的自发电极化方向为 $[110]$、$[\bar{1}\bar{1}0]$、$[1\bar{1}0]$、$[\bar{1}10]$ 等，共 12 个方向，常用 $\langle 110\rangle$ 代表 12 个等效方向之一。此时铁电态的点群为 $C_{2\rm v}$-$mm2$。

在情况 (3) 中，可能的电极化为 $[111]$、$[\bar{1}\bar{1}\bar{1}]$ 等共 8 个方向，常用符号 $\langle 111\rangle$ 表示这 8 个方向之一，铁电态的对称群为 $C_{3\rm v}$-$3m$。

钛酸钡中存在 3 个铁电相，但从顺电相 (立方晶系) 过渡到第一铁电相 (四方晶系) 时，它的居里点在 120℃左右，相变不是二级的，自发的电极化也不是连续发生的。而 $\mathrm{KNb}_{1-x}\mathrm{Ta}_x\mathrm{O}_3$ 晶体，实验中立方相到四方相的相变是二级的，从四方相到正交相，从正交相到三方相的相变都是一级的，朗道理论只能预测，可能存在 3 个不同的铁电态，无法预测相变的顺序。

铁电相变时，高温顺电相变到低温铁电相变时，低温相所属的对称点群 G，必然是高温相对称群 G_0 的子群。

群 $C_{\infty\rm v}$-∞mm 可使圆锥体保持不变。它的子群中有 C_1-1、C_2-2、C_3-3、C_4-4、C_6-6、C_s-m、$C_{2\rm v}$-$mm2$、$C_{3\rm v}$-$3m$、$C_{4\rm v}$-$4m$、$C_{6\rm v}$-$6m$ 共 10 个极性点群。它的主轴方向就是发生自发电极化方向。

晶体从高温顺电相变换到低温铁电相时，将失去若干对称元素，成为对称性较低的相。高温相点群可能有若干个同构的子群，这些子群的极性方向，就是铁电态自发极化的方向。以某方向为极性方向时，铁电相点群是该方向的最大子群，即包含对称元素最多的子群。

如果低温铁电体相的任意一个极性方向都有一个和它相反的方向，自发电极化 P_s 的方向可以转动 180°，这种铁电体是可以倒转的铁电体。在高温顺电相的点群中，必有可使此方向倒转的对称元素，如对称反演中心，垂直于主轴的 2 次轴或对称面，平行于主轴的 3 次轴、4 次轴、6 次轴等。

如果顺电相的晶体点群不满足以上条件时，铁电体可以重新取向，但不能倒转。例如，方硼盐，顺电相点群为 $T_{\rm d}$-$43m$，它的铁电体相极化方向可以是 $[\bar{1}\bar{1}\bar{1}]$、$[11\bar{1}]$、$[1\bar{1}1]$、$[\bar{1}11]$ 4 个方向之一，如图 5-5 所示。

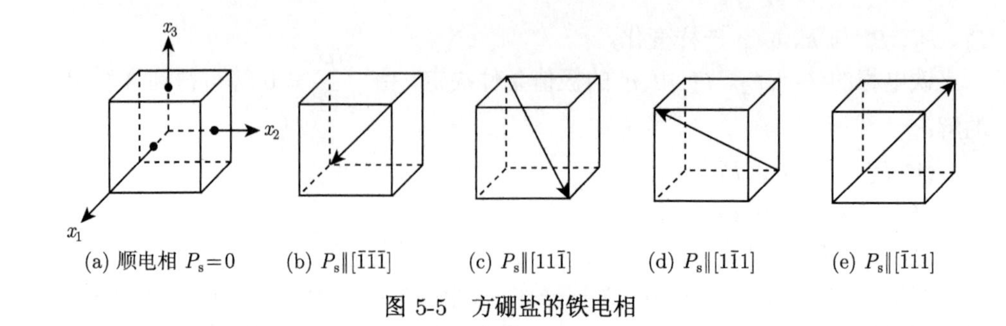

(a) 顺电相 $P_s=0$　(b) $P_s\|[\bar{1}\bar{1}\bar{1}]$　(c) $P_s\|[11\bar{1}]$　(d) $P_s\|[1\bar{1}1]$　(e) $P_s\|[\bar{1}11]$

图 5-5　方硼盐的铁电相

5.4　核物理学中的对称性

5.4.1　基本作用力

自然界的作用力有 4 种不同类型：万有引力、电磁相互作用力、(核) 强相互作用力、弱相互作用力。前两种类型的力，是我们在日常生活中所熟悉的。强相互作用力是维持原子核稳定存在的一种力，原子弹爆炸和原子能反应堆释放出来的巨大能量就是这种力的作用。弱相互作用力则是研究元素衰变过程中遇到的一种力。这里我们只讨论强相互作用力。

原子核是由 Z 个质子和 N 个中子组成的，这些质子和中子由于强相互作用力聚集在半径约 10^{-12}cm 的小范围内。每个质子带的正电荷等于一个电子电荷的绝对值，中子不带电荷。质子和中子的质量非常接近，分别是 938.26MeV 和 939.55MeV (由于爱因斯坦提出了质能公式 $E=mc^2$，物理学家习惯用能量表示质量)。它们的自旋都是 1/2，我们用 p 和 n 来表示质子和中子。

实验研究表明，pp、nn 和 pn 之间的相互作用力，大小非常接近，相差在 1% 的范围内。强相互作用在讨论对象是质子或中子时，没有什么差别。由于质子和中子的相似性，物理学用核子来表示中子或质子。核子数 A 等于中子数与质子数的和 $A=N+Z$。海森伯提出，可把质子和中子看作同一种粒子的两种不同的态，由此提出同位旋的概念。进一步研究表明，哈密顿算符关于质子态、中子态及两种态的混合之间的变换是不变的。

5.4.2　同位旋对称性

强相互作用下核子的对称性常用同位旋来描述。同位旋的数学描述，类似粒子自旋的描述。

核子的两个态：质子态和中子态，可用来定义一个二维向量空间：

$$|\mathrm{p}\rangle=\begin{pmatrix}1\\0\end{pmatrix} \text{ 和 } |\mathrm{n}\rangle=\begin{pmatrix}0\\1\end{pmatrix}. \tag{5-4-1}$$

考虑这个空间所有 2×2 酉群 U_2，任意一个 2×2 埃尔米特矩阵可写成 4 个矩阵的线性组合：

$$
\begin{aligned}
1 &= \begin{pmatrix} 1 & 0 \\ 0 & 1 \end{pmatrix}, \quad \tau_x = \begin{pmatrix} 0 & 1 \\ 1 & 0 \end{pmatrix}, \\
\tau_y &= \begin{pmatrix} 0 & -i \\ i & 0 \end{pmatrix}, \quad \tau_z = \begin{pmatrix} 1 & 0 \\ 0 & -1 \end{pmatrix}.
\end{aligned} \tag{5-4-2}
$$

因此这 4 个矩阵可以取作群 U_2 的无穷小算符矩阵。如果限制酉阵的行列式为 $+1$，那么所得到的群是 SU_2，这是物理学家为了科研发展出的群。这种限制意味着无穷小矩阵的迹必须为零，因此去掉单位矩阵，剩下 3 个矩阵 τ_q，是 SU_2 群无穷小算符矩阵。矩阵 τ_q 和粒子的自旋矩阵只差一个因子 1/2。

如果我们定义同位旋矩阵 $t_q=\dfrac{1}{2}\tau_q$，它就和粒子自旋矩阵 s_q 恒等，它将满足三维旋转群 R_3 的对易关系，有相同的不可约表示，可用符号 $D^{(T)}$ 来标记 SU_2 群的不可约表示。同位旋 T 可取值

$$
T=0,1/2,1,3/2\cdots
$$

我们一般用大写 T 表示一个体系的同位旋，用 m_T 表示一个粒子的同位旋。一个核子的两个态 $|\mathrm{p}\rangle$ 和 $|\mathrm{n}\rangle$ 的同位旋 $T=1/2$。通常我们取 $|\mathrm{p}\rangle$ 的同位旋本征值为 $m_T=1/2$，$|\mathrm{n}\rangle$ 的本征值 $m_T=-1/2$。对应的核子电荷算符 Q

$$
Q=e\left(\frac{1}{2}+t_z\right).
$$

它具有质子电荷为 1，而中子电荷为零的性质：$Q\,|\mathrm{p}\rangle=e\,|\mathrm{p}\rangle\,,Q\,|\mathrm{n}\rangle=0$。

描述 A 个核子的体系，它的向量空间 V_A 的维数为 2^A。V_A 中的酉变换可写成 $U=\prod\limits_{i=1}^{A}U(i)$，对于无穷小算符 T，这个乘积导致一个求和形式：

$$
T=\sum_{i=1}^{A}t(i). \tag{5-4-3}
$$

同位旋可按角动量的方式来耦合。对于一个有 A 个核子的原子核，可求出总同位旋 T，它的值可取 0 到 $1/2^A$ 的任何值。因为强相互作用与电荷无关，所以它不依赖核子的电荷态。因此在每个核子的二维同位旋空间中，它只是一个单位算符。这样，哈密顿算符与 SU_2 群算符对易。哈密顿算符的本征函数，可用同位旋来标记。

对于一个有 Z 个质子和 N 个中子的体系 $(Z+N=A)$，它的总同位旋为

$$
T_q=\sum_{i}m_t(i),\quad q=x,y,z. \tag{5-4-4}
$$

其中，i 取遍所有核子。

因为同位旋表示 $D^{(T)}$ 的维数是 $2T+1$，T 表示的本征值有 $2T+1$ 重简并，$m_T = T, T-1, \cdots, -T$，

$$m_T = \frac{1}{2}(Z-N). \tag{5-4-5}$$

所以同位旋多重态的 $2T+1$ 个分量对应不同的原子核，也就是它们带有不同的 $Z-N$ 值，但它们的核子数 $A=Z+N$ 是相同的。

例 1 举一个最简单的例子，只考虑 2 个核子，我们要做出 $T=1$ 和 $T=0$ 两个态，两个粒子为 i 和 j，有 4 种可能的电荷态

$$\begin{aligned} \psi_1 &= |\mathrm{p}_i\mathrm{p}_j\rangle, \quad \psi_2 = |\mathrm{p}_i\mathrm{n}_j\rangle, \\ \psi_3 &= |\mathrm{n}_i\mathrm{p}_j\rangle, \quad \psi_4 = |\mathrm{n}_i\mathrm{n}_j\rangle, \end{aligned} \tag{5-4-6}$$

它们的 m_T 值分别是 1、0、0、-1。

因 ψ_1 的 $T=1$，$m_T=1$，我们可定义一个降算符 T_-，构造出 $T=1, m_T=0$ 的态。降算符具有性质 $t_-|\mathrm{p}\rangle = |\mathrm{n}\rangle$，$t_-|\mathrm{n}\rangle = 0$。

对于两个粒子：$T_-|\mathrm{p}_i\mathrm{p}_j\rangle = |\mathrm{n}_i\mathrm{p}_j\rangle + |\mathrm{p}_i\mathrm{n}_j\rangle = \psi_2+\psi_3 = 2^{1/2}\psi_2'$。

混合态 ψ_2' 的 $T=1, m_T=0, \psi_1$、ψ_2' 和 ψ_4 形成 $T=1$，m_T 分别为 1、0、-1 的三重简并态。混合态 $\psi_3' = 2^{-1/2}(\psi_2-\psi_3)$ 则是 $T=0, m_T=0$ 的单态。

在原子的电子结构中，根据洪德 (Hund) 定则，基态总是取总自旋 S 最大值的态。在原子核结构中，基态则取总同位旋 T 最小值的态。因为电子之间主要是斥力，而核子之间是吸引力，所以对一个给定的原子核，Z 和 N 是固定的，因而 m_T 也是固定的，因而必有 $T \geqslant |m_T|$，T 的最小值是 $|m_T| = \dfrac{1}{2}|Z-N|$，$T$ 较大值的态以激发态出现。

例 2 同位旋的另一个例子是 $A=13$ 的原子核，稳定的原子核只有 $Z=6, N=7$ 的 ^{13}C，在核反应中，人工产生了 ^{13}N 原子核。核反应还产生了 ^{13}B$(Z=5, N=8)$ 和 ^{13}O$(Z=8, N=5)$，但它们非常不稳定。

从上面的讨论可推知，^{13}C 和 ^{13}N 的 $T=\dfrac{1}{2}, m_T=\mp\dfrac{1}{2}$，而 ^{13}B 和 ^{13}O 的 $T=\dfrac{3}{2}, m_T=\mp\dfrac{3}{2}$。$T=3/2$ 的其余两个态 $m_T=\mp\dfrac{1}{2}$ 对应原子核 ^{13}C 和 ^{13}N 的激发态。这种情况可用图 5-6 来表示。

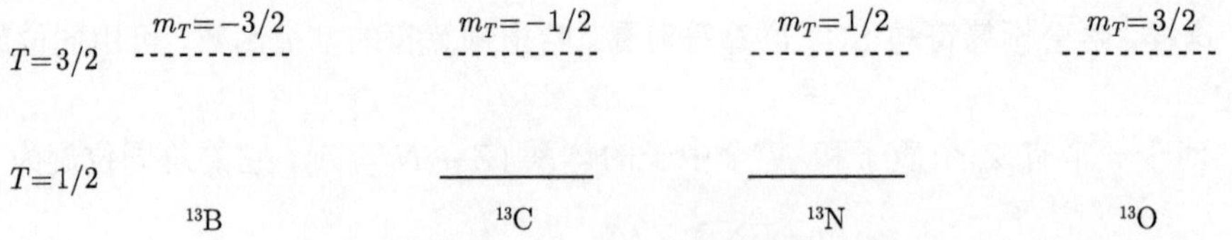

图 5-6 核子数 $A=13$ 的原子核同位旋情况

5.4.3　基本粒子和 SU_3 群

20 世纪 50 年代至 70 年代，随着高能加速器的建立，一个又一个新粒子被发现。更早在 1932 年，中子在天然放射源的 α 粒子束 (能量约 5MeV) 产生的碰撞中发现，以后又在 β 衰变中，以 15min 左右的寿命衰变成质子、电子和反中微子。当质子束的能量超过 300MeV 时，就能在质子与靶的碰撞中产生 π 介子。当能量超过 1000MeV(=1GeV)，会成对地产生 K 介子 …… 随着高能加速器的能量不断提高，新的粒子不断产生，使物理学家十分兴奋，但新粒子的分类与性质又向他们提出了新的挑战。

现代粒子物理学将基本粒子分为 4 类，参与强相互作用的粒子称为强子，不参与强相互作用的粒子称为轻子，传递相互作用的粒子称为规范子，还有一类为研究粒子静止质量引入的希格斯子 (Higgs 因此获 2015 年诺贝尔物理奖)。

规范粒子包括传递电磁作用的光子，传递弱相互作用的中性玻色子 Z^0 和带电玻色子 $W^{\pm}$，还有传递强相互作用的胶子 G，以及促成引力相互作用的引力子。

轻子可分为三代：电子和它的中微子、μ 子和它的中微子、τ 子和它的中微子，这些粒子还有它们的反粒子，因此轻子共有 12 种。

参与核内部强相互作用的粒子称为强子。强子包括重子和介子，见表 5-6 和表 5-7。除质子、中子外，还有 Δ、Λ、Σ 粒子。Δ 粒子有 4 种，分别带电荷 2、1、0 和

表 5-6　基本粒子重子的性质

粒子	质量/MeV	自旋	电荷	同位旋 T	m_T	超荷 Y	平均寿命/s
p	938.28	1/2	1	1/2	1/2	1	∞
n	939.57	1/2	0	1/2	−1/2	1	1.0×10^{3}
Λ	1115.6	1/2	0	0	0	0	2.5×10^{-10}
Σ^+	1189.4	1/2	1	1	1	0	0.8×10^{-10}
Σ^0	1192.5	1/2	0	1	0	0	10^{-14}
Σ^-	1197.4	1/2	−1	1	−1	0	1.7×10^{-10}
Ξ^0	1315	1/2	0	1/2	1/2	−1	2.9×10^{-10}
Ξ^-	1321	1/2	−1	1/2	−1/2	−1	1.7×10^{-10}
Δ^{2+}	1232	3/2	2	3/2	3/2	1	5.0×10^{-24}
Δ^+		3/2	1	3/2	1/2	1	
Δ^0		3/2	0	3/2	−1/2	1	
Δ^-		3/2	−1	3/2	−3/2	1	
Σ^{+*}	1385	3/2	1	1	1	0	1.0×10^{-23}
Σ^{0*}		3/2	0	1	0	0	
Σ^{-*}		3/2	−1	1	−1	0	
Ξ^{0*}	1532	3/2	0	1/2	1/2	−1	1.0×10^{-22}
Ξ^{-*}	1535	3/2	−1	1/2	−1/2	−1	1.0×10^{-22}
Ω^-	1672	3/2	−1	0	0	−2	1.1×10^{-10}

表 5-7　基本粒子介子的性质

粒子	质量/MeV	自旋	电荷	同位旋 T	m_T	超荷 Y	平均寿命/s
π^+	139.6	0	1	1	1	0	2.6×10^{-8}
π^0	135.0	0	0	1	0	0	0.9×10^{-16}
η^0	549	0	0	0	0	0	3×10^{-19}
K^+	493.7	0	1	1/2	1/2	1	1.2×10^{-8}
K^-	493.7	0	−1	1/2	−1/2	−1	1.2×10^{-8}
K^0	497.7	0	0	1/2	−1/2	1	0.9×10^{-10}
$\bar{K}^0$	497.7	0	0	1/2	1/2	−1	5.3×10^{-8}
π^-	139.6	0	−1	1	−1	0	2.6×10^{-8}

-1，Σ 粒子有 3 种，分别带 ±1 和 0 电荷，Λ 粒子只有一种，不带电荷。强子中的重子为费米子，服从费米–狄拉克统计。强子还包括介子，如 π 介子、K 介子等，η 介子有 3 种，分别带电荷 1、0 和 -1，K 介子有 4 种，分别带电荷 1、-1、0、0，η 介子只有一种不带电荷。它们属于玻色子，服从玻色–爱因斯坦统计。许多实验表明，强子内部还有结构。

物理学家寻找更高的对称群来描述基本粒子。U_3 群定义为 3×3 酉阵的全体，酉条件意味着矩阵有 9 个约束条件，只能是 9 个实数，调整一个相因子使矩阵行列式 $\det U=1$，就得到SU_3 子群，子群只有 8 个实参数，对应无穷小算符 X_n 是埃尔米特的，且迹为 0:

$$
X_1=-\frac{1}{2}\begin{pmatrix}0&i&0\\i&0&0\\0&0&0\end{pmatrix},\quad X_2=-\frac{1}{2}\begin{pmatrix}0&1&0\\-1&0&0\\0&0&0\end{pmatrix},\quad X_3=-\frac{1}{2}\begin{pmatrix}i&0&0\\0&-i&0\\0&0&0\end{pmatrix},
$$

$$
X_4=-\frac{1}{2}\begin{pmatrix}0&0&i\\0&0&0\\i&0&0\end{pmatrix},\quad X_5=-\frac{1}{2}\begin{pmatrix}0&0&1\\0&0&0\\-1&0&0\end{pmatrix},\quad X_6=-\frac{1}{2}\begin{pmatrix}0&0&0\\0&0&i\\0&i&0\end{pmatrix},
$$

$$
X_7=-\frac{1}{2}\begin{pmatrix}0&0&0\\0&0&1\\0&-1&0\end{pmatrix},\quad X_8=-\begin{pmatrix}i&0&0\\0&i&0\\0&0&-2i\end{pmatrix}. \tag{5-4-7}
$$

SU_3 的子群SU_2，可在SU_3 定义的三维空间中任取一个二维子空间构成，如算符 X_1、X_2 和 X_3 就是一个子群，X_4、X_5 和 $1/2(X_3+1/2X_8)$，以及 X_6、X_7 和 $1/2(1/2X_8-X_3)$ 都各是一个子群。

我们引进升降算符来代替 X_n:

$$\begin{aligned}&T_+ = i(X_1+iX_2), \quad T- = i(X_1-iX_2)\\&U_+ = i(X_6+iX_7), \quad U- = i(X_6-iX_7)\\&V_+ = i(X_4+iX_5), \quad V- = i(X_4-iX_5)\\&T_z = iX_3, \qquad\qquad Y = 1/3iX_8\end{aligned} \tag{5-4-8}$$

我们把这三个 SU_2 子群称作 T 旋、U 旋和 V 旋，它们间存在对易关系。用 $D^{(j)}$ 来表示不可约表示，j 取 m 的最大值，则有 $2j+1$ 个基向量，

$$m = j, j-1, \cdots, -j, \quad j = 0, 1/2, 1, 3/2, \cdots$$

物理学家假定，所有强相互作用粒子应给予一个量子数 Y，称超荷，且在强相互作用中保持不变。同时还有一等价的量子数 —— 奇异数 S，与超荷的关系是 $Y = S + B$。其中 B 为重子数。每个重子 $B = +1$，每个介子 $B = 0$，反重子 $B = -1$。在任何反应中，超荷数、重子数守恒 (与电荷守恒相同)。

物理上，把 T 旋 SU_2 群与同位旋联系，把 SU_3 群与奇异数 S(或超荷 Y) 联系起来。

图 5-7 以同位旋 m_T 为横坐标，超荷 Y 为纵坐标，不可约表示 $D^{(10)}$ 的图形是倒三角形，包含三种状态: $m_T = \pm 1/2$、$Y = 1/3$，$m_T = 0$、$Y = -2/3$。复共轭的 $D^{(01)}$ 图为正三角形，则是 $m_T = 0$、$Y = 2/3$ 和 $m_T = \pm 1/2$、$Y = -1/3$ 三种状态 (可用它们来表示三种夸克)。

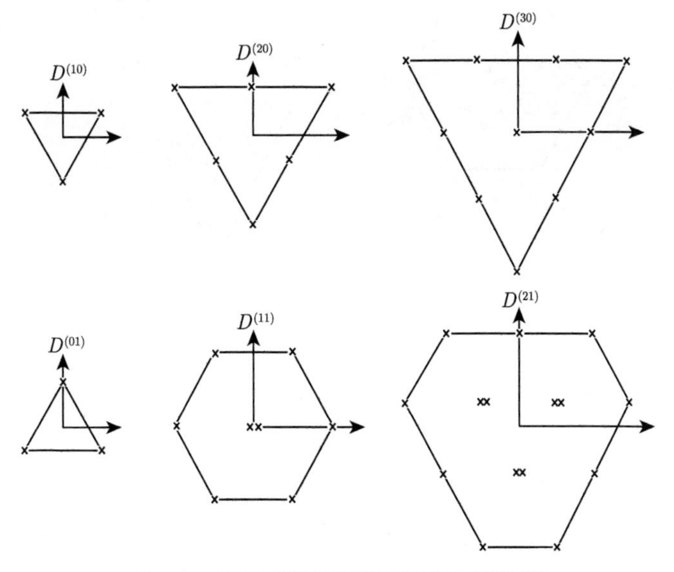

图 5-7　SU_3 群的不可约表示的平面权图

表 5-8 中前八个重子自旋都是 1/2，它们正好是SU_3 群不可约表示 $D^{(11)}$ 基向量的标志，第一种状态是 $m_T=\pm1/2$、$Y=1$，第二种状态是 $m_T=1,0,-1$、$Y=0$，第三种状态是 $m_T=\pm1/2$、$Y=-1$。图 5-7 列出的介子情形也可用SU_3 群的不可约表示 $D^{(11)}$ 表达。

表 5-8　6 种夸克与反夸克的量子数

夸克	T	m_T	S	B	J	Q	反夸克	T	m_T	S	B	J	Q
u	1/2	1/2	0	1/3	1/2	2/3	$\bar{u}$	1/2	1/2	0	−1/3	1/2	−2/3
d	1/2	−1/2	0	1/3	1/2	−1/3	$\bar{d}$	1/2	−1/2	0	−1/3	1/2	1/3
s	0	0	−1	1/3	1/2	−1/3	$\bar{s}$	0	0	1	−1/3	1/2	1/3
c	0	0	0	1/3	1/2	2/3	$\bar{c}$	0	0	0	−1/3	1/2	−2/3
t	0	0	0	1/3	1/2	2/3	$\bar{t}$	0	0	0	−1/3	1/2	−2/3
b	0	0	0	1/3	1/2	−1/3	$\bar{b}$	0	0	0	−1/3	1/2	1/3

理论物理学家在讨论已发现的九个重子时，盖尔曼觉得这些重子符合 $D^{(30)}$ 不可约表示 (参见表 5-6)。再观察图 5-8，左上图和右上图分别为重子的八重态和十重态，左下图为介子的八重态。右上图中四种Δ粒子：$Y=1$、$m_T=3/2, 1/2, -1/2, -3/2$；三种Σ粒子 $Y=0$、$m_\mathrm{T}=1, 0, -1$；两种 Ξ 粒子 $Y=-1$、$m_T=\pm1/2$。但还缺一个重子，因为是最后一个，用希腊字母最后一个字母Ω命名它，并预言它带一价负电，$Y=-2$、$m_\mathrm{T}=0$。几年后，实验物理学家果然找到这个粒子，性质完全符合，盖尔曼因此获 1969 年诺贝尔物理学奖。

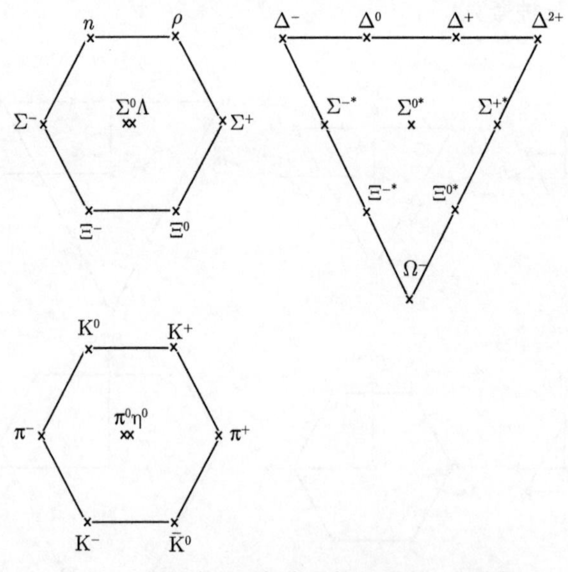

图 5-8　强子中重子与介子的八重态、十重态

5.4.4　粒子的多重态

1963 年盖尔曼提出，强子还有内部结构，重子由三个基本粒子组成，反重子也由三个反粒子组成，而介子由两个这样的基本粒子组成。他称这样的基本粒子为“夸克”，三种夸克分别为上 (u) 夸克、下 (d) 夸克和奇 (s) 夸克。u 夸克带电荷 2/3，d 夸克带电荷 −1/3。一个质子由两个上夸克与一个下夸克组成，总电荷为 $(2/3)+(2/3)+(-1/3)=1$；一个中子带一个上夸克和两个下夸克，总电荷为 $(2/3)+2(-1/3)=0$。

s 夸克因组成奇异粒子而得名。s 夸克带电荷 −1/3，奇异数为 −1；s 反夸克则相反。K^+ 介子含有一个 u 夸克和一个 s 反夸克，电荷为 $[(2/3)+(1/3)]=1$；K^- 介子由一个 u 反夸克和一个 s 夸克组成，电荷为 $[(-2/3)+(-1/3)]=-1$，奇异数为 −1。

一个Λ粒子 (中性超子) 由一个 u 夸克、一个 d 夸克和一个 s 夸克组成，电荷为 $[(2/3)+(-1/3)+(-1/3)]=0$，总电荷为 0。一个 Ω^- 粒子由 3 个 s 夸克组成，电荷为 −1。Λ 粒子和 Ω^- 粒子均为奇异粒子。强子都是由夸克组成，任何组合产生的总电荷只能是 0、+1、−1。

进一步研究表明，夸克还有粲夸克 (c)、顶夸克 (t) 和底夸克 (b)，与前面 3 种夸克合起来分成 3 种味道 (为了区别提出的通俗称呼)：第一种为 u 夸克 (+2/3)、d 夸克 (−1/3)，第二种为 c 夸克 (+2/3)、s 夸克 (−1/3)，第三种为 t 夸克 (+2/3) 和 b 夸克 (−1/3)。还有 6 种反夸克，共有 12 种。

对称性始终伴随着基本粒子的研究。首先产生 SU_2 群，后来发展为 SU_3 群，再进一步发展为 SU_4 群。近年的研究发现，夸克还有不同的种类，物理学家在夸克分味道的基础上，又为夸克命名了不同的颜色，将夸克分为红、绿、蓝 3 种颜色，这样总共有 36 种色夸克，研究夸克的理论被称为量子色动力学。

重子由 3 个夸克组成，夸克是费米子，按费米–狄拉克统计，它们的波函数对置换必须是反对称。设重子轨道角动量为零，总波函数是颜色、味道和自旋 3 部分波函数的乘积，3 夸克组成 3 阶张量，按杨图不可约表示外积可得

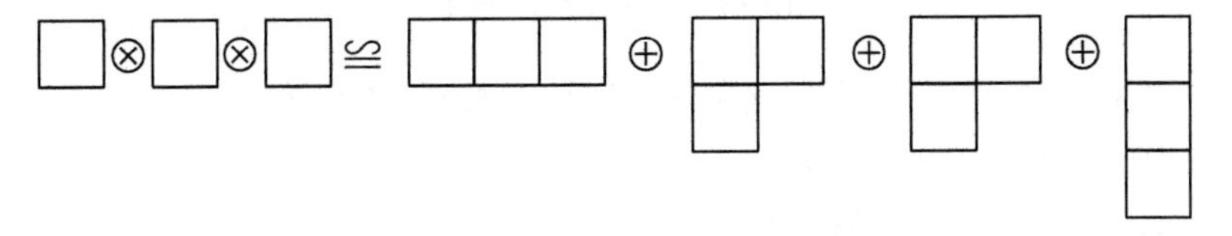

$$[1]\otimes[1]\otimes[1]\cong[3]\oplus[2,1]\oplus[2,1]\oplus[1^3]$$

为了构成无色态，颜色波函数必须处于色单态，对应杨图 $[1^3]$，在置换中是反对称态，这就决定了味道与自旋波函数的乘积必须是对称态。味道波函数有 3 种可能选择，味道 SU_3 的 [3] 表示是十重态，为对称态 (图 5-9)；[2, 1] 是八重态 (图

5-8)，为混合对称态；[1^3] 是单态，在置换中是反对称。这样，自旋波函数只有两种可能选择，[3] 是四重态，自旋为 3/2，置换中是对称态；[2，1] 表示是二重态，自旋为 1/2，两个二重态构成混合对称态。

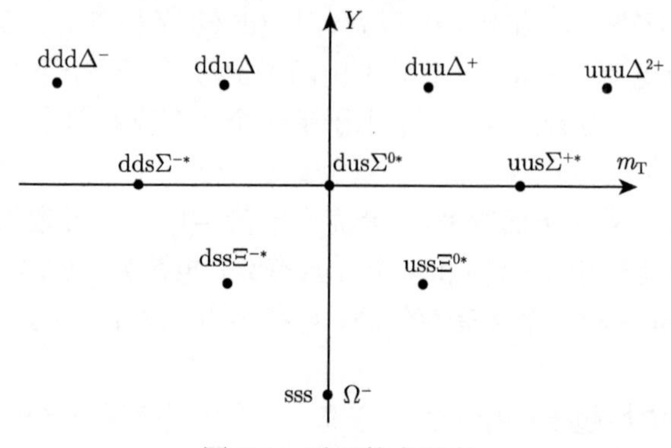

图 5-9　重子的十重态

为了得到置换中的对称态，味道十重态必须配上自旋四重态 ($S = 3/2$)，味道八重态必须配上自旋二重态 ($S = 1/2$)，这就说明了为什么重子有十重态与八重态 (图 5-10)。

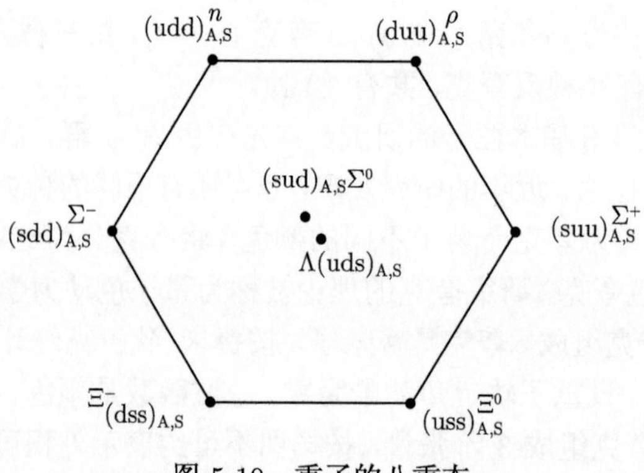

图 5-10　重子的八重态

人们观察到强子按SU_3 群的不可约表示 (多重态) 来分类，同一不可约表示 (多重态) 的粒子具有相似的性质。

SU_3 群十重态的波函数可写为

uuu, ddd, sss，

$1/\sqrt{3}(\mathrm{ddu} + \mathrm{udd} + \mathrm{dud}) = (\mathrm{ddu}), \quad 1/\sqrt{3}(\mathrm{uud} + \mathrm{duu} + \mathrm{udu}) = (\mathrm{duu})$，

$1/\sqrt{6}(\mathrm{dsu} + \mathrm{usd} + \mathrm{sud} + \mathrm{sdu} + \mathrm{dus} + \mathrm{usd}) \equiv (\mathrm{usd})$，

$1/\sqrt{3}(\mathrm{dds} + \mathrm{sdd} + \mathrm{dsd}) \equiv (\mathrm{dds}), \quad 1/\sqrt{3}(\mathrm{uus} + \mathrm{suu} + \mathrm{usu}) \equiv (\mathrm{uus})$，

$1/\sqrt{3}(\mathrm{dss}+\mathrm{ssd}+\mathrm{sds}) \equiv (\mathrm{dss}), \quad 1/\sqrt{3}(\mathrm{uss}+\mathrm{ssu}+\mathrm{sus}) \equiv (\mathrm{uss}).$

夸克的重子数 $B=1$，电荷 $Q=m_T+Y/2$，夸克的电荷为 $1/3e$ 的整数倍。对于重子 $(B=1)$，最简单的应是由三种味道、三个颜色的三个夸克的组成。在 SU_3 群，三个三维不可约表示的外积形成的可约表示，可分解为一个十维、两个八维和一个一维的表示，它的物理含义即三个不同种类、不同颜色、不同味道的夸克可形成一组十维的重子、一组八维的重子、一组八维的介子和一个一维的粒子。

$$3\otimes 3\otimes 3=10\oplus 8\oplus 8\oplus 1$$

对于介子 $(B=0)$，最简单组成由一个夸克和一个反夸克形成, 它们构成 SU_3 群的单态和八重态：$3\otimes\bar{3}=8\oplus 1$。

表 5-7 中的 10 种介子处于图 5-11 中间一层、粲数 $C=0$ 的平面内，上面一层是一组由 c 夸克与 $\bar{\mathrm{u}}$、$\bar{\mathrm{d}}$ 或 $\bar{\mathrm{s}}$ 反夸克构成的 $C=1$ 的三种 D 介子，下面一层是 $C=-1$ 的三种 $\bar{\mathrm{D}}$ 介子，由反夸克 $\bar{\mathrm{c}}$ 与 u、d 或 s 夸克组成。图 5-11(a) 为自旋为 0 的单态，图 5-11(b) 为自旋为 1 的三重态。

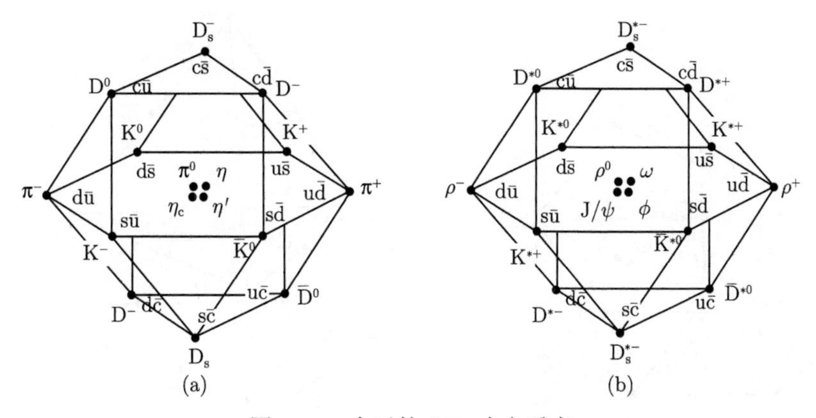

图 5-11　介子的 SU_4 十六重态

目前高能加速器产生的粒子，除了 SU_3 群覆盖的重子和介子外，还产生了包含一个重味夸克的重子和介子，把夸克扩展为包含自旋、同位旋 T、奇异数 S 和粲数 C 量子数的三维空间。

现有四种夸克和四种反夸克，每一种夸克与一种反夸克可以构成一种介子，物理学家发展了 SU_4 群来表示

$$4\otimes\bar{4}=1\oplus 15, \quad 15=3\oplus 8\oplus 1\oplus\bar{3}.$$

一个 SU_4 群的单态和十五重态，十五重态包含 SU_3 群的单态和八重态。

按 SU_4 群的表示，从四个基矢中选三个，可构成一个四维与三个二十维的不可约表示，其中不带撇的二十维表示交换与自旋都是对称的，带撇的二十维表示部

分对称、部分反对称。

$$4\otimes 4\otimes 4=4\oplus 20\oplus 20'\oplus 20'.$$

这些重子态粒子符号为 N、Δ、Λ、Σ、Ξ、Ω，按同位旋划分：

(1) 组成为普通夸克 (u、d)，$T=1/2$ 为 N(核子)，$T=3/2$ 为 Δ 粒子；

(2) 组成中有两个普通夸克和 s、c、b 或 t 夸克中的一个，$T=0$ 为 Λ 粒子，$T=1$ 为 Σ 粒子；

(3) 组成中有一个普通夸克和其他夸克重子为 Ξ，并将其他夸克标在右下角，如 Ξ_{cc}^{+}；

(4) 组成中没有 u、d 夸克的为 $\Omega(T=0)$。

图 5-12(b) 最下层 $C=0$，是 SU_3 群构成的重子十重态三角形，三个顶点以 uuu、ddd、sss 三种同夸克构成；第二层是 $C=1$ 的六重态 (由一个 c 夸克与其他夸克组成)；第三层是 $C=2$ 的三重态 (两个 c 夸克参与)；最高层由三个 c 夸克组成的 Ω^{++} 单态，$C=3$。

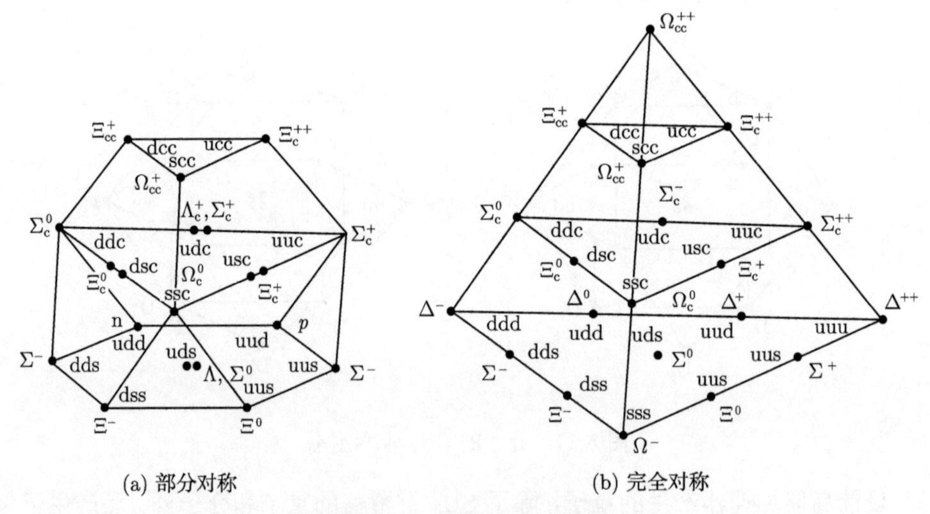

(a) 部分对称　　(b) 完全对称

图 5-12　重子的二十重态

读者若想了解粒子研究的最新进展，可查阅最近国际物理杂志。

参考文献

陈刚, 廖理几, 郝伟. 2007. 晶体物理学基础. 第二版. 北京: 科学出版社.

马中骐. 2006. 物理学中的群论. 第二版. 北京: 科学出版社.

钱逸泰. 2005. 结晶化学导论. 合肥: 中国科技大学出版社.

许咨宗. 2009. 核与粒子物理导论. 合肥: 中国科技大学出版社.

Asimov I. 2000. 亚原子世界探秘. 朱子延, 朱佳瑜译. 上海: 科技教育出版社.

Elliott J P, Dawber P G. 1986. 物理学中的对称性 (第一卷). 仝道荣, 阮图南译. 北京: 科学出版社.

Vainshtein B K. 2011. 晶体学基础对称性和结构晶体学方法. 吴自勤, 孙霞译. 合肥: 中国科学技术大学出版社.

习　题　5

5-1　写出下列晶体点群的国际符号：C_{2v}^3、D_{2h}^5、T^2、O_h^4、D_{3d}^3、S_4^1。

5-2　写出下列国际符号表示的空间群对应的晶体点群：

$$23, m3m, 422, P\bar{4}2_1m, Pmm2.$$

5-3　下图立方体上的线条图案构成立方体群的什么子群? (立方体相对两面图案都一样)

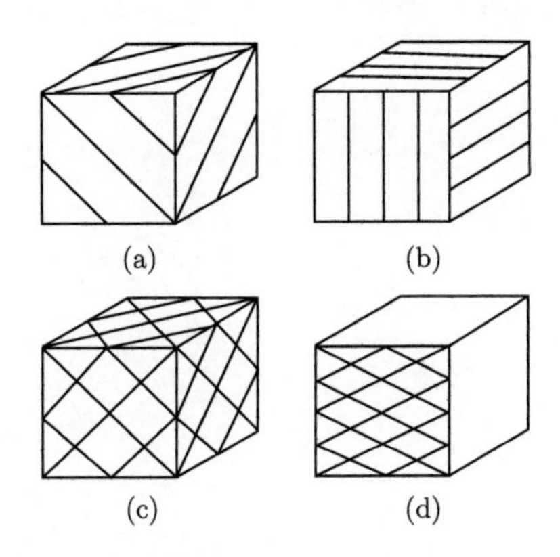

(a)　(b)　(c)　(d)

5-4　画出下列空间群的等效点系的位置图

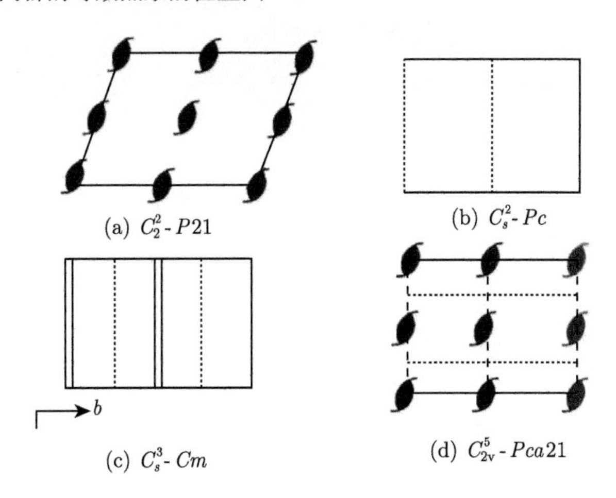

(a) C_2^2- $P21$　(b) C_s^2- Pc　(c) C_s^3- Cm　(d) C_{2v}^5 - $Pca21$

5-5 利用同位旋论述，说明原子核 $^{18}\mathrm{O}(Z=8)$、$^{18}\mathrm{F}(Z=9)$ 和 $^{18}\mathrm{Ne}(Z=10)$ 的哪些能级有关?

5-6 假定在反应 $^{16}\mathrm{O}+^{2}\mathrm{H}\longrightarrow^{19}\mathrm{F}$ 中同位旋守恒，且 $^{16}\mathrm{O}$ 位于基态，$^{2}\mathrm{H}$ 得同位旋 $T=0$，求 $^{18}\mathrm{F}$ 的同位旋。

5-7 由普通夸克 (u、d) 组成的重子，同位旋 $T=0\sim 3/2$，可组成什么粒子? 讨论同位旋的多重度。

5-8 由 u、d 夸克组成的介子，当轨道角动量 $L=0,1,2$ 时，预言构成介子的可能值。

5-9 说出构造 Σ^{+} 粒子和 Λ 粒子的夸克波函数 (只限自旋为 1/2 的态)。

5-10 证明三个算符 X_6、X_7 和 $1/2(-X_3+X_8)$ 生成 SU_3 群的一个 SU_2 子群 (U 旋)，并证明埃尔米特算符 $Q=i(X_3+1/6X_8)$ 与它们对易。

第 6 章　分子轨道理论中的应用

本章介绍如何使用群的投影算符获得对称性匹配分子轨道、原子的杂化轨道；介绍张乾二课题组应用群论方法提出的先定系数法，该法可同时获得分子轨道系数与能量，并用群重叠法判断轨道成键性质；介绍福井谦一的前线轨道与霍夫曼的轨道对称守恒原理，并应用这些原理讨论化学反应的进行条件。

6.1　对称性匹配轨道的构造

本节先介绍用投影算符构造对称性匹配的分子轨道，然后通过讨论分子轨道对称性，对可约表示及庞大的能量矩阵元进行约化。

6.1.1　投影算符构造环丁二烯 π 电子对称轨道

以环丁二烯为例，说明如何用投影算符构造对称性匹配的分子轨道。环丁二烯属 $D_{4\mathrm{h}}$ 对称性，现取其子群 D_4(可简化计算过程)，表 6-1 为其特征标表。环丁二烯的四个碳原子构成四边形平面骨架，除了形成 σ 键以外，还形成共轭 π 键。四个 p 轨道垂直于分子平面，在群 D_4 作用下，构成可约表示 Γ。对于不动操作 E，$\Gamma=4$；对 C_4 旋转轴，四个 p 轨道均移动，$\Gamma=0$；对垂直于主轴的两组 C_2 轴，一组经过 p 轨道，$\Gamma=-2$，一组未经过，$\Gamma=0$。

表 6-1　D_4 群特征标表

D_4	E	$2C_4$	C_2	$2C_2'$	$2C_2''$
A_1	1	1	1	1	1
A_2	1	1	1	−1	−1
B_1	1	−1	1	1	−1
B_2	1	−1	1	−1	1
E	2	0	−2	0	0
Γ	4	0	0	0	−2

$$a_i=\frac{1}{g}\sum_R \Gamma(R)\chi_i(R). \tag{6-1-1}$$

假设各个不可约表示在 Γ 中出现的次数分别为 a_i，运用式 (6-1-1) 可得 A_2、B_1、E 表示各出现一次，即可约表示 Γ 可约化为 A_2、B_1 和 E 三个不可约表示的直和：

$$\Gamma=A_2\oplus B_1\oplus E.$$

然后应用投影算符获得对称性匹配的分子轨道，先投影 A_2 不可约表示，即各特征标乘以该对称操作作用在 ϕ_1 轨道上

$$\begin{aligned}\hat{P}^A\phi_1 &= \frac{1}{8}\sum_R \chi(R)^A \hat{R}\phi_1 \\ &= \frac{1}{8}[1\times\hat{E}\phi_1 + 2\times\hat{C}_4\phi_1 + 1\times\hat{C}_2\phi_1 + 2(-1)\times\hat{C}_2'\phi_1 + 2(-1)\times\hat{C}_2''\phi_1].\end{aligned}$$

归一化后

$$\psi_1(A_2) = \frac{1}{2}(\phi_1+\phi_2+\phi_3+\phi_4).$$

注意：投影算符应用要遍及每一个对称操作，如两个 C_4，分别为 C_4^1、C_4^3，在投影过程中要注意这些区别，投影得到的分子轨道还需归一化。

$$\begin{aligned}\hat{P}^B\phi_1 &= \frac{1}{8}\sum_R \chi(R)^B \hat{R}\phi_1 \\ &= \frac{1}{8}[1\times\hat{E}\phi_1 + 2(-1)\times\hat{C}_4\phi_1 + 1\times\hat{C}_2\phi_1 + 2\times\hat{C}_2'\phi_1 + 2(-1)\times\hat{C}_2''\phi_1].\end{aligned}$$

归一化后

$$\psi_2(B_1) = \frac{1}{2}(\phi_1-\phi_2+\phi_3-\phi_4).$$

当投影算符 (E) 作用在原子轨道 ϕ_1

$$\psi(E_1) = \frac{1}{\sqrt{2}}(\phi_1-\phi_3).$$

该不可约表示对应两个能量简并的分子轨道，另一轨道可用正交获得

$$\psi(E_2) = \frac{1}{\sqrt{2}}(\phi_2-\phi_4).$$

6.1.2 休克尔的 4n+2 规则

我们对体系 C_4H_4、C_6H_6 和 C_8H_8 所得到的结果，可以推出一个关于 $(CH)_n$ 型平面碳环体系的芳香性规则。这个规则由休克尔首次发现，现已众所周知：具有 $4n+2$ 个 π 电子的环状分子，具有体系稳定、类似苯的化学性质。

分子轨道理论中，π 分子轨道 ψ 可表达为 pπ 原子轨道φ的线性组合：

$$\psi^{(m)} = \frac{1}{\sqrt{n}}\sum_{k=0}^{n-1}\omega^{km}\varphi_k. \tag{6-1-2}$$

其中，组合系数为 $\omega = \mathrm{e}^{\frac{2m\pi}{n}\mathrm{i}}$。

它们的能量矩阵元为

$$\left\langle \psi^{(m)}\right| H \left|\psi^{(m)}\right\rangle = \frac{1}{n}\sum_{k,k'}\omega^{-km+k'm}\left\langle\varphi_k\right| H \left|\varphi_{k'}\right\rangle.$$

根据休克尔近似，相同原子库仑积分为 α，相邻原子交换积分为 β，即 $k-k'=\pm1$。

$$\begin{aligned}\left\langle\psi^{(m)}\middle|H\middle|\psi^{(m)}\right\rangle&=\frac{1}{n}\sum_{k,k'}\omega^{-km+k'm}\left\langle\varphi_k\right|H\left|\varphi_k\right\rangle\\&=\frac{1}{n}\left(n\alpha+2n\cos\frac{2m\pi}{n}\beta\right)\\&=\alpha+2\beta\cos\frac{2m\pi}{n}.\end{aligned}$$

$$2\left|m\right|/n<\frac{1}{2},\quad\left|m\right|=0,1,\cdots,<\frac{n}{4},\quad4\left|m\right|<n.$$

$$n=5,6,7,\quad m=0,\pm1;\quad n=8,\quad m=0,\pm1,\pm2.$$

6.1.3　四次甲基环丁烷

四次甲基环丁烷 (可约表示约化) 分子如图 6-1 所示。这个分子是平面型分子，对称点群为 $D_{4\mathrm{h}}$，用 pπ 轨道做基函数，得到可约表示如下：

$D_{4\mathrm{h}}$	E	$2C_4$	C_2	$2C_2'$	$2C_2''$	i	$2S_4$	σ_h	$2\sigma_\mathrm{v}$	$2\sigma_\mathrm{d}$
Γ	8	0	0	0	−4	0	0	−8	0	4

约化为不可约表示的直和：

$$\Gamma=2A_{2\mathrm{u}}\oplus2B_{1\mathrm{u}}\oplus2E_\mathrm{g}.$$

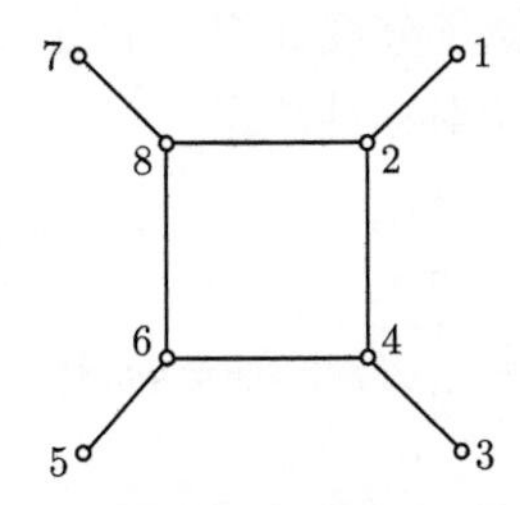

图 6-1　四次甲基环丁烷分子示意图

我们发现这个分子有一个特殊的对称情况，即内环四个偶序数 C 原子与外围四个奇序数 C 原子组成的两套原子，各自都满足 $D_{4\mathrm{h}}$ 对称性，即每一组都有一套表示

$$\Gamma_1=A_{2\mathrm{u}}\oplus B_{1\mathrm{u}}\oplus E_\mathrm{g}.$$

我们可以把某个不可约表示轨道写成内外轨道组合

$$\begin{aligned}\psi_{A_{2\mathrm{u}}}=&N_1(c_1\varphi_1+c_3\varphi_3+c_5\varphi_5+c_7\varphi_7)\\&+N_2(c_2\varphi_2+c_4\varphi_4+c_6\varphi_6+c_8\varphi_8).\end{aligned}$$

该体系还可用图形方法简化，参看 6.2 节。

6.1.4 萘分子

萘分子 (能量矩阵元约化) 属 $D_{2\text{h}}$ 点群，如图 6-2 所示，有 10 个 pπ 轨道，能量矩阵为 10×10 矩阵，我们也可用它的子群 $C_{2\text{v}}$ 来处理，可约表示向不可约表示约化得表 6-2。

表 6-2　$C_{2\text{v}}$ 群特征标表

$C_{2\text{v}}$	E	C_2	σ_v	σ'_v	
A_1	1	1	1	1	S_xS_y
A_2	1	1	−1	−1	A_xA_y
B_1	1	−1	1	−1	S_xA_y
B_2	1	−1	−1	1	A_xS_y
Γ	10	0	0	2	$3A_1+2A_2+2B_1+3B_2$

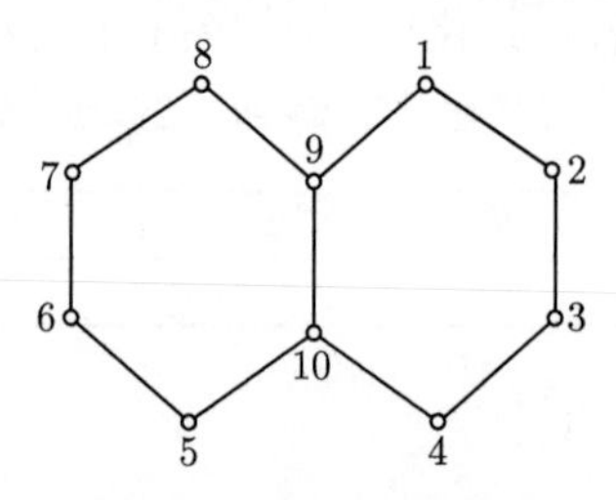

图 6-2　萘分子示意图

根据对称性可将 10 个 C 原子分成 3 组：(1、4、5、8)、(2、3、6、7) 和 (9、10)，然后用投影算符得到 A_1 的 3 个对称性轨道：

$$\psi_1=\frac{1}{2}(\phi_1+\phi_4+\phi_5+\phi_8),$$

$$\psi_2=\frac{1}{2}(\phi_2+\phi_3+\phi_6+\phi_7),$$

$$\psi_3=\frac{1}{\sqrt{2}}(\phi_9+\phi_{10}).$$

$$\langle\psi_1|H|\psi_1\rangle=\frac{1}{4}\langle\phi_1+\phi_4+\phi_5+\phi_8|\hat{H}|\phi_1+\phi_4+\phi_5+\phi_8\rangle=\frac{1}{4}\cdot 4\alpha=\alpha.$$

$$\langle\psi_2|H|\psi_2\rangle=\frac{1}{4}\langle\phi_2+\phi_3+\phi_6+\phi_7|\hat{H}|\phi_2+\phi_3+\phi_6+\phi_7\rangle=\alpha+\beta=\beta.$$

$$\langle\psi_3|H|\psi_3\rangle=\frac{1}{2}\langle\phi_9+\phi_{10}|\hat{H}|\phi_9+\phi_{10}\rangle=\alpha+\beta.$$

$$\langle\psi_1|H|\psi_2\rangle=\frac{1}{4}\langle\phi_1+\phi_4+\phi_5+\phi_8|\hat{H}|\phi_2+\phi_3+\phi_6+\phi_7\rangle=\frac{1}{4}\cdot 4\beta=\beta.$$

$$\langle\psi_1|H|\psi_3\rangle=\frac{1}{2\sqrt{2}}\langle\phi_1+\phi_4+\phi_5+\phi_8|\hat{H}|\phi_9+\phi_{10}\rangle=\frac{1}{2\sqrt{2}}\cdot 4\beta=\sqrt{2}\beta.$$

$$\langle\psi_2|H|\psi_3\rangle=0.$$

相同不可约表示轨道基组成下列久期行列式:

$$\begin{vmatrix} \alpha-E & \beta & \sqrt{2}\beta \\ \beta & \alpha+\beta-E & 0 \\ \sqrt{2}\beta & 0 & \alpha+\beta-E \end{vmatrix}=0.$$

$$E_1=\alpha+\beta,\quad E_{2,3}=\alpha+\frac{1\pm\sqrt{13}}{2}\beta.$$

再将能量代回久期方程, 可获得 A_1 表示 3 个对称匹配轨道组成的分子轨道的系数:

$$\psi_{A1}^{(1)}=0.301(\varphi_1+\varphi_4+\varphi_5+\varphi_8)+0.231(\varphi_2+\varphi_3+\varphi_6+\varphi_7)+0.461(\varphi_9+\varphi_{10}).$$

$$\psi_{A1}^{(2)}=0.408(\varphi_2+\varphi_3+\varphi_6+\varphi_7)-0.408(\varphi_9+\varphi_{10}).$$

$$\psi_{A1}^{(3)}=0.400(\varphi_1+\varphi_4+\varphi_5+\varphi_8)-0.174(\varphi_2+\varphi_3+\varphi_6+\varphi_7)-0.347(\varphi_9+\varphi_{10}).$$

应用投影算符, 可得 A_2 的两个对称性轨道为

$$\psi_4=\frac{1}{2}(\phi_1-\phi_4+\phi_5-\phi_8).$$

$$\psi_5=\frac{1}{2}(\phi_2-\phi_3+\phi_6-\phi_7).$$

$$\langle\psi_4|\,H\,|\psi_4\rangle=\frac{1}{4}\langle\phi_1-\phi_4+\phi_5-\phi_8|\hat{H}|\phi_1-\phi_4+\phi_5-\phi_8\rangle=\frac{1}{4}\cdot4\alpha=\alpha.$$

$$\langle\psi_4|\,H\,|\psi_5\rangle=\frac{1}{4}\langle\phi_1-\phi_4+\phi_5-\phi_8|\hat{H}|\phi_2-\phi_3+\phi_6-\phi_7\rangle=\frac{1}{4}\cdot4\beta.$$

$$\langle\psi_5|\,H\,|\psi_5\rangle=\frac{1}{4}\langle\phi_2-\phi_3+\phi_6-\phi_7|\hat{H}|\phi_2-\phi_3+\phi_6-\phi_7\rangle=\frac{1}{4}\cdot(4\alpha+4\beta)=\alpha-\beta.$$

$$\begin{vmatrix} \alpha-E & \beta \\ \beta & \alpha-\beta-E \end{vmatrix}=0\,,\quad (\alpha-E)^2-(\alpha-E)\beta-\beta^2=0.$$

$$\alpha-E=\frac{1\pm\sqrt{5}}{2}\beta,\quad E_{4,5}=\alpha-\frac{1\pm\sqrt{5}}{2}\beta.$$

同理可得到 B_1、B_2 的久期行列式, 从而获得其能量、分子轨道:

$$B_1:\begin{vmatrix} \alpha-E & \beta \\ \beta & \alpha-\beta-E \end{vmatrix}=0.$$

$$E_{6,7}=\alpha+\frac{1\pm\sqrt{5}}{2}\beta.$$

$$B_2:\begin{vmatrix} \alpha-E & \beta & \sqrt{2}\beta \\ \beta & \alpha-\beta-E & 0 \\ \sqrt{2}\beta & 0 & \alpha-\beta-E \end{vmatrix}=0.$$

$$E_8=\alpha-\beta,\quad E_{9,10}=\alpha-\frac{1\pm\sqrt{13}}{2}\beta.$$

整个能量矩阵元约化情况如下，除了有数据处，其余均为零。

$$\overbrace{\psi_1\quad\psi_2\quad\psi_3}^{A_1}\qquad\overbrace{\psi_4\quad\psi_5}^{A_2}\qquad\overbrace{\psi_6\quad\psi_7}^{B_1}\qquad\overbrace{\psi_8\quad\psi_9\quad\psi_{10}}^{B_2}$$

$$\begin{pmatrix}
H_{11}-E & H_{12} & H_{13} & & & & & & & \\
H_{21} & H_{22}-E & H_{23} & & & & & & & \\
H_{31} & H_{32} & H_{33}-E & & & & & 0 & & \\
 & & & H_{44}-E & H_{45} & & & & & \\
 & & & H_{54} & H_{55}-E & & & & & \\
 & & & & & H_{66}-E & H_{67} & & & \\
 & & & & & H_{76} & H_{77}-E & & & \\
 & & 0 & & & & & H_{88}-E & H_{89} & H_{8,10} \\
 & & & & & & & H_{98} & H_{99}-E & H_{9,10} \\
 & & & & & & & H_{10,8} & H_{10,9} & H_{10,10}-E
\end{pmatrix}$$

将轨道能量从低到高排列 (取 α 为能级零点)：

$$\psi_{A1}^{(1)}=0.301(\varphi_1+\varphi_4+\varphi_5+\varphi_8)+0.231(\varphi_2+\varphi_3+\varphi_6+\varphi_7)+0.461(\varphi_9+\varphi_{10}),$$

$$E_{A1}=\frac{\sqrt{13}+1}{2}\beta.$$

$$\psi_{B1}^{(1)}=0.263(\varphi_1+\varphi_4-\varphi_5-\varphi_8)+0.425(\varphi_2+\varphi_3-\varphi_6-\varphi_7),$$

$$E_{B1}=\frac{\sqrt{5}+1}{2}\beta.$$

$$\psi_{B2}^{(1)}=0.400(\varphi_1-\varphi_4-\varphi_5+\varphi_8)+0.174(\varphi_2-\varphi_3-\varphi_6+\varphi_7)+0.347(\varphi_9-\varphi_{10}),$$

$$E_{B2}=\frac{\sqrt{13}-1}{2}\beta.$$

$$\psi_{A1}^{(2)}=0.408(\varphi_2+\varphi_3+\varphi_6+\varphi_7)-0.408(\varphi_9+\varphi_{10}),$$

$$E'_{A1}=\beta.$$

$$\psi_{A2}^{(1)}=0.425(\varphi_1-\varphi_4+\varphi_5-\varphi_8)+0.263(\varphi_2-\varphi_3+\varphi_6-\varphi_7),$$

$$E_{A2}=\frac{\sqrt{5}-1}{2}\beta.$$

前 5 个为占据轨道，将 10 个 π 电子占据的 5 个能级加和，再减去 5 个定域 π 键的能级 $5\times2\beta=10\beta$，我们得到萘分子离域 π 键的稳定化能：

$$\Delta E=[(\sqrt{13}+1)+(\sqrt{5}+1)+(\sqrt{13}-1)+(\sqrt{5}-1)+2]\beta-10\beta=3.684\beta.$$

按对称性分类，萘分子中有 4 类不同的 C—C 键：C1—C2、C3—C4、C5—C6、C7—C8 是一类; C2—C3、C6—C7 是一类; C1—C9、C8—C9、C4—C10、C5—C10 又是一类; C9—C10 自成一类。我们要得到各类 Cm—Cn 原子间的键级，可用每个占据轨道中 m 原子与 n 原子的系数，乘以占据数，再对所有占据轨道求和：

$$
\begin{aligned}
P_{12} &= 2\times(0.301\times0.231)+2\times(0.263\times0.425)+2\times(0.400\times0.174)\\
&\quad +2\times(0\times0.408)+2\times(0.425\times0.263)\\
&\approx 0.139+0.224+0.139+0+0.224=0.726.\\
P_{23} &= 2\times0.231^2+2\times0.425^2+2\times0.408^2-2\times0.174^2-2\times0.263^2\approx0.603.\\
P_{19} &= 2\times0.301\times0.461+2\times0.400\times0.347\approx0.555.\\
P_{910} &= 2\times0.461^2-2\times0.347^2+2\times0.408^2\approx0.518.
\end{aligned}
$$

从键级分析可看出，萘的 π 电子较多运动在萘环的外侧 (图 6-3)，如 C1—C2、C2—C3 原子之间，较少在 C1—C9 类原子之间，而 C9—C10 之间最少。

扣除了碳原子与周围原子间的键级 (成键)，剩余的是原子的自由价 (图 6-3 箭头指处)。

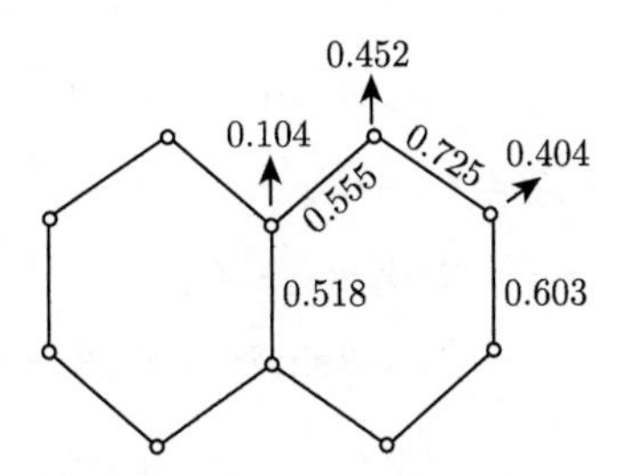

图 6-3　萘 π 电子键级和自由价

6.2　先定系数法

6.2.1　链型分子

休克尔分子轨道 (Hückel molecular orbital, HMO) 法近似 (即休克尔近似) 对于 5 个碳原子以上的体系，高阶行列式的计算还是很繁琐的。张乾二等注意到：在一些共轭体系中，分子轨道的系数是其几何构型的直接反映，并考虑到分子点群对称性和分子排列的 "准周期" 性之间的关系，在休克尔近似基础上，提出先定系数法。它不仅把求解系数和久期方程的方法统一起来，使计算简化，而且对于同系物或结构类型相同的共轭分子，能给出统一的解析表达式。

现结合丁二烯，介绍如下：

丁二烯的久期方程为

$$\begin{aligned}
&C_1(\alpha - E) + C_2\beta = 0, \\
&C_1\beta + C_2(\alpha - E) + C_3\beta = 0, \\
&C_2\beta + C_3(\alpha - E) + C_4\beta = 0, \\
&C_3\beta + C_4(\alpha - E) = 0.
\end{aligned}$$

令 $-2\cos\theta = \dfrac{\alpha - E}{\beta}$，则方程的第一式化为

$$-2\cos\theta \cdot C_1 + C_2 = 0,$$

即

$$C_2 = 2\cos\theta \cdot C_1.$$

若取组合系数 C_1 的相对值为

$$C_1 = \sin\theta, \tag{6-2-1}$$

则

$$\begin{aligned}
C_2 &= 2\cos\theta \cdot \sin\theta = \sin 2\theta, \\
2\cos\theta \cdot C_2 &= C_1 + C_3, \\
C_3 &= 2\cos\theta C_2 - C_1 \\
&= 2\cos\theta \sin 2\theta - \sin\theta = \sin 3\theta.
\end{aligned}$$

同理可得

$$C_4 = \sin 4\theta.$$

因此，对于直链多烯烃，可得到以下的一般原子轨道 (atomic orbital) 数（称 AO 系数）图式

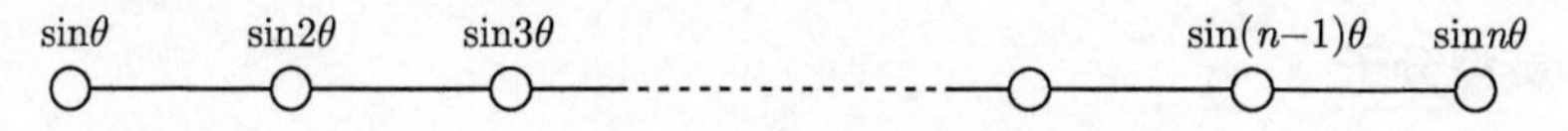

即

$$C_n = \sin n\theta. \tag{6-2-2}$$

综合式 (6-2-1) 和式 (6-2-2) 可得循环公式：

$$2\cos\theta C_\gamma = C_{\gamma-1} + C_{\gamma+1}. \tag{6-2-3}$$

即任一原子的 AO 系数乘以 $2\cos\theta$ 等于邻近原子的 AO 系数之和。

而参数 θ 可由边界条件 $C_{n+1}=0$ 得到, 即

$$\sin(n+1)=0,$$

$$\theta=\frac{m\pi}{n+1}.$$

能级表达式为

$$E=\alpha+2\beta\cos\theta.$$

而相应的分子轨道为

$$\phi_m=\sqrt{\frac{2}{n+1}}\sum_{r=1}^{n}\sin\frac{r\cdot m\pi}{n+1}\varphi_r.$$

其中, $\sqrt{\dfrac{2}{n+1}}$ 为归一化因子。

例如，丁二烯，$n=4$，边界条件为 $\sin 5\theta=0,\theta=\dfrac{m\pi}{5}$。

$$\theta_1=36°(m=1),\quad \theta_2=72°(m=2),\quad \theta_3=108°(m=3),\quad \theta_4=144°(m=4),$$
$$2\cos\theta_1=1.6180,\quad 2\cos\theta_2=0.6180,\quad 2\cos\theta_3=-0.6180,\quad 2\cos\theta_4=1.6180,$$
$$E=\alpha+1.618\beta,\quad \alpha+0.6180\beta,\quad \alpha-0.618\beta,\quad \alpha-1.6180\beta.$$

$$\phi_m=\sqrt{\frac{2}{5}}\left(\sin\frac{m\pi}{5}\varphi_1+\sin\frac{2m\pi}{5}\varphi_2+\sin\frac{3m\pi}{5}\varphi_3+\sin\frac{4m\pi}{5}\varphi_4\right),$$

$$\phi_1=0.3717\varphi_1+0.6015\varphi_2+0.6015\varphi_3+0.3717\varphi_4,$$
$$\phi_2=0.6015\varphi_1+0.3717\varphi_2-0.3717\varphi_3-0.6015\varphi_4,$$
$$\phi_3=0.6015\varphi_1-0.3717\varphi_2-0.3717\varphi_3+0.6015\varphi_4,$$
$$\phi_4=0.3717\varphi_1-0.6015\varphi_2+0.6015\varphi_3-0.3717\varphi_4.$$

6.2.2　环形分子

对于环形分子，把分子轨道函数分为平分环形的垂面对称和反对称类型之后，共轭环形分子问题就很容易得到解决。现按其对垂直于苯环的镜面对称情况分述如下。

对称状态轨道系数可用余弦半角函数表示，系数以垂面相互对称：

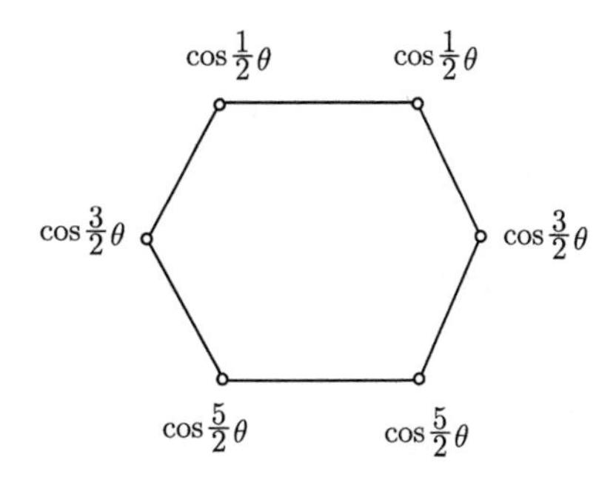

而对于苯环，其边界条件为

$$2\cos\theta\cdot\cos\frac{5}{2}\theta=\cos\frac{5}{2}\theta+\cos\frac{3}{2}\theta.$$

利用三角函数的和差与积的关系，上式用积化和差得

$$\cos\frac{7}{2}\theta-\cos\frac{5}{2}\theta=0.$$

再用和差化积得

$$-2\sin 3\theta\sin\frac{1}{2}\theta=0.$$

取循环较小的解，所以

$$\theta=0,\pi/3,2\pi/3,$$

即

$$2\cos\theta=2,1,-1.$$

反对称状态轨道系数用正弦函数表示，以垂面为反对称：

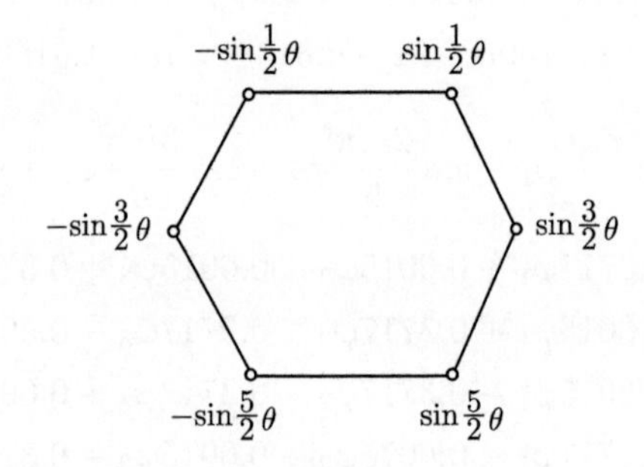

它们的边界条件为

$$2\cos\theta\cdot\sin\frac{5}{2}\theta=\sin\frac{3}{2}\theta-\sin\frac{5}{2}\theta.$$

利用积化和差公式，上式化简后得

$$\sin\frac{7}{2}\theta+\sin\frac{5}{2}\theta=0.$$

再用和差化积公式得到

$$2\cos 3\theta\cos\frac{1}{2}\theta=0.$$

取其中循环周期较小的根（否则会漏根）

$$\cos 3\theta=0,\quad \theta=\frac{\pi}{3},\frac{2\pi}{3},\pi,$$

则

$$2\cos\theta=1,-1,-2.$$

苯环的 π 分子轨道能量为

$$E_1=\alpha+2\beta,\quad E_2=E_3=\alpha+\beta,\quad E_4=E_5=\alpha-\beta,\quad E_6=\alpha-2\beta.$$

其波函数为

$$\phi_{\pi N}=\sum_{i=1}^{6}C_i\varphi_i(\pi).$$

把 θ 的值代入并经归一化后，得 6 个分子轨道波函数如下：

$$\phi_1(\pi)=\frac{1}{\sqrt{6}}(\varphi_1+\varphi_2+\varphi_3+\varphi_4+\varphi_5+\varphi_6),$$
$$\phi_2(\pi)=\frac{1}{2}(\varphi_2+\varphi_3-\varphi_5-\varphi_6),$$
$$\phi_3(\pi)=\frac{1}{2\sqrt{3}}(2\varphi_1+\varphi_2-\varphi_3-2\varphi_4-\varphi_5+\varphi_6),$$
$$\phi_4(\pi)=\frac{1}{2\sqrt{3}}(2\varphi_1-\varphi_2-\varphi_3+2\varphi_4-\varphi_5-\varphi_6),$$
$$\phi_5(\pi)=\frac{1}{2}(\varphi_2-\varphi_3+\varphi_5-\varphi_6),$$
$$\phi_6(\pi)=\frac{1}{\sqrt{6}}(\varphi_1-\varphi_2+\varphi_3-\varphi_4+\varphi_5-\varphi_6).$$

结果与 5.2.3 用投影算符方法相同。

6.2.3　四亚甲基环丁烷

四亚甲基环丁烷可作为幅向多烯烃的一个例子，我们用两种方法处理这个体系。首先将它看成 4 个排成 $C_{4\mathrm{v}}$ 对称性的二原子链单端键合组成（图 6-4）。

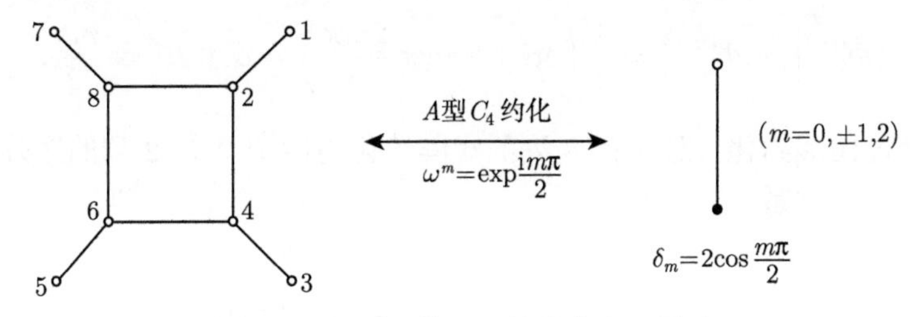

图 6-4　四亚甲基环丁烷约合为二原子

根据单端键合二原子链的 AO 系数表示为

[1]　[2]
→●------○→

共轭体系分子轨道系数为 k

$$k\sim\omega^{rm},\quad \omega^m=\exp\frac{\mathrm{i}m\pi}{2},\quad m=0,\pm1,2.$$

由任一键合端原子的边界条件得

$$
2\cos\theta\cdot\sin 2\theta=\sin\theta+(\omega^m+\omega^{m*})\sin 2\theta,
$$
$$
\sin 3\theta-2\cos\frac{m\pi}{2}\sin 2\theta=0.
$$

解三角方程得

$$
2\cos\theta=\cos\frac{m\pi}{2}\pm\sqrt{1+\cos^2\frac{m\pi}{2}}.
$$

对其他幅向多烯烃完全可作类似处理，其能谱的一般形式为

$$
2\cos\theta=\cos\frac{2m\pi}{k}\pm\sqrt{1+\cos^2\frac{2m\pi}{k}}.
$$

另一种方法是考虑图形具有 C_4 轴对称性，根据 C_4 轴，可组成内 (偶数) 外 (奇数) 两组对称匹配轨道：

$$
\Phi_1^{(m)}=\frac{1}{2}(\omega^m\phi_1+\omega^{2m}\phi_3+\omega^{3m}\phi_5+\omega^{4m}\phi_7),
$$
$$
\Phi_2^{(m)}=\frac{1}{2}(\omega^m\phi_2+\omega^{2m}\phi_4+\omega^{3m}\phi_6+\omega^{4m}\phi_8).
$$

其中，$\omega^m=\exp\dfrac{\mathrm{i}m\pi}{2}$。

体系能量矩阵元可写为

$$
\left\langle\Phi_1^{(m)}\right|H\left|\Phi_1^{(m)}\right\rangle=\alpha,
$$
$$
\left\langle\Phi_1^{(m')}\right|H\left|\Phi_2^{(m)}\right\rangle=\frac{1}{4}\sum_k\omega^{mk*}\omega^{m'k}\beta=\delta_{m'm}\beta,
$$
$$
\left\langle\Phi_2^{(m)}\right|H\left|\Phi_2^{(m)}\right\rangle=\frac{1}{4}\left(4\alpha+8\beta\cos\frac{2m\pi}{4}\right)=\alpha+2\beta\cos\frac{m\pi}{2}.
$$

这样经过图形约化，把 8 行 8 列的矩阵约化为四个 2 行 2 列的矩阵，相当于一个异核双原子体系。

$$
\begin{vmatrix}\alpha-E & \beta\\ \beta & \alpha+2\beta\cos\dfrac{m\pi}{2}-E\end{vmatrix}=0.
$$

设 α 为能级零点，β 为能量单位，久期方程简化为

$$
\begin{vmatrix}-E & 1\\ 1 & 2\cos\dfrac{m\pi}{2}-E\end{vmatrix}=0.
$$
$$
E^2-2E\cos\frac{m\pi}{2}-1=0.
$$

解方程得

$$
\begin{aligned}
&E^{(m)} = \cos\frac{m\pi}{2} \pm \sqrt{\cos^2\frac{m\pi}{2} + 1},\\
&m = 0, \quad E^{(0)} = \alpha + (1 \pm \sqrt{2})\beta.\\
&\varPhi_1^{(0)} = \frac{1}{2}(\varphi_1 + \varphi_3 + \varphi_5 + \varphi_7), \quad \varPhi_2^{(0)} = \frac{1}{2}(\varphi_2 + \varphi_4 + \varphi_6 + \varphi_8),\\
&m = \pm 1, \quad E^{(\pm 1)} = \alpha \pm \beta.\\
&\varPhi_1^{(1)} = \frac{1}{\sqrt{2}}(\varphi_1 - \varphi_5), \quad \varPhi_2^{(1)} = \frac{1}{\sqrt{2}}(\varphi_2 - \varphi_6),\\
&\varPhi_1^{(1)} = \frac{1}{\sqrt{2}}(\varphi_3 - \varphi_7), \quad \varPhi_2^{(1)} = \frac{1}{\sqrt{2}}(\varphi_4 - \varphi_8),\\
&m = 2, \quad E^{(2)} = \alpha - (1 \pm \sqrt{2})\beta.\\
&\varPhi_1^{(2)} = \frac{1}{2}(\varphi_1 - \varphi_3 + \varphi_5 - \varphi_7), \quad \varPhi_2^{(2)} = \frac{1}{2}(\varphi_2 - \varphi_4 + \varphi_6 - \varphi_8).
\end{aligned}
$$

这样的内外轨道不能直接加和，还要考虑内外差异。将轨道能量代回久期方程，再求解内外比例系数。

$$
\begin{aligned}
&m = 0, \quad E^{(0)} = \alpha + (1 \pm \sqrt{2})\beta,\\
&c_1(-E) + c_2 = c_1[-(1 + \sqrt{2})\beta] + c_2\beta = 0.
\end{aligned}
$$

可得到内外轨道系数比

$$
c_2/c_1 = 2.4142.
$$

再结合轨道的归一化条件，可得

$$
c_1 = 0.382, \quad c_2 = 0.924.
$$

这样 $m = 0$ 的分子轨道最后是

$$
\begin{aligned}
\psi_1^{(0)} &= c_1\varPhi_1^{(0)} + c_2\varPhi_2^{(0)}\\
&= 0.191(\varphi_1 + \varphi_3 + \varphi_5 + \varphi_7) + 0.462(\varphi_2 + \varphi_4 + \varphi_6 + \varphi_8).
\end{aligned}
$$

用同样方法，我们可以得到其他成键分子轨道：

$$
\begin{aligned}
\psi_2^{(2)} &= c_1\varPhi_1^{(2)} + c_2\varPhi_2^{(2)}\\
&= 0.462(\varphi_1 - \varphi_3 + \varphi_5 - \varphi_7) + 0.191(\varphi_2 - \varphi_4 + \varphi_6 - \varphi_8),\\
\psi_3^{(1)} &= 0.500(\varphi_1 + \varphi_2 - \varphi_5 - \varphi_6),\\
\psi_4^{(1)} &= 0.500(\varphi_3 + \varphi_4 - \varphi_7 - \varphi_8).
\end{aligned}
$$

若负叠加，可得到反键轨道 $\psi_5^{(2)}$、$\psi_{6,7}^{(1)}$、$\psi_8^{(0)}$。

这样得到的分子轨道与能量解 (图 6-5)，β 又是负值，我们可将它按能量从低向高排列：

轨道	占据	能量
$\psi_8^{(0)}$	--	$-(1+\sqrt{2})\beta$
$\psi_{6,7}^{(1)}$	-- --	$-\beta$
$\psi_5^{(2)}$	--	$(1-\sqrt{2})\beta$
$\psi_2^{(2)}$	↓↑	$(\sqrt{2}-1)\beta$
$\psi_{3,4}^{(1)}$	↓↑ ↓↑	β
$\psi_1^{(0)}$	↓↑	$(1+\sqrt{2})\beta$

图 6-5　四亚甲基环丁烷的轨道能级图

体系的离域能为

$$\begin{aligned}\Delta E &= 2(1+\sqrt{2})+4+2(\sqrt{2}-1)-8\\ &= 4\sqrt{2}-4 = 1.66\beta.\\ \beta &= 20\text{kcal/mol}.\end{aligned}$$

6.2.4　复杂体系

1) 苄基

上述方法不仅限于共轭键和单环，对更为复杂的共轭体系，也有普遍的适用性。例如苄基

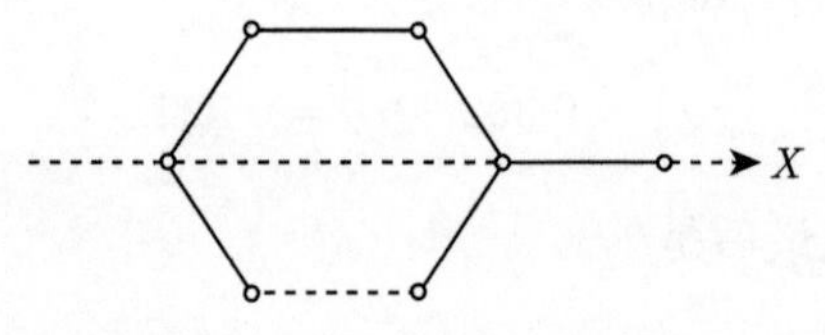

具有过 X 轴的对称面，因而可以分为对称和反对称部分进行讨论，它们的 AO 系数分别如下图所示。

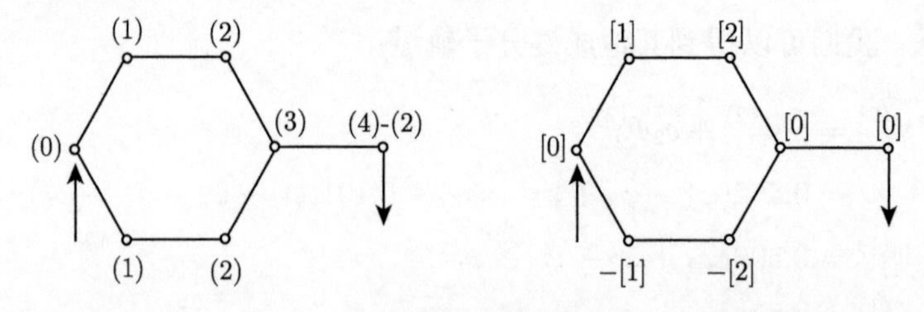

其中，sinθ以 [ ] 标记；cosθ以 ( ) 标记。对于对称状态，由循环公式得邻接于苯环原子的“终点”原子 AO 系数，除了顺序标 (4) 以外，还要减去环上次相邻的原子

AO 系数，从而得方程

$$2\cos\theta(\cos 4\theta - \cos 2\theta) = \cos 3\theta,$$

解得

$$2\cos\theta = 0, \quad \pm(3\pm\sqrt{2})^{1/2}.$$

反对称状态中，X 轴上的原子 AO 系数为零，相当于轴上原子不参与组合，因此它相当于两个独立成反对称分布的乙烯分子，所以

$$2\cos\theta = \pm 1.$$

因此苄基分子的轨道能量共有 7 个。

2) 再举例萘

10 个 pz 轨道组成的可约表示，可约化为 $3A_1+2A_2+2B_1+3B_2$，按其对称性质，可以立即标出各种对称状态下的 AO 系数。

我们取 2 个环交接的 2 个原子为“终点”原子，根据它的边界条件：

$$2\cos\theta\cdot\cos\frac{5}{2}\theta = \cos\frac{5\theta}{2} + 2\cos\frac{3\theta}{2},$$

左边积化和差得

$$A_1(S_x\ S_y)\quad \cos\frac{7\theta}{2} - \cos\frac{5\theta}{2} - \cos\frac{3\theta}{2} = 0,$$

$$2\cos\theta = 1, 1/2(1\pm\sqrt{13}),$$

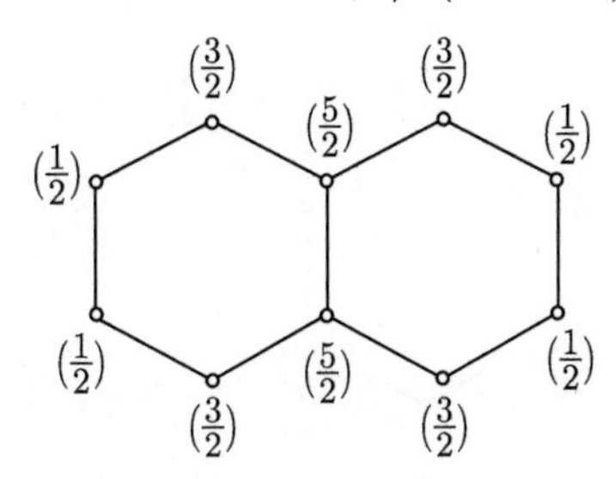

$$A_2(A_x, A_y)\quad 2\cos\theta = 2\cos\frac{2m\pi}{5},\quad m=1,2.$$

$$= \frac{\sqrt{5}-1}{2}, -\frac{\sqrt{5}+1}{2}.$$

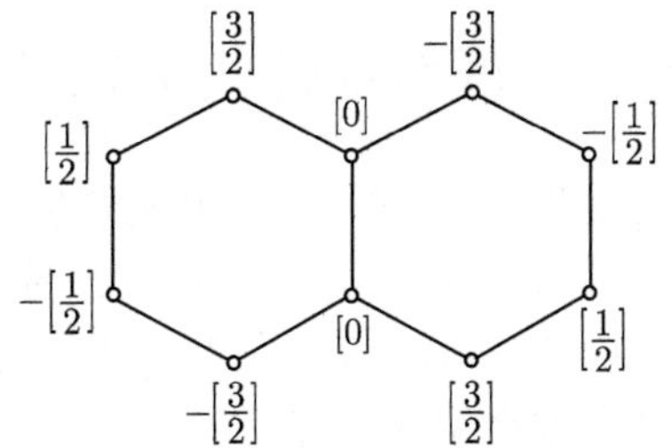

$$B_1(S_x\ A_y)\quad 2\cos\theta = 2\cos\frac{2m\pi+1}{5},\quad m=0,1.$$

$$=\frac{\sqrt{5}+1}{2},-\frac{1-\sqrt{5}}{2}.$$

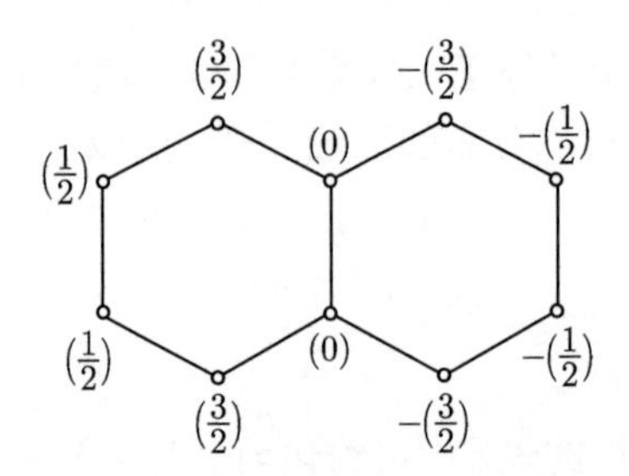

$$B_2(A_x\ S_y)\quad 2\cos\theta\cdot\sin\frac{5\theta}{2} = -\sin\frac{5\theta}{2}+2\sin\frac{3\theta}{2}.$$

方程左边积化和差

$$\sin\frac{7\theta}{2}+\sin\frac{5\theta}{2}-\sin\frac{3\theta}{2}=0.$$

$$2\cos\theta=-1,\quad \frac{-1\pm\sqrt{13}}{2}.$$

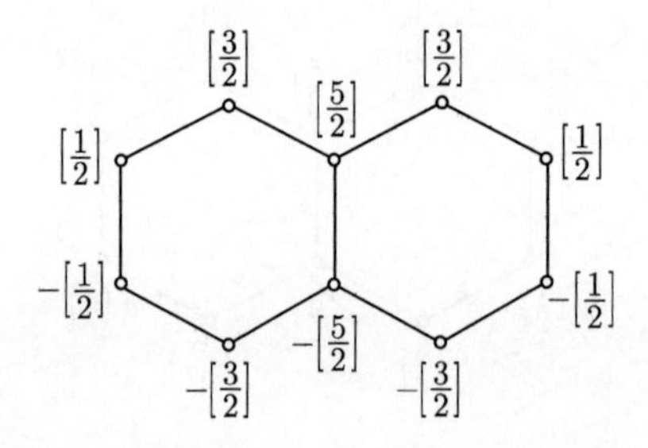

马上得到萘分子 3 个 A_1、2 个 A_2、2 个 B_1 和 3 个 B_2 的 10 个 π 分子轨道和能量。

比较 6.1 节繁琐的解法，轨道图形方法的优越性不言而喻。

6.3　AB_n 型分子的对称性匹配轨道和杂化轨道

对一个平面三角形分子，如 BF_3 或 NO_3^-，从化学键知识我们可定性推断中心 B 原子作 sp^2 杂化，与周围 F 原子形成 σ 键。同样，N 原子也是作 sp^2 杂化形成 σ 键，多余的电子还可成 π 键。但如何定量地写出中心原子的杂化轨道与周围原子的对称性匹配轨道，则是本节要介绍的内容。

6.3.1　用投影算符获得对称性匹配轨道

第一步　首先确定该分子所属的对称点群，然后根据周围原子在群元素作用下产生的可约表示，向不可约表示约化，构成周围原子形成的不可约表示的直和，根据不可约表示的基，从而确定中心原子由哪些轨道杂化。

第二步　应用投影算符，得到周围原子对应每个不可约表示的对称性匹配轨道。

第三步　将轨道系数形成的矩阵 D 转置，得到它的逆矩阵 D^{-1}，即杂化轨道系数，从而写出中心原子的杂化轨道。

第四步　将中心原子杂化轨道与周围原子轨道对称性匹配组合起来，即是该分子的轨道。

以下 CH_4 为例说明：

CH_4 分子是四面体分子，属 T_d 点群，4 个 H 原子在群元素 E 作用下都不变，可约表示为 $\Gamma(E) = 4$；C_3 轴穿过 1 个 H，旋转后除这个 H 外其余原子都动，$\Gamma(C_3) = 1$，C_2 轴 S_4 轴作用在分子上，所有原子都动，$\Gamma = 0$；而 σ_d 平面穿过 2 个原子得其表示为 $\Gamma = 2$，4 个 H 形成的可约表示如表 6-3 所示。

表 6-3　T_d 群特征标表及可约表示

T_d	E	$8C_3$	$3C_2$	$6S_4$	$6\sigma_d$		
A_1	1	1	1	1	1		$x^2+y^2+z^2$
A_2	1	1	1	-1	-1		
E	2	-1	2	0	0		(z^2, x^2-y^2)
T_1	3	0	-1	1	-1	(R_x, R_y, R_z)	
T_2	3	0	-1	-1	1	(x, y, z)	(xy, xz, yz)
$\Gamma(4\text{H})$	4	1	0	0	2	A_1+T_2	
$C(\text{s})$	1	1	1	1	1	A_1	
$C(3\text{p})$	3	-1	0	1	1	T_2	

约化后得到

$$\Gamma = A_1 + T_2.$$

查 T_d 群特征标表得知 s 轨道是 A_1 表示的基，p_x、p_y、p_z 轨道为 T_2 表示的基，由此可确定中心原子 C 作 sp^3 杂化。

然后用投影算符：

$$\hat{P}^{A_1}\sigma_1 = \frac{1}{2}(\sigma_1+\sigma_2+\sigma_3+\sigma_4) = \phi_1,$$

$$\hat{P}^{T_2}\sigma_1 = \frac{1}{2}(\sigma_1-\sigma_2+\sigma_3-\sigma_4) = \phi_2,$$

$$\frac{1}{2}(\sigma_1+\sigma_2-\sigma_3-\sigma_4) = \phi_3,$$

$$\frac{1}{2}(\sigma_1-\sigma_2-\sigma_3+\sigma_4)=\phi_4.$$

得到了属于 A_1 表示的对称性匹配轨道 ϕ_1，属于 T_2 表示的 ϕ_2、ϕ_3、ϕ_4 轨道。轨道的组合系数矩阵为

$$D=\begin{pmatrix} \frac{1}{2} & \frac{1}{2} & \frac{1}{2} & \frac{1}{2} \\ \frac{1}{2} & -\frac{1}{2} & \frac{1}{2} & -\frac{1}{2} \\ \frac{1}{2} & \frac{1}{2} & -\frac{1}{2} & -\frac{1}{2} \\ \frac{1}{2} & -\frac{1}{2} & -\frac{1}{2} & \frac{1}{2} \end{pmatrix}.$$

转置后为

$$D^{-1}=\begin{pmatrix} \frac{1}{2} & \frac{1}{2} & \frac{1}{2} & \frac{1}{2} \\ \frac{1}{2} & -\frac{1}{2} & \frac{1}{2} & -\frac{1}{2} \\ \frac{1}{2} & \frac{1}{2} & -\frac{1}{2} & -\frac{1}{2} \\ \frac{1}{2} & -\frac{1}{2} & -\frac{1}{2} & \frac{1}{2} \end{pmatrix}.$$

$$D^{-1}\begin{pmatrix} s \\ p_x \\ p_y \\ p_z \end{pmatrix}=\begin{pmatrix} \frac{1}{2}s+\frac{1}{2}p_x+\frac{1}{2}p_y+\frac{1}{2}p_z \\ \frac{1}{2}s-\frac{1}{2}p_x+\frac{1}{2}p_y-\frac{1}{2}p_z \\ \frac{1}{2}s+\frac{1}{2}p_x-\frac{1}{2}p_y-\frac{1}{2}p_z \\ \frac{1}{2}s-\frac{1}{2}p_x-\frac{1}{2}p_y+\frac{1}{2}p_z s \end{pmatrix}\begin{matrix} =h_1 \\ =h_2 \\ =h_3 \\ =h_4 \end{matrix}$$

得到了 4 个杂化轨道 $h_1\sim h_4$。

最后组合得到 CH_4 分子轨道为

$$\begin{aligned} &\psi_1=h_1+\phi_1 \quad A_1 \\ &\left.\begin{aligned} \psi_2&=h_2+\phi_2 \\ \psi_3&=h_3+\phi_3 \\ \psi_4&=h_4+\phi_4 \end{aligned}\right\} T_2. \end{aligned}$$

若是 MnO_4^-、CrO_4^{2-} 等四面体离子，中心原子就是用 sd^3 杂化了，其他步骤都相同。

6.3.2　生成轨道法

生成轨道法是 Hoffman、Ruedenberg 和 Verkade 等于 1977 年提出的，以群的基本理论为依据，用于构造分子轨道的一种图解方法。生成轨道是以具有对称性的原子轨道为假想轨道，该方法设想将生成轨道逐一放在分子中心，并按生成轨道的角度分布，确定具有相同对称性的配体轨道的线性组合 —— 对称性匹配轨道。这样得到的轨道是离域轨道，而定域分子轨道是由占据的离域轨道线性组合而成，组合系数按其对应的杂化生成轨道决定，即离域轨道对定域轨道的贡献等于相应的正则生成轨道对杂化生成轨道的贡献。

生成轨道法的群论依据：

中心离子轨道 $\psi_{\Gamma r}$ 与配体群轨道 $L_{\Gamma r}$ 必须对称性匹配：

$$L_{\Gamma r} = c_1\phi_1 + c_2\phi_2 + \cdots + c_n\phi_n.$$

组合系数：

$$c_k = \langle \phi_k \mid \psi_{\Gamma r} \rangle.$$

配体群轨道可表示为

$$L_{\Gamma r} = \sum_k |\phi_k\rangle \langle \phi_k \mid \psi_{\Gamma r}\rangle.$$

其中，$\sum\limits_k |\phi_k\rangle \langle \phi_k|$ 是一个群不变量。

$$\begin{aligned}
D(R)\begin{pmatrix} \phi_1 & \phi_2 & \cdots & \phi_n \end{pmatrix}\begin{pmatrix} \phi_1^* \\ \phi_2^* \\ \vdots \\ \phi_n^* \end{pmatrix} &= \begin{pmatrix} \phi_1 & \phi_2 & \cdots & \phi_n \end{pmatrix} D(R)\tilde{D}(R)^* \begin{pmatrix} \phi_1^* \\ \phi_2^* \\ \vdots \\ \phi_n^* \end{pmatrix} \\
&= \begin{pmatrix} \phi_1 & \phi_2 & \cdots & \phi_n \end{pmatrix}\begin{pmatrix} \phi_1^* \\ \phi_2^* \\ \vdots \\ \phi_n^* \end{pmatrix}.
\end{aligned}$$

$$\begin{aligned}
D(R)L_{\Gamma r} &= \sum_k |\phi_k\rangle \langle \phi_k \mid D(R)\psi_{\Gamma r}\rangle \\
&= \sum_{k,r'} |\phi_k\rangle \langle \phi_k \mid \psi_{\Gamma r'}\rangle D^{\Gamma}_{r'r}(R).
\end{aligned}$$

所以

$$D(R)L_{\Gamma r} = \sum_{r'} L_{\Gamma r'} D^{\Gamma}_{r'r}(R).$$

以 CH_4 为例，我们按生成轨道得到下表：

	σ_1	σ_2	σ_3	σ_4
$A_1(s)$	1/2	1/2	1/2	1/2
(p_x)	1/2	−1/2	−1/2	1/2
$T_2(p_y)$	1/2	1/2	−1/2	−1/2
(p_z)	1/2	−1/2	1/2	−1/2

从上表的每一行得到对称性匹配的分子轨道是

$$\begin{aligned}
A_1:\quad & \Psi_1 = as + \frac{b}{2}(\sigma_1 + \sigma_2 + \sigma_3 + \sigma_4), \\
& \Psi_2 = ap_x + \frac{b}{2}(\sigma_1 - \sigma_2 - \sigma_3 + \sigma_4). \\
T_2:\quad & \Psi_3 = ap_y + \frac{b}{2}(\sigma_1 + \sigma_2 - \sigma_3 - \sigma_4), \\
& \Psi_4 = ap_z + \frac{b}{2}(\sigma_1 - \sigma_2 + \sigma_3 - \sigma_4).
\end{aligned}$$

同时从上表的每一列可获得杂化轨道：$h_i \equiv \dfrac{s}{2} + \dfrac{\sqrt{3}}{2}p_i$。

另一方面，可以证明对称性匹配轨道是最稳定的。

$$\langle \psi_{\Gamma r} \mid L_{\Gamma r} \rangle = \sum_k |\phi_k\rangle \langle \psi_{\Gamma r} \mid \phi_k \rangle = \sum_k c_k \langle \psi_{\Gamma r} \mid \phi_k \rangle,$$

$$\sum_k |c_k|^2 = 1,$$

$$\frac{\partial f}{\partial x} - \lambda \frac{\partial \psi}{\partial x} = 0,$$

所以

$$\langle \psi_{\Gamma r} \mid \phi_k \rangle - \lambda c_k^* = 0,$$

$$c_k = \frac{1}{\lambda} \langle \phi_k \mid \psi_{\Gamma r} \rangle.$$

6.4　群重叠法判断轨道成键性质

本节介绍张乾二课题组提出的多面体分子轨道理论中的群重叠法，并将其应用于原子团簇、多面体轨道，判断它们的轨道成键性质。

6.4.1　群重叠法

对于多面体分子，我们常用的是群不变量 B_Γ 和标准三角积分来判断轨道成键性质。

群重叠积分可表示为

$$\langle L_{\Gamma\gamma}(l_1m_1) \mid L_{\Gamma\gamma}(l_2m_2)\rangle = \frac{1}{K_\Gamma}\sum_{\Delta opq} Z(opq)[B_\Gamma(pl_1m_1c, ql_2m_2c)\langle pl_1m_1c|\, ql_2m_2c\rangle^0 + B_\Gamma(pl_1m_1s, ql_2m_2s)\langle pl_1m_1s|\, ql_2m_2\ s\rangle^0]. \tag{6-4-1}$$

式中，$Z(opq)$ 为等价三角形的个数。群不变量 B_Γ 可表示为

$$B_\Gamma(pl_1m_1\lambda, ql_2m_2\lambda) = \sum_\gamma \langle L_{\Gamma\gamma}(l_1m_1) \mid pl_1m_1\lambda\rangle^0 \cdot \langle ql_2m_2\lambda \mid L_{\Gamma\gamma}(l_2m_2)\rangle^0, \quad \lambda = \cos\alpha, \sin\alpha. \tag{6-4-2}$$

如果采用通常方法计算一个群重叠积分，往往要计算几十乃至几百个双中心积分，计算十分繁琐，又没有明确的物理模型。群重叠法关于标准三角形的约定，建立了处理多面体分子的简单数学模型，把复杂的多面体分子轨道计算归结为不等价三角形问题，大大简化了计算。多面体结构虽然多种多样，但不等价三角形的种类却十分有限。例如，四面体只有两种三角形：顶角为 $\theta = 0°$，$109°28'$，八面体有三类不等价三角形：$\theta = 0$，$\pi/2$，π；立方体有三种不等价三角形：$\theta = 70.5°$，$109°28'$，$180°$；二十面体仅有四类不等价三角形，依θ角递增顺序为 $\theta = 0°$，$63°26'$，$116°34'$，$180°$。

同样，多面体轨道作用能矩阵元，在休克尔近似下，可展开为群不变量和标准三角形的乘积：

$$\langle L_{\Gamma\gamma}(lm)|\, F\, |L_{\Gamma\gamma}(lm)\rangle = \alpha + \frac{Z(opq)}{K_\Gamma}[B_\Gamma(pmc, qmc)\langle plmc|\, F\, |qlmc\rangle^0 + B_\Gamma(pms, qms)\langle plms|\, F\, |qlms\rangle^0]. \tag{6-4-3}$$

其中，$\alpha = \langle plm\lambda \mid F|\, plm\lambda\rangle$；$pq$ 为多面体中相邻顶点的棱。在讨论多面体三角面结构稳定性时可看出，对于成键轨道，多面体棱的数目越多，则成键轨道能量越低。根据欧拉 (Euler) 多面体规则

$$n + f = e + 2.$$

在顶点数 n 固定前提下，采用三角面构型的多面体，其棱的数目最多。这意味着从能量观点出发，三角面构型优于其他构型，即人们熟知的稳定三角面多面体。

若要定性讨论各种分子轨道的成键性质，只需确定几何因子 B_Γ^j 和作用能矩阵元 $F_{pg}^{m\lambda}$ 的代数符号，而 $\langle plm\lambda|\, F\, |qlm\lambda\rangle^0$ 在通常情况下，根据标准三角形中配体轨道的对称性，可确定其代数符号如下：

	m(偶)	m(奇)
$\langle plmc\|\, F\, \|qlmc\rangle^0$	< 0	> 0
$\langle plms\|\, F\, \|qlms\rangle^0$	> 0	< 0

同时数值计算结果表明，$|\langle plmc|\, F\, |qlmc\rangle^0| \sim |\langle plms|\, F\, |qlms\rangle^0|$，所以只要确定

B_Γ 的符号。由上式所示的分子轨道作用能矩阵元，就能判断群轨道 $L_{\Gamma\gamma}(lm)$ 的成键性质，下面讨论三种键型的 B_Γ 与分子轨道的成键情况：

1) $m=0$ 的 σ 分子轨道

$B_\Gamma^c[\mathrm{tr}(\theta_1)]>0$, $L_{\Gamma\gamma}$为成键轨道。

$B_\Gamma^c[\mathrm{tr}(\theta_1)]<0$, $L_{\Gamma\gamma}$为反键轨道。

$B_\Gamma^c[\mathrm{tr}(\theta_1)]=0$, 则要参考次近邻配体对组成的 $B_\Gamma^c[\mathrm{tr}(\theta_2)]$。

如果 $B_\Gamma^c[\mathrm{tr}(\theta_2)]>0$, $L_{\Gamma\gamma}$为弱成键轨道。

$B_\Gamma^c[\mathrm{tr}(\theta_2)]>0$, $L_{\Gamma\gamma}$为弱反键轨道。

例如，八面体的 $B_{Tiu}(0,0)$ 在 $\mathrm{tr}(\theta_1)$ 时数值为零，而在 $\mathrm{tr}(\pi)$ 时为 $-1/2$，则其分子轨道属于弱反键轨道。

2) $m=1$ 的 π 分子轨道

$B_\Gamma^c[\mathrm{tr}(\theta_1)]<0$, $B_\Gamma^s[\mathrm{tr}(\theta_1)]>0$, $L_{\Gamma\gamma}$是成键轨道。

$B_\Gamma^c[\mathrm{tr}(\theta_1)]>0$, $B_\Gamma^s[\mathrm{tr}(\theta_1)]<0$, $L_{\Gamma\gamma}$是反键轨道。

当 $B_\Gamma^c[\mathrm{tr}(\theta_1)]$ 与 $B_\Gamma^s[\mathrm{tr}(\theta_1)]$ 同号且数值近似相等时，常可用互补三角形 $\mathrm{tr}(\pi-\theta_1)$ 中 B_Γ 来判断。由于标准三角形与互补三角形只差一个相因子，当 $B_\Gamma^c[\mathrm{tr}(\theta_1)]$ 与 $B_\Gamma^s[\mathrm{tr}(\theta_1)]$ 同号时，其互补三角形 $\mathrm{tr}(\pi-\theta_1)\equiv\mathrm{tr}(\theta_2)$ 中的 $B_\Gamma^c[\mathrm{tr}(\theta_2)]$ 与 $B_\Gamma^s[\mathrm{tr}(\theta_2)]$ 必然反号，对多面体群轨道起成键或反键作用表 6-4。

表 6-4　B_Γ 判断轨道成键

	$\mathrm{tr}(\theta_1)$	$\mathrm{tr}(\pi-\theta_1)$	
Γ_g	$B_\Gamma^c>0, B_\Gamma^s>0$	$B_\Gamma^c>0, B_\Gamma^s>0$	反键轨道
		$B_\Gamma^c<0, B_\Gamma^s>0$	成键轨道
Γ_u	$B_\Gamma^c<0, B_\Gamma^s<0$	$B_\Gamma^c<0, B_\Gamma^s>0$	成键轨道
		$B_\Gamma^c>0, B_\Gamma^s<0$	反键轨道

6.4.2　铌团簇成键性质判断

近年用极端物理–化学手段，合成了大量团簇，如碳富勒烯、过渡金属团簇等。这些分子大多量少且不稳定，是理论研究的重要课题，现以铌团簇为例，分析其成键性质。

1) Nb_3 团簇

Nb_3 可形成高对称性的等边三角形 ($D_{3\mathrm{h}}$)，即有一个标准三角形 $\mathrm{tr}(60°)$。依群表示可组成 $A_1'+E''$ 不可约表示的 σ 轨道，$A_2'+A_2''+E''+E''$ 不可约表示的 π 轨道和 $A_1'+A_1''+E'+E''$ 不可约表示的 δ 轨道。5s 和 $4\mathrm{d}_{z^2}$ 电子可以生成属 A_1' 不可约表示的向心 σ 轨道，由 B_Γ^λ 的代数符号判断 A_1' 为成键轨道 (bonding molecular orbital, BMO)，而 E' 为反键轨道 (untibonding molecular orbital, AMO)。同样利用 B_Γ^λ 值判断 π 轨道的 A_2'' 和 E' 为 BMO，A_2' 和 E'' 为 AMO，δ 轨道中

A_1' 和 E' 为 BMO，而 A_1'' 和 E'' 为 AMO。在 π 和 δ 轨道中，对称性匹配的轨道 (e′，e″) 相互作用，一个轨道能量降低成为成键轨道，另一个轨道能量升高为反键轨道。总的 BMO 个数为 $4\times3/2+1(\mathrm{s})+1(\mathrm{d}_{z^2}) = 8$，可以容纳 16 个价电子，轨道排布为 $(1\mathrm{a}_1')^2(2\mathrm{a}_1')^2(1\mathrm{a}_2'')^2(1\mathrm{e}')^4(3\mathrm{a}_1')^2(1\mathrm{e}'')^4$。因为 Nb_3 共有 15 个价电子，不能完全填满 8 个成键轨道。如果未成对电子占据简并轨道，JT 畸变发生，等边三角形结构对称性降低为等腰三角形 ($C_{2\mathrm{v}}$)。

2) Nb_4 团簇

四核团簇可组成高对称性的正四面体 (T_d) 结构，其不等价标准三角形有两种，即 tr(0°) 和 tr(109°28′)。依群表示可组成 $A_1 + T_2$ 不可约表示的 σ 型分子轨道和 $E + T_1 + T_2$ 不可约表示的 π 和 δ 轨道。利用 B_Γ^λ 的代数符号 (表 6-5) 判断以上分子轨道的成键性质可知：属 A_1 不可约表示的 σ 轨道 $B_\Gamma^c = 1/4 > 0$，为成键 BMO；属 T_2 不可约表示的 π 轨道 $B_\Gamma^c = -1/8 < 0$，$B_\Gamma^s = -3/8 > 0$，而 δ 轨道的 B_Γ^λ 值符号正相反，所以它们都有成键性质。同样可判断属 T_2 不可约表示的 σ 轨道和 T_1 型的 π、δ 轨道为 AMO；E 型轨道虽由 B_Γ^λ 判断为非键轨道 (nobonding molecular orbital, NBMO)，但在不考虑向心和切向轨道的相互作用下也可以为成键轨道。Nb_4 团簇共有 20 个价电子 (Nb 原子的价电子组态为 $5\mathrm{s}^1 4\mathrm{d}^4$)，5s 和 $4\mathrm{d}_{z^2}$ 电子可以生成向心成键轨道，属 A_1 不可约表示；而 d_{yz} 和 d_{xz}、d_{xy} 和 $\mathrm{d}_{x^2-y^2}$ 则均可形成属 T_2 和 E 不可约表示的切向分子轨道。骨架 BMO 为 $a_1 + e + t_2$，另外 $a_1 + t_2$ 为三角面上的成键轨道。Nb_4 的 20 个价电子恰可填满以上 10 个成键轨道，因此预测 Nb_4 团簇的基态为正四面体，电子态为 $^1\mathrm{A}_1$。

表 6-5　Nb_4 原子团簇轨道成键判断

	λ	$B_\Gamma^\sigma(0,0)$			$B_\Gamma^\pi(1,1)$			$B_\Gamma^\delta(2,2)$	
		A_1	T_2	E	T_1	T_2	E	T_1	T_2
tr(θ)	c	1/4	−1/4	−1/4	3/8	−1/8	1/4	−3/8	1/8
	s			−1/4	−1/8	3/8	1/4	1/8	−3/8
MO		BMO	AMO	NBMO	AMO	BMO	NBMO	AMO	BMO

3) Nb_6 团簇

六核团簇可形成对称性很高的 O_h 结构，有 3 种不等价三角形 (tr(0°)、tr(90°)、tr(180°))。结合最近邻原子对和次近邻原子对组成的标准三角形 (tr(π/2) 和 tr(π)) 的 B_Γ^λ 的代数符号，可判断 σ 型分子轨道中 $A_{1\mathrm{g}}$、$T_{1\mathrm{u}}$、E_g 的成键能力依次减弱，分别为成键、弱反键、反键。

$A_{1\mathrm{g}}$ 不可约表示由 s 和 d_{z^2} 轨道贡献成键；

π 轨道包括 $T_{1\mathrm{g}} + T_{1\mathrm{u}} + T_{2\mathrm{g}} + T_{2\mathrm{u}}$ 不可约表示；

δ 轨道包括 $A_{2\mathrm{g}} + E_\mathrm{g} + T_{2\mathrm{g}} + A_{2\mathrm{u}} + E_\mathrm{u} + T_{2\mathrm{u}}$ 不可约表示。

由于 B_{Γ}^{λ} 系数矩阵存在对称性交叉关系，所以在 π 和 δ 轨道中，属于不可约表示$\Gamma_{\rm g}$ 和$\Gamma_{\rm u}$ 的不同宇称的基向量成键性质恰相反。例如，π 轨道的 $T_{1\rm g}$ 和 $T_{2\rm u}$ 为 AMO，$T_{1\rm u}$ 和 $T_{2\rm g}$ 则为 BMO；同样，δ 轨道的 $A_{2\rm u}$、$T_{2\rm g}$、$E_{\rm g}$ 为 BMO，$A_{2\rm g}$、$T_{2\rm u}$、$E_{\rm u}$ 为 AMO。考虑 $\pi(\rm t_{2g})$ 与 $\delta(\rm t_{2g})$ 相互作用，会生成一个成键的 $\rm t_{2g}$ 轨道和一个反键的 $\rm t_{2g}$；同样，$\pi(\rm t_{2u})$ 与 $\delta(\rm t_{2u})$ 也形成一个弱成键和一个弱反键轨道。

定性分析发现，$\rm d_{yz}$、$\rm d_{xz}$、$\rm d_{xy}$ 和 $\rm d_{x^2-y^2}$ 组成的切向轨道总是成键反键成对出现，即有 4×6/2=12 个切向成键轨道；而向心方向还有 s 和 $\rm d_{z^2}$ 组成的两个成键轨道，所以 $\rm Nb_6$ 共有 14 个成键轨道 $(\rm 1a_{1g})^2(2a_{1g})^2(1t_{2g})^6(1t_{1u})^6\ (1a_{2u})^2\ (1e_g)^4(1t_{2u})^6$。考虑到 $\rm Nb_6$ 有 30 个价电子，必然有多余的 2 个电子填充在反键轨道，$\rm Nb_6$ 团簇的正八面体结构不稳定，要发生畸变。但如将部分轨道贡献给配体原子成键，则剩余的轨道就可以形成完整的正八面体骨架，如 $\rm [Nb_6Cl_{12}]^{4+}$ 就是以正八面体 $\rm Nb_6$ 为簇骨架的典型配合物。其中 6 个 Nb 的 $\rm d_{x^2-y^2}$、s 共 12 个轨道用于与 Cl 成键；而 $\sigma(\rm d_{z^2})$、$\pi(\rm d_{xz}, d_{yz})$、$\delta(\rm d_{xy})$ 轨道用于形成骨架，其分子轨道排布为 $(\rm a_{1g})^2(t_{1u})^6(t_{2g})^6$。

6.4.3 复合多面体 $\rm Fe_4S_4$ 成键性质判断

由不等价原子套构而成的复合多面体，采用群重叠法处理也是十分有效的。若把每一套等价原子视为一个子体系，每个子体系即为一个简单的结构多面体。由于复合多面体的不等价原子总是有序地交替分布，最近邻原子对之间的作用往往反映两个子体系之间的相互作用。显然，复合多面体的问题关键就是处理子体系间的相互作用。从点群对称性出发，两个子体系的群轨道分别表示为 $L_{\Gamma r}^{(1)}$ 和 $L_{\Gamma r}^{(2)}$。两个相同对称性的子体系之间的作用

$$\left\langle L_{\Gamma\gamma}^{(1)}(l_1m_1)\ \middle|\ L_{\Gamma\gamma}^{(2)}(l_2m_2)\right\rangle = \frac{1}{K_\Gamma}\sum_{\Delta opq} Z(opq)[B_\Gamma(pl_1m_1c, ql_2m_2c)\left\langle pl_1m_1c\right|\left.ql_2m_2c\right\rangle^0 \\ +B_\Gamma(pl_1m_1s, ql_2m_2s)\left\langle pl_1m_1s\right|\left.ql_2m_2\ s\right\rangle^0]. \tag{6-4-4}$$

式 (6-4-4) 与简单多面体是完全相仿的，仅 p 与 q 分属于不同多面体的不等价原子。B_Γ 满足正交归一化条件。若 $g_\Gamma^j(m_1)$ 和 $g_\Gamma^j(m_2)$ 代表两个子体系的群重叠，可得到

$$\begin{aligned} g_\Gamma^j(m_1)g_\Gamma^j(m_2) &= \frac{1}{K_\Gamma}\sum_{\Delta opq} Z(opq)[B_\Gamma(pm_1c, qm_2c)\left\langle \psi_{m1c}^j(p)\ \middle|\ \psi_{m2c}^j(q)\right\rangle^0 \\ &\quad +B_\Gamma(pm_1s, qm_2s)\left\langle \psi_{m1s}^j(p)\ \middle|\ \psi_{m2s}^j(q)\right\rangle^0] \\ &= \frac{1}{K_\Gamma}\sum_{\Delta opq} Z(opq)[B_\Gamma(pm_1c, qm_2c)A_{m1m2}^j(\omega) \\ &\quad +B_\Gamma(pm_1s, qm_2s)B_{m1m2}^j(\omega)]. \end{aligned} \tag{6-4-5}$$

ω 为标准三角形中 op 与 oq 的夹角。

根据 B_Γ 的正交归一性

$$\begin{aligned}\sum_\Gamma g_\Gamma^j(m_1)g_\Gamma^j(m_2)B_\Gamma(pm_1c,qm_2c)=A^j_{m1m2}(\omega),\\ \sum_\Gamma g_\Gamma^j(m_1)g_\Gamma^j(m_2)B_\Gamma(pm_1s,qm_2s)=B^j_{m1m2}(\omega).\end{aligned}\tag{6-4-6}$$

当我们把 $[Fe_4S_4]^{n-}$ 体系看成是由两个正四面体嵌套的复合多面体，Fe-S 之间相互作用能矩阵元可按式 (6-4-3) 计算，B_Γ 计算可按式 (6-4-6) 计算，表 6-6 为计算结果，表 6-7 为计算所得 Δ 值。

表 6-6　$Fe_4S_4(T_d)$ 中 Fe-S 相互作用的 B_Γ 值

B_Γ	Γ	tr(θ_1)		tr(π)	
		c	s	c	s
(0,0)	A_1	1/4		1/4	
	T_2	1/4		−3/4	
(0,1)	T_2	−1/2			
(1,1)	E	−1/4	1/4	1/4	−1/4
	T_1	−3/8	−1/8	−3/8	3/8
	T_2	1/8	3/8	−3/8	3/8
(1,2)	E	1/4	1/4	−1/4	−1/4
	T_1	−3/8	1/8	−3/8	−3/8
	T_2	−1/8	3/8	3/8	3/8
(2,2)	E	1/4	−1/4	1/4	−1/4
	T_1	3/8	1/8	−3/8	3/8
	T_2	1/8	3/8	−3/8	−3/8

表 6-7　$Fe_4S_4(T_d)$ 中 Fe-S 相互作用的 Δ 值

Δ	Γ	tr(θ_1)		tr(π)	
		c	s	c	s
(0,0)	A_1	$\sqrt{3}/2$		1/2	
	T_2	1/2		$-\sqrt{3}/2$	
(0,1)	T_2	−1/2		−1	
(1,1)	E	$-\sqrt{6}/4$	$\sqrt{6}/4$	$\sqrt{2}/4$	$-\sqrt{2}/4$
	T_1	−3/4	−1/4	$-\sqrt{3}/4$	$\sqrt{3}/4$
	T_2	1/4	3/4	$-\sqrt{3}/4$	$\sqrt{3}/4$
(1,2)	E	$\sqrt{6}/4$	$\sqrt{6}/4$	$-\sqrt{2}/4$	$-\sqrt{2}/4$
	T_1	−3/4	1/4	$-\sqrt{3}/4$	$-\sqrt{3}/4$
	T_2	−1/4	3/4	$\sqrt{3}/4$	$\sqrt{3}/4$
(2,2)	E	$\sqrt{6}/4$	$\sqrt{6}/4$	$-\sqrt{2}/4$	$-\sqrt{2}/4$
	T_1	−3/4	1/4	$-\sqrt{3}/4$	$\sqrt{3}/4$
	T_2	−1/4	3/4	$\sqrt{3}/4$	$-\sqrt{3}/4$

此外，利用群重叠 $g_{\Gamma}^{j}(m)$ 作为分子轨道的归一化常数，我们能够直接导出计算重叠矩阵 $\langle L_{\Gamma\gamma}(l_1m_1) \mid L_{\Gamma\gamma}(l_2m_2)\rangle$ 的另一种方法。由于

$$|L_{\Gamma\gamma}(lm)\rangle = \frac{1}{g_{\Gamma}^{j}(m)}\sum_{p,\lambda}|plm\lambda\rangle\left\langle plm\lambda\right|\left.\psi_{\Gamma\gamma}^{j}\right\rangle,$$

所以

$$\begin{aligned}&\sum_{\Gamma}K_{\Gamma}g_{\Gamma}^{j}(m_1)g_{\Gamma}^{j}(m_2)\langle L_{\Gamma\gamma}(l_1m_1) \mid L_{\Gamma\gamma}(l_2m_2)\rangle\\ =&\sum_{\Delta opq}Z(opq)[A_{m1m2}^{j}(\omega_{pq})\langle pl_1m_1c \mid ql_2m_2c\rangle^0 + B_{m1m2}^{j}(\omega_{pq})\langle pl_1m_1s \mid ql_2m_2s\rangle^0].\end{aligned} \tag{6-4-7}$$

式 (6-4-7) 表明，如果我们选择尽可能低 j 值的生成轨道 ψ_{Γ}^{j}，采用轨道性格方法计算 $g_{\Gamma}^{j}(m)$，那么群重叠矩阵 $\langle L_{\Gamma\gamma}(l_1m_1) \mid L_{\Gamma\gamma}(l_2m_2)\rangle$ 的计算就更加简便了。

6.5 前线轨道与分子轨道对称守恒

6.5.1 前线轨道理论

20 世纪 50 年代，福井谦一在研究芳香烃的亲电取代反应时指出，这些分子的最高占据分子轨道 (highest occupied molecular orbital, HOMO) 上电荷密度最大位置，最易发生反应，而亲核芳香取代反应中最低未占据分子轨道 (lowest unoccupied molecular orbital, LUMO)，假想电荷集居数最大处反应活性最大。60 年代他又进一步提出 HOMO 与 LUMO 相互作用时，不仅是电荷的分布，而且是这些轨道的对称性决定反应的选择性，只有轨道对称性匹配时，反应才能进行。前线轨道理论认为两种分子间的相互作用主要来自 HOMO 与 LUMO 之间的作用，该理论讨论化学反应活性时，就得到前线轨道之间作用越大，反应速度越快的结论。

在定性讨论中，我们只需知道这些前线轨道的对称性质，就可以推测：反应分子以不同方式相互作用时，若轨道的重叠情况是对称性匹配的，则此反应在动力学上是可能的，或称 “对称允许”。反之，则为 “对称禁阻” 的。“对称允许” 的反应，一般反应条件加热即可进行，而 “对称禁阻” 的反应，即分子在基态很难进行反应，必须经光照成激发态，才能使反应进行。

例 1 丁二烯和乙烯环加成生成环己烯的反应

$H_2C{=}CH{-}CH{=}CH_2 + H_2C{=}CH_2 \xrightarrow{\Delta}$ (环己烯：HC═CH, H_2C, CH_2, H_2C—CH_2)

这一反应加热即能进行，因为它们的前线轨道对称性匹配，见图 6-6。

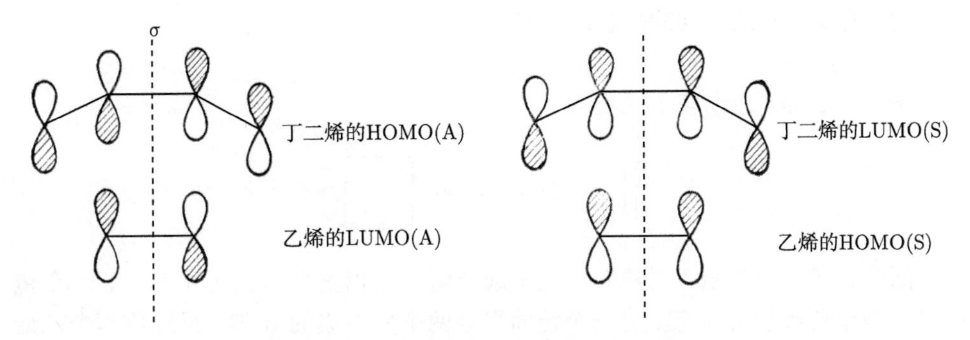

图 6-6　丁二烯和乙烯的前线轨道对称性

丁二烯的 4 个 π 分子轨道可用休克尔近似计算获得，能量较低的 2 个为占据轨道，最高占据轨道 HOMO 如图 6-6 所示，它对分割分子链的垂面 σ 是反对称的 (A)，它的最低空轨道 (LUMO) 则是对称的 (S)。乙烯 HOMO(π 键) 对 σ 平面是对称的 (S)，LUMO(π^*) 对 σ 平面是反对称的 (A)。根据前线轨道理论，丁二烯的 LUMO(S) 与乙烯的 HOMO(S)，或是丁二烯的 HOMO(A) 与乙烯的 LUMO(A) 都是对称性匹配的，加热就可进行反应。

但是两个乙烯分子环加成变为环丁烷的反应，单纯加热并不能进行。

6.5.2　分子轨道对称守恒原理

霍夫曼提出的分子轨道对称守恒原理，是将整个分子轨道一起考虑，即在一步完成的化学反应中，若反应物分子和产物分子的分子轨道对称性一致时，反应容易进行，也就是说整个反应体系从反应物、中间态到产物，分子轨道始终保持某一对称群的对称性 (对环合反应，顺旋过程保持 C_2 对称性，对旋过程保持 σ_v 对称性)，反应容易进行。

1) 轨道能量相关图

根据这一考虑，可将反应进程分子轨道的变化关系用轨道能量相关图联系起来，绘制能量相关图要点如下：

(1) 按能量高低将反应物、产物分子轨道顺序排列，分别置于图的左、右侧；

(2) 反应物的分子轨道与产物的分子轨道一一对应；

(3) 相关轨道的能量相近、对称性相同, 用一直线相连；

(4) 对称性相同的关联线不相交。

在能量相关图中，如果产物的每个成键轨道都只和反应的成键轨道相关联，则反应的活化能低，易于反应，称作对称允许，一般加热就能实现。如果双方有成键轨道和反键轨道相关联，则反应活化能高，难于反应，称作对称禁阻，要实现这种反应，需把反应物的基态电子活化到激发态。对称性相同的轨道间会产生相互排斥的作用，所以对称性相同的关联线不相交。

2) 应用实例

例 2 乙烯二聚 (环加成反应)：

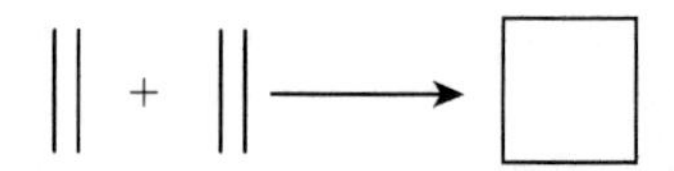

两个乙烯分子靠近，对称守恒元素选择两个互相垂直的镜面 σ 和 σ′，一个镜面平分两个要破裂的 π 键, 另一个镜面平分两个要生成的 σ 键。反应物两个乙烯的 π 和 π′ 轨道线性组合成成键轨道 π1 和 π2，两个乙烯的反键轨道 π^* 和 π'^* 组合成反键轨道 $\pi3^*$、$\pi4^*$。

$$\pi1 = \pi + \pi',$$
$$\pi2 = \pi - \pi'',$$
$$\pi3^* = \pi^* + \pi'^*,$$
$$\pi4^* = \pi^* - \pi'^*.$$

π1、π2 轨道对 σ 镜面为对称 (S)，对 σ′ 镜面分别为对称 (S) 和反对称 (A)。π3、π4 对 σ 镜面均为对称，对 σ′ 镜面分别为对称和反对称。生成物环丁烷在反应中生成的 σ 键 (另外两个 σ 键反应中不变，可不考虑) 的成键轨道分别为 σ_1、σ_2, 反键轨道为 σ_3^*、σ_4^*。对于垂直镜面，σ_1、σ_2 轨道分别为对称和反对称，σ_3^*、σ_4^* 也是一个对称一个反对称；对于水平镜面，σ_1、σ_2 都是对称的，σ_3^*、σ_4^* 都是反对称的。再根据对称性相同能级相关，得到乙烯二聚的轨道能量相关图。从图 6-7 中可看出，乙烯二聚是加热反应禁阻的，必须光照反应才能进行。

例 3 丁二烯环合为环丁烯

反应物丁二烯的四个 π 分子轨道已从休克尔近似获得，丁二烯环合成环丁烯后，它从四中心的大 π 键转化成一个小 π 键和一个 σ 键，这样生成物的轨道按能量从低往高顺序是 σ、π、π^*、σ^*(图 6-8)。

当丁二烯进行对旋时，分子轨道是对 σ 垂面保持对称，反应物丁二烯的四个 π 轨道的对称性分别是 S、A、S、A，生成物环丁烯轨道的对称性分别是 S、S、A、A，将反应物与生成物的对称性相同的用虚线连接起来，我们得到轨道相关图，由于虚线跨越了成键与反键界限，反应是对称禁阻，需要光照。

当丁二烯进行顺旋时，分子轨道是对 C_2 旋转轴保持对称，反应物丁二烯的四个 π 轨道的对称性分别是 A、S、A、S，生成物环丁烯轨道的对称性分别是 S、A、S、A，

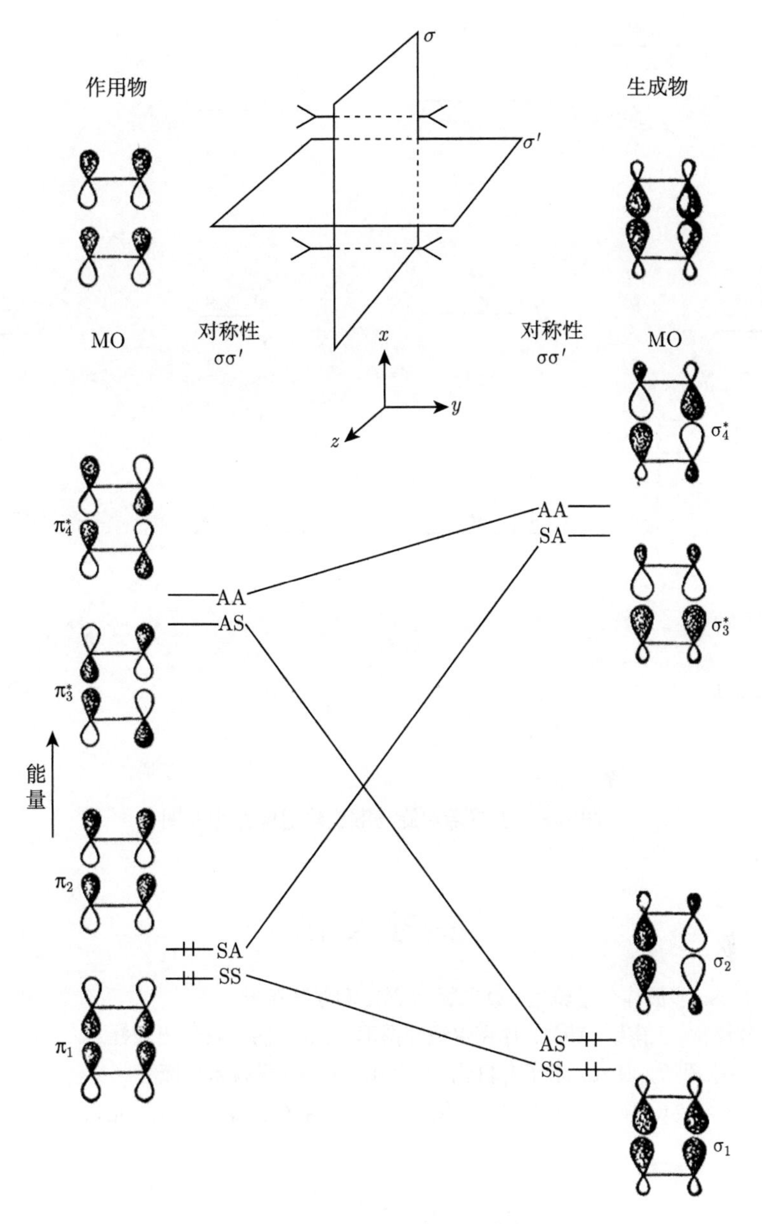

图 6-7　乙烯二聚环加成反应

这样得到的轨道相关图，对称连线没有跨越成反键界限，是对称匹配的，在加热条件下就能进行。

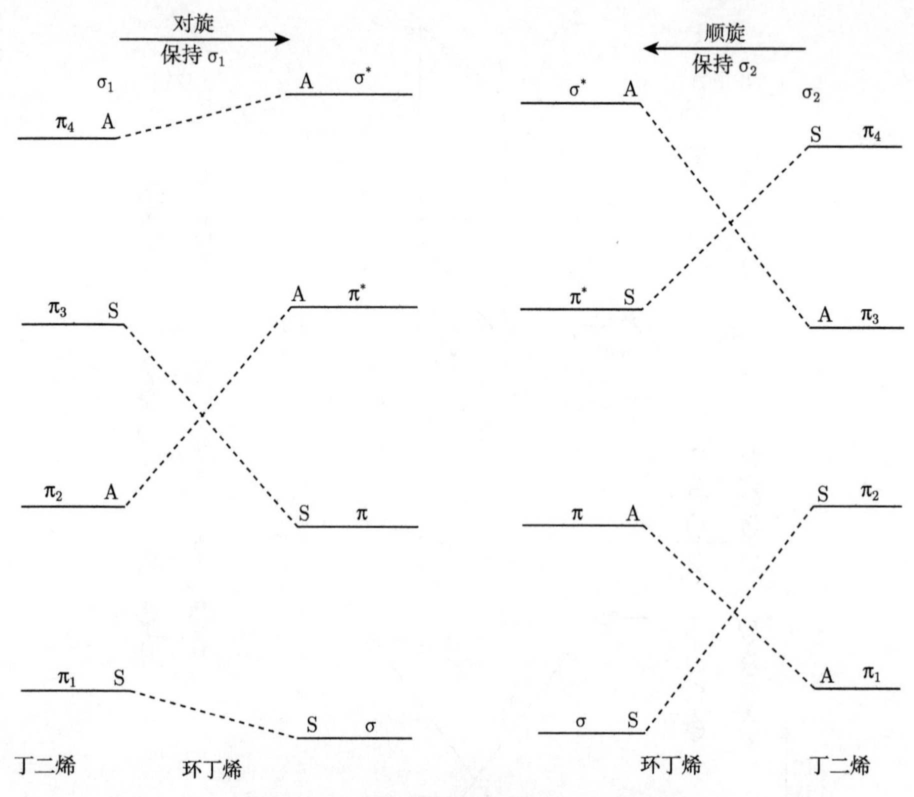

图 6-8　丁二烯对旋与顺旋轨道能级相关图

参 考 文 献

张乾二. 2008. 多面体分子轨道. 第二版. 北京: 科学出版社.

张乾二, 林连堂, 王南钦. 1981. 休克尔矩阵图形方法. 北京: 科学出版社.

朱永, 韩世刚, 平仇. 1986. 量子有机化学. 上海: 上海科学技术出版社.

Cotton F A. 1971. 群论在化学中的应用. 刘春万, 游效曾, 赖伍江译. 北京: 科学出版社.

习　题　6

6-1　若反式丁二烯对称性为 $D_{3\mathrm{h}}$，试用其子群 D_4 投影算符，构造 π 分子轨道。

6-2　试用先定系数法计算戊二烯基阴离子的共轭分子轨道及其能量。

6-3　五个 d 轨道在 O 群对称操作作用下产生的可约表示为 $\varGamma = 5(E), -1(C_4), 1(C_2), -1(C_3), 1(C_2)$，证明可分解为 $E + T_2$ 不可约表示的直和，即 d 轨道在八面体场中分裂为 e 和 t_2 两个能级。

6-4　写出 $[PtCl_4]^{2-}$(平面四边形) 对称性匹配分子轨道。

6-5　写出 BF_3 的对称性匹配轨道。

6-6　PCl_5 分子属 D_{3h} 点群，将 P—Cl 形成的 5 个 σ 键的可约表示约化成不可约表示，并求解 P 的杂化轨道。

6-7　试用休克尔近似方法，确定三亚甲基甲烷 π 分子轨道的系数及相应的能量。

6-8　根据上题计算结果，再计算各 C 原子上 π 电荷集居，C 原子间重叠集居，并用简图表示。

6-9　富烯为 C_{2v} 点群，请用休克尔方法或图形方法求解分子轨道与能量，最后作出分子图。

6-10　试写出环己三烯 π 电子 p_z 轨道形成的可约表示，并将其约化成不可约表示。

6-11　用投影算符写出环己三烯 π 电子轨道，并进行能量矩阵元约化。

6-12　用投影算符写出双亚甲基环丁烯的 π 电子分子轨道，并进行能量矩阵元约化。

6-13　用前线轨道讨论乙烯二聚为环丁烯反应，需光照才能进行。

6-14　用轨道对称守恒理论讨论丁二烯与乙烯环合反应对光与热的选择。

第 7 章　对称性与分子光谱

本章首先介绍薛定谔方程本征函数的性质及其对称性分类，进而讨论如何用对称性判断非零矩阵元。然后联系分子原子的内部运动和电子跃迁，讨论分子振动模式的对称性，介绍对称性在多原子分子红外与拉曼光谱及电子光谱分析中的应用。

7.1　量子力学本征函数及其对称性

分子体系定态的薛定谔方程为

$$H\Psi = E\Psi. \tag{7-1-1}$$

式中，H 是体系哈密尔顿算符；Ψ 是状态波函数；E 是本征能量。一个对称操作把体系带到等价的构型中，物理上和原初始构型没有任何区别，对称操作前后体系的能量必须相同。因此，哈密尔顿能量算符和任意对称操作 R 可交换，即

$$\begin{aligned} RH &= HR, \\ RH\Psi &= HR\Psi, \\ H(R\Psi) &= E(R\Psi). \end{aligned} \tag{7-1-2}$$

显然，$R\Psi$ 和 Ψ 具有同一本征值 E，对应的本征函数只能相差一个常数因子。对非简并态，

$$R\Psi_i = c\Psi_i.$$

由归一化条件有

$$\begin{aligned} \langle c\Psi_i \mid c\Psi_i\rangle = cc^* \langle \Psi_i|\Psi_i\rangle = |c|^2 = 1, \\ R\Psi_i = c\Psi_i = \pm 1\Psi_i. \end{aligned} \tag{7-1-3}$$

因此，Ψ_i 构成 R 一维不可约表示的基函数，特征标为 ± 1。

对于 n 重简并情况，

$$H\Psi_{ij} = E_i\Psi_{ij}, \quad j = 1, 2, \cdots, n. \tag{7-1-4}$$

类似地，体系哈密尔顿算符和任意对称操作 R 可交换，有

$$\begin{aligned} R(H\Psi_{ij}) = E_i(R\Psi_{ij}), \\ H(R\Psi_{ij}) = E_i(R\Psi_{ij}),\ j = 1, 2, \cdots, n. \end{aligned} \tag{7-1-5}$$

对简并态, 本征函数 $R\Psi_{ij}$ 和 Ψ_{ij} 具有相同的本征值，一定是对应简并态本征函数 $(\Psi_{i1},\Psi_{i2},\cdots,\Psi_{in})$ 的线性组合：

$$R\Psi_{ij}=\sum_{m=1}^{n}r_{mj}\Psi_{im}. \tag{7-1-6}$$

对另一对称操作 S，类似地有

$$S\Psi_{il}=\sum_{j=1}^{n}s_{jl}\Psi_{ij}.$$

$$\begin{aligned}RS\Psi_{il}&=R(S\Psi_{il})=R\sum_{j=1}^{n}s_{jl}\Psi_{ij}\\&=\sum_{j=1}^{n}s_{jl}R\Psi_{ij}=\sum_{j=1}^{n}s_{jl}\sum_{m=1}^{n}r_{mj}\Psi_{im}\\&=\sum_{j,m}^{n}s_{jl}r_{mj}\Psi_{im}.\end{aligned}$$

令 $RS=T$

$$T\Psi_{il}=\sum_{m=1}^{n}t_{ml}\Psi_{im},$$

$$t_{ml}=\sum_{j=1}^{n}r_{mj}s_{jl},\quad m,l=1,2,\cdots,n. \tag{7-1-7}$$

或对应的表示矩阵满足

$$D(T)=D(RS)=D(R)D(S).$$

因此，简并的本征函数集合 $(\Psi_{i1},\Psi_{i2},\cdots,\Psi_{in})$ 构成群 $G=\{E,R,S,T,\cdots\}n$ 维表示的基。由于哈密尔顿算符的埃尔米特性，简并本征函数集合构成不变的子空间，对应的表示是不可约的。

7.2　非零矩阵元的检验

在量子化学和分子光谱计算中，需处理大量积分，它们通常被称为矩阵元，利用群直积表示的性质，可以方便地判断这些矩阵元的非零值性质。例如，在计算两个函数乘积的积分时，即

$$\int f_Af_B\mathrm{d}\tau.$$

式中积分因子只有在其所属对称群中具备全对称性质或其包含全对称组分时，积分的数值才不为零。我们知道, f_A 和 f_B 可以分别作为不可约表示 $\varGamma_A$ 和 $\varGamma_B$ 的基，其乘积函数 f_Af_B 可以作为它们直积表示 $\varGamma_{AB}$ 的基。一般来说，$\varGamma_{AB}$ 可以表示成不可约表示的和，即

$$\varGamma_{AB} = \varGamma_A \otimes \varGamma_B = \sum_i \varGamma_i. \tag{7-2-1}$$

可以证明，只有当不可约表示满足 $\varGamma_A = \varGamma_B$ 时，直积表示 $\varGamma_{AB}$ 才包含全对称表示。

在处理多个函数乘积的积分时，类似地有

$$\varGamma_{ABC\cdots} = \varGamma_A \otimes \varGamma_B \otimes \varGamma_C \cdots = \sum_i \varGamma_i.$$

只有其表示直积为全对称表示或包含全对称表示的分量时，积分为非零值。

7.2.1 能量矩阵元

若体系的波函数 $\varPsi$ 可以写成完备集合 $\{\varPhi_i\}$ 的线性组合

$$\varPsi = \sum_i C_i \varPhi_i. \tag{7-2-2}$$

于是用线性变分法求解薛定谔方程的过程中需要计算大量的能量矩阵元

$$H_{ij} = \left\langle \varPhi_i | \hat{H} | \varPhi_j \right\rangle = \int \varPhi_i^* \hat{H} \varPhi_j \mathrm{d}\tau. \tag{7-2-3}$$

由于哈密尔顿算符 $\hat{H}$ 属于全对称表示，$\int \varPhi_i^* \hat{H} \varPhi_j \mathrm{d}\tau$ 中的积分因子的对称性完全取决于 $\varPhi_i$ 和 $\varPhi_j$ 的对称性。只有当 $\varPhi_i$ 和 $\varPhi_j$ 属于同一不可约表示时，其直积表示中才能出现全对称表示，积分具有非零值，否则积分为零。

7.2.2 光谱跃迁概率

体系从一个态 (ψ_i) 到另一个态 (ψ_j) 的跃迁，伴随一个能量量子的得失，即

$$h\nu = E_i - E_j. \tag{7-2-4}$$

式中，ν 为跃迁过程吸收或发射辐射波的频率，对应的跃迁强度与电磁偶极矩或极化率张量变化成正比。它由下列方程给出

$$I \propto |M_{ij}|^2 = \left[\int \psi_i \hat{O} \psi_j \mathrm{d}\tau \right]^2. \tag{7-2-5}$$

式中，$\hat{O}$ 是跃迁矩算符，对应于电或磁的偶极矩、多极矩或极化率张量的变化。

电偶极矩跃迁是最普遍的跃迁类型之一，下面以电偶极矩跃迁为例，简要讨论群论在电子光谱、红外和拉曼光谱活性预测中的应用。

1) 电子跃迁

电偶极矩 μ 是体系所有原子核坐标的函数，偶极矩算符具有如下形式：

$$\mu=\sum_i e_ix_i+\sum_i e_iy_i+\sum_i e_iz_i=\mu_x+\mu_y+\mu_z. \tag{7-2-6}$$

式中，e_i 表示第 i 个粒子上的电荷；(x_i, y_i, z_i) 是它们的笛卡儿坐标。式 (7-2-6) 代入式 (7-2-5) 有

$$\begin{aligned}I&\propto\left[\int\psi_i\mu\psi_j\mathrm{d}\tau\right]^2\\&=\left[\int\psi_i\mu_x\psi_j\mathrm{d}\tau\right]^2+\left[\int\psi_i\mu_y\psi_j\mathrm{d}\tau\right]^2+\left[\int\psi_i\mu_z\psi_j\mathrm{d}\tau\right]^2.\end{aligned}$$

由于笛卡儿坐标的正交性，三个分量是相互独立的，习惯上表示为三个方向的偶极跃迁矩

$$\begin{aligned}I_x&\propto[M_x^{ij}]^2=\left[\int\psi_i\mu_x\psi_j\mathrm{d}\tau\right]^2,\\I_y&\propto[M_y^{ij}]^2=\left[\int\psi_i\mu_x\psi_j\mathrm{d}\tau\right]^2,\\I_z&\propto[M_z^{ij}]^2=\left[\int\psi_i\mu_x\psi_j\mathrm{d}\tau\right]^2.\end{aligned}\tag{7-2-7}$$

显然，由于非零矩阵元的性质，只有电子态 ψ_i 和 ψ_j 的直积表示具有或包含 x、y 或 z 分量对称性时，电偶极跃迁强度才不为零。当积分 $\int\psi_i\mu_x\psi_j\mathrm{d}\tau$ 不为零时，我们说跃迁是 x 方向偏振的。

例 1　NH_3 分子的基态为 X^1A_1，根据非零矩阵元的性质 (参考 $C_{3\mathrm{v}}$ 特征标表 7-1)，可以判断下列电子跃迁的性质.

偶极允许的跃迁: $X^1A_1\rightarrow 2^1A_1$；偶极不允许的跃迁: $X^1A_1\rightarrow 1^1A_2$

表 7-1　$C_{3\mathrm{v}}$ 特征标表

$C_{3\mathrm{v}}$	E	$2C_3$	$3\sigma_\mathrm{v}$		
A_1	1	1	1	z	x^2+y^2, z^2
A_2	1	1	-1	R_z	
E	2	-1	0	(x, y)	$(x^2-y^2, xy)(xz, yz)$

例 2　对于一些分子体系，它们所属的对称点群，笛卡儿坐标轴不等价，导致只对具有一定方向的入射光的电向量才有某些类型的跃迁。以往的研究表明，三

乙酰丙酮基三价金属离子和三草酸根金属 M^{3+} 络合物，六个配体形成三螯形化合物，为变形的八面体。化合物的对称性从 O_h 下降为 D_3，这些化合物没有对称心，电子跃迁的选择定则占主要地位。

三草酸根铬 (III) 离子 $[Cr(C_2O_4)_3]^{3-}$, 当化合物的对称性从 O_h 下降为 D_3，O_h 群中的不可约表示 A_{2g} 降为 D_3 群的 A_2(基态)，T_{1g} 表示分解为 A_2 和 E，T_{2g} 表示分解为 A_1 和 E。我们需要知道下列跃迁的偏振作用：$A_2 \to A_1$，$A_2 \to A_2$，$A_2 \to E$。查阅 D_3 特征标表，z 属于 A_2 表示，(x, y) 属于 E 表示，我们得到这些跃迁 (电偶极矩) 的选择定则，如表 7-2 所示。

表 7-2 $[Cr(C_2O_4)_3]^{3-}$ 三草酸根铬离子电子跃迁选择定则

电偶极矩	(光的偏振作用) 跃迁选择定则		
	$A_2 \to A_1$	$A_2 \to A_2$	$A_2 \to E$
$\langle \psi'_e \| z \| \psi_e \rangle$	允许	禁阻	禁阻
$\langle \psi'_e \| (x, y) \| \psi_e \rangle$	禁阻	禁阻	允许

2) 红外光谱

假设红外 (infrared radiation，IR) 吸收来自分子基态的振动跃迁，其强度正比于其跃迁偶极矩，即

$$I \propto \left[\int \Psi_0^i \mu \Psi_0^j \mathrm{d}\tau \right]^2. \tag{7-2-8}$$

其中，Ψ_0^i 为振电波函数，可以写成基态电子波函数与振动波函数的积：

$$\Psi_0^i = \psi_0 \varphi_i. \tag{7-2-9}$$

根据玻尔兹曼 (Boltzmann) 分布，分子跃迁的初态主要处在振动基态，即振动量子数 n=0，决定振动跃迁强度的偶极跃迁矩可表示为

$$M_{0j} = \int \Psi_0^0 \mu \Psi_0^j \mathrm{d}\tau = \int \Psi_0^0 \mu_x \Psi_0^j \mathrm{d}\tau + \int \Psi_0^0 \mu_y \Psi_0^j \mathrm{d}\tau + \int \Psi_0^0 \mu_z \Psi_0^j \mathrm{d}\tau.$$

采用谐振子近似，简正振动模式的波函数为

$$\varphi_n(\xi_i) = N_n \exp\left(-\frac{1}{2}z^2\right) H_n(z). \tag{7-2-10}$$

其中, N_n 为归一化常数； $z = \sqrt{\beta}\xi_i$, $\beta = \dfrac{\sqrt{mk}}{\hbar}$, ξ_i 为简正模式位移坐标。振动量子数 n=0, 1, 2, 3, 对应波函数中的埃尔米特多项式如下：

$$H_0(z) = 1, \quad H_1(z) = 2z, \quad H_2(z) = 4z^2 - 2, \quad H_3(z) = 8z^2 - 12z.$$

振动基态波函数为 $\varphi_0(\xi_i) = N_0 \mathrm{e}^{-\frac{\beta\xi_i^2}{2}}$，第一振动激发态波函数为

$$\varphi_1(\xi_i) = N_1 \mathrm{e}^{-\frac{\beta\xi_i^2}{2}}(2\sqrt{\beta}\xi_i).$$

显然，振动基态波函数是全对称的，而振动量子数 $n=1$ 激发态波函数的对称性与简正模式 ξ_i 的对称性一致。对于振动的基频吸收，即 $n=0 \to n=1$ 的跃迁，其强度由下列偶极跃迁矩决定

$$M_{01} = \int \varPsi_0^0(\xi_i)\mu\varPsi_0^1(\xi_i)\mathrm{d}\tau. \tag{7-2-11}$$

其中，$\varPsi_0^0(\xi_i)\varPsi_0^1(\xi_i)$ 乘积波函数的对称性与简正模式 ξ_i 的对称性一致。当该振动模式 ξ_i 的对称性与 μ 的任一分量对称性相同时，式 (7-2-11) 积分不为零，具有红外活性。

对于 n 个原子组成的分子，其简正振动模式的数目 k 为 $3n-6$(非线性分子) 或 $3n-5$(线性分子)，包含 k 个振动模式的总的波函数可以写成单个振动模式波函数的积：

$$\varPhi_{ij\cdots h} = \varphi_i(\xi_1)\varphi_j(\xi_2)\cdots\varphi_h(\xi_k). \tag{7-2-12}$$

当第 i 个振动模式激发时，即 n_i=0→1 跃迁，其他 $k-1$ 个模式仍然处于基态，其对应的振动波函数是全对称的，则跃迁前后总振动波函数的对称性仍由第 i 正则模式的对称性决定。当该振动模式 ξ_i 的对称性与 (x,y,z) 任一分量一致时，跃迁是允许的。

3) 拉曼光谱

对于拉曼 (Raman) 光谱，跃迁矩算符为极化率算符，即

$$\hat{P} = P(xx, yy, zz, xy, yz, xz).$$

拉曼光谱的强度正比于下列积分的平方：

$$I \propto \left[\int \varPsi_0^0(\xi_i)p(xx, yy, zz, xy, yz, xz)\varPsi_0^1(\xi_i)\mathrm{d}\tau\right]^2. \tag{7-2-13}$$

类似地，$\varPsi_0^0(\xi_i)\varPsi_0^1(\xi_i)$ 乘积波函数的对称性由简正模式 ξ_i 的对称性决定，当其对称性与极化率二次函数的任一分量的对称性匹配时，式 (7-2-13) 积分不为零，拉曼跃迁允许。

7.3　振动模式分析

由上面的讨论可以得知，分子振动红外和拉曼光谱的活性与简正模式的对称性密切相关，特别是对于基频谱带，其跃迁概率取决于简正模式与偶极矩或极化率

分量对称性的匹配。下面分别以 NH_3 ($C_{3\mathrm{v}}$)、BX_3 ($D_{3\mathrm{h}}$)、CO_2 ($D_{\infty\mathrm{h}}$) 为例，讨论简正模式的对称性分类及内坐标 (键长伸缩、键角弯曲等) 对振动模式的贡献。

7.3.1　NH_3 简正振动模式分析

以 NH_3 分子的 3 个键长伸缩和 3 个键角弯曲为内坐标，可以构成六维可约表示如下：

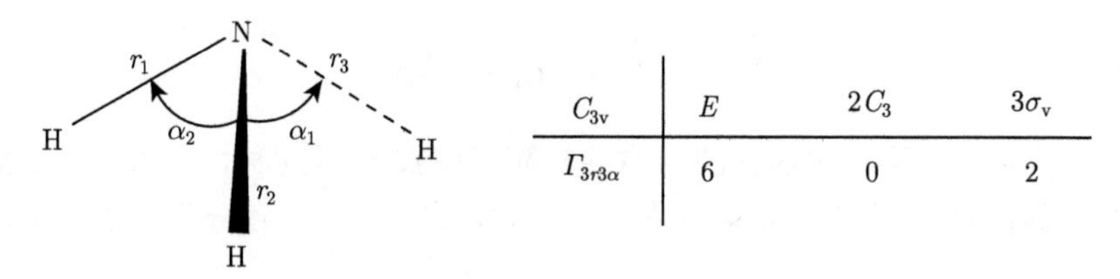

$C_{3\mathrm{v}}$	E	$2C_3$	$3\sigma_\mathrm{v}$
$\Gamma_{3r3\alpha}$	6	0	2

6 个内坐标在恒等元素作用下保持不变, 可约表示为 6。3 个键伸缩坐标在 C_3 轴作用下都离开原来位置, 3 个键弯曲坐标也是如此, 因此可约表示数值为 0。而每个 N—H 键的伸缩在自己所在 σ_v 平面，只贡献 1，每个键弯曲在它所在的平面，也是只贡献 1。结合 $C_{3\mathrm{v}}$ 点群的不可约表示，六维可约表示可以约化为

$$\Gamma_{3r3\alpha} = 2A_1 + 2E.$$

A_1 模式的对称性与一次基函数 z、二次基函数 x^2+y^2 和 z^2 相同，因此，A_1 简正模式具有红外和拉曼活性。E 模式的对称性与一次基函数 (x, y)、二次基函数 $(x^2–y^2, xy)$ 和 (xz, yz) 一致，同样具有红外和拉曼活性。

为了确定内坐标对简正振动模式的贡献，可以采用投影算符方法，获得以内坐标表示的不同对称性的简正模式。用 P^{A_1} 投影算符作用内坐标 r_1 和 α_1，即可获得非简并全对称 A_1 简正振动模式的内坐标形式。

$$\begin{aligned}
p^{A_1}r_1 &= \frac{1}{6}\sum_R \chi^{A_1}(R)Rr_1 = \frac{1}{6}(r_1+r_2+r_3+r_1+r_2+r_3)\\
&= \frac{1}{3}(r_1+r_2+r_3) \approx S_{1r}^{A_1} = \frac{\sqrt{3}}{3}(r_1+r_2+r_3).\\
p^{A_1}\alpha_1 &= \frac{1}{6}\sum_R \chi^{A_1}(R)R\alpha_1 = \frac{1}{6}(\alpha_1+\alpha_2+\alpha_3+\alpha_1+\alpha_2+\alpha_3)\\
&= \frac{1}{3}(\alpha_1+\alpha_2+r_3) \approx S_{1\alpha}^{A_1} = \frac{\sqrt{3}}{3}(\alpha_1+\alpha_2+\alpha_3).
\end{aligned}$$

根据 $S_{1r}^{A_1}$，可以绘出对称伸缩简正模式如图 7-1 所示。

类似地，用 P^E 投影算符作用内坐标 r_1 和 α_1，即可获得非对称简并模式 E

的内坐标表达形式:

$$P^E r_1 = \frac{2}{6}\sum_R \chi^E(R) r_1 = \frac{1}{3}(2r_1 - r_2 - r_3)$$

$$\approx S_{1r}^E = \sqrt{\frac{1}{6}}(2r_1 - r_2 - r_3).$$

$$P^E \alpha_1 = \frac{2}{6}\sum_R \chi^E(R)\alpha_1 = \frac{1}{3}(2\alpha_1 - \alpha_2 - \alpha_3)$$

$$\approx S_{1\alpha}^E = \sqrt{\frac{1}{6}}(2\alpha_1 - \alpha_2 - \alpha_3).$$

采用 Schmidt 正交化方法，我们可以获得 E 简正模式的第二个内坐标表达形式:

$$S_{2r}^E = \sqrt{\frac{1}{2}}(r_2 - r_3), \quad S_{2\alpha}^E = \sqrt{\frac{1}{2}}(\alpha_2 - \alpha_3).$$

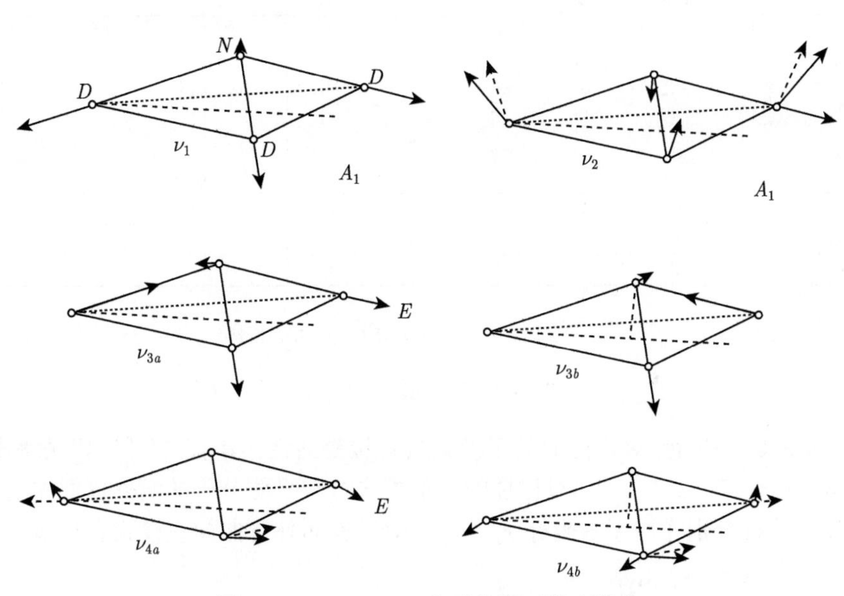

图 7-1　$NH_3(ND_3)$ 分子的简正振动模式

7.3.2　BX_3 简正振动模式分析

三卤化硼是平面正三角形分子，具有 D_{3h} 对称性，简正振动模式除了键伸缩和弯曲之外，还有面外扭曲。为了方便特征标的计算，这里采用了 7 个内坐标: 3 个键长伸缩 Δr、3 个键角弯曲 $\Delta\alpha$、1 个面外摆动 $\Delta\beta$。对于平面分子，3 个键角 α_1、α_2、α_3 非完全独立，需满足条件: $\alpha_1 + \alpha_2 + \alpha_3 = 180°$, 所以，只有 2 个键角内坐标是独立的，在振动模式对称分类时，需扣除 1 个全对称类。7 个内坐标的定义如下:

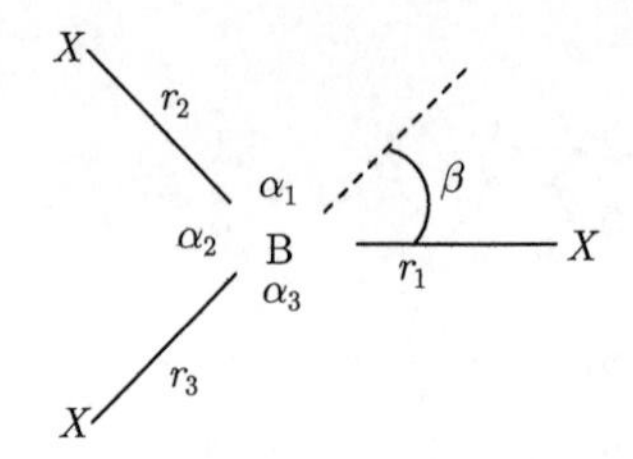

这样，我们按照 3 个键伸缩、2 个键弯曲和 1 个摆动共 6 个独立内坐标考虑。对恒等操作，6 个都不动，对 3 次旋转轴，所有的内坐标都变化，故为 0。对分子所在平面 σ_{h} 反映，3 个键伸缩都属对称表示，数值为 3。每个键伸缩还处在 1 个 σ_{v} 平面上，贡献 1。从 $\mathrm{BX_3}$ 分子内坐标获得可约表示如表 7-3 所示。

表 7-3　$D_{3\mathrm{h}}$ 点群特征标表及 $\mathbf{BX_3}$ 分子不同内坐标系获得的可约表示

$D_{3\mathrm{h}}$	E	$2C_3$	$3C_2$	σ_{h}	$2S_3$	$3\sigma_{\mathrm{v}}$		
A_1'	1	1	1	1	1	1		$x^2+y^2,\ z^2$
A_2'	1	1	-1	1	1	-1	R_z	
E'	2	-1	0	2	-1	-1	$(x,\ y)$	$(x^2-y^2,\ xy)$
A_1''	1	1	1	-1	-1	-1		
A_2''	1	1	-1	-1	-1	1	z	
E''	2	-1	0	-2	1	0	$(R_x,\ R_y)$	
$\Gamma_{3\alpha 3r\beta}$	7	1	1	5	-1	3		
$\Gamma_{2\alpha 3r\beta}$	6	0	0	4	-2	2		
Γ_{3r}	3	0	1	3	0	1		

根据以上特征标表，对可约表示 $\Gamma_{2\alpha 3r\beta}$ 和 Γ_{3r} 约化有

$$\Gamma_{2\alpha 3r\beta} = A_1' + 2E' + A_2'',\quad \Gamma_{3r} = A_1' + E'.$$

其中，具有 A_1' 和 E' 对称性的简正模式具有拉曼活性；具有 E' 和 A_2'' 对称性的简正模式具有红外活性。A_2'' 对称性的简正模式对应平面分子的面外弯曲振动，用 $P^{A_2''}$ 投影算符分别作用于内坐标 r_1、α_1、β，只有面外弯曲简正模式有贡献，即

$$\begin{aligned}
p^{A_2''}r_1 &= \frac{1}{12}\sum_R \chi^{A_2''}(R)Rr_1\\
&= \frac{1}{12}(r_1+r_2+r_3-r_1-r_2-r_3-r_1-r_2-r_3+r_1+r_2+r_3)\\
&= 0.\\
p^{A_2''}\beta &= \frac{1}{12}\sum_R \chi^{A_2''}(R)R\beta = \frac{1}{12}(\beta+\beta+\beta+\beta+\beta+\beta+\beta+\beta+\beta+\beta+\beta+\beta)\\
&= \beta.
\end{aligned}$$

7.3.3　$\mathrm{CO_2}$ 简正振动模式分析

对于线性分子，我们可以采用直角坐标系和内坐标系作为 $D_{\infty\mathrm{h}}(C_{\infty\mathrm{v}})$ 点群及

其子群的表示空间，获得对应坐标系下的可约表示。CO_2 分子包含 3 个原子，共有 9 个自由度，即 $(x_1, y_1, z_1; x_2, y_2, z_2; x_3, y_3, z_3)$，扣除 3 个平动和 2 个转动，振动自由度为 4。为方便可约表示的确定，我们先构造九维可约表示，然后减去平动和转动对应的贡献，便可获得 4 个振动的可约表示 (表 7-3)。

根据 $D_{\infty h}$ 点群特征标表，对九维可约表示 Γ_{xyz} 约化有

$$\Gamma_{xyz} = \Sigma_g^+ + 2\Sigma_u^+ + \Pi_g + 2\Pi_u.$$

其中，平动：$\Sigma_u^+ + \Pi_u$；转动：Π_g；振动：$\Sigma_g^+ + \Sigma_u^+ + \Pi_u$。对称性为 Σ_u^+ 和 Π_u 对的简正振动模式 (即反对称伸缩和简并的键弯曲) 具有红外活性，对称性为 Σ_g^+ 的简正振动模式 (对称伸缩) 具有拉曼活性。

表 7-4 为 $D_{\infty h}$ 群的特征标表及以 CO_2 分子在直角坐标系中的位移为群表示基获得的可约表示。

表 7-4　$D_{\infty h}$ 群的特征标表及以 CO_2 分子在直角坐标系中的位移为群表示基获得的可约表示

$D_{\infty h}$	E	$2C_\infty^\phi$	$\cdots$	$\infty\sigma_v$	i	$2S_\infty^\phi$	$\cdots$	∞C_2		
Σ_g^+	1	1	$\cdots$	1	1	1	$\cdots$	1		x^2+y^2, z^2
Σ_g^-	1	1	$\cdots$	-1	1	1	$\cdots$	-1	R_z	
Π_g	2	$2\cos\phi$	$\cdots$	0	2	$-2\cos\phi$	$\cdots$	0	(R_x, R_y)	(xz, yz)
Δ_g	2	$2\cos 2\phi$	$\cdots$	0	2	$2\cos 2\phi$	$\cdots$	0		(x^2-y^2, xy)
$\cdots$	$\cdots$	$\cdots$	$\cdots$	$\cdots$	$\cdots$	$\cdots$	$\cdots$	$\cdots$		
Σ_u^+	1	1	$\cdots$	1	-1	-1	$\cdots$	-1	z	
Σ_u^-	1	1	$\cdots$	-1	-1	-1	$\cdots$	1		
Π_u	2	$2\cos\phi$	$\cdots$	0	-2	$2\cos\phi$	$\cdots$	0	(x, y)	
Δ_u	2	$2\cos 2\phi$	$\cdots$	0	-2	$-2\cos 2\phi$	$\cdots$	0		
$\cdots$	$\cdots$	$\cdots$	$\cdots$	$\cdots$	$\cdots$	$\cdots$	$\cdots$	$\cdots$		
Γ_{xyz}	9	$3+6\cos\phi$	$\cdots$	3	-3	$-1-2\cos\phi$	$\cdots$	-1		

CO_2 分子的内坐标包含两个键长 r_i 和两个键角 α_j(面内弯曲和面外弯曲)，定义如下：

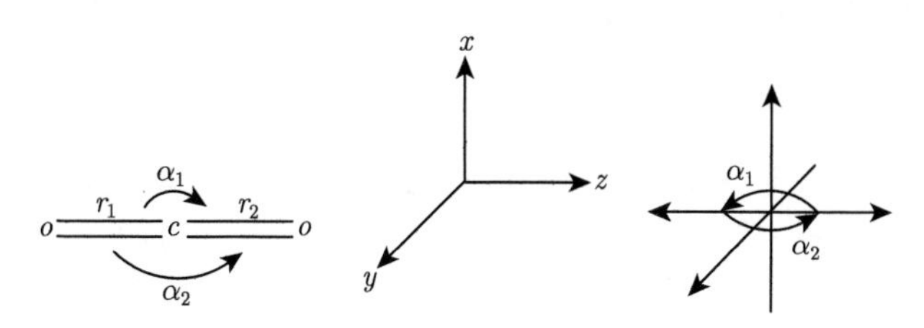

取 $D_{\infty h}$ 的子群 D_{2h} 来讨论。

从表 7-5 D_{2h} 群的特征标表以及 CO_2 分子内坐标系获得的群表示基可约表示，我们可得到：在对称操作作用下，内坐标不发生改变，贡献特征标 1，发生交换贡

献 0，仅改变符号贡献 -1。如在 $C_2(z)$ 作用下，r_1、r_2 不变，α_1、α_2 改变符号，即

$$C_2(z)(r_1,r_2,\alpha_1,\alpha_2)=(r_1,r_2,-\alpha_1,-\alpha_2)=\begin{pmatrix}1&0&0&0\\0&1&0&0\\0&0&-1&0\\0&0&0&-1\end{pmatrix}(r_1,r_2,\alpha_1,\alpha_2),$$

$$\chi(C_2(z))=0.$$

表 7-5 D_{2h} 群特征标表及 CO_2 内坐标的可约表示

D_{2h}	E	$C_2(z)$	$C_2(y)$	$C_2(x)$	i	$\sigma(xy)$	$\sigma(xz)$	$\sigma(zy)$		
A_g	1	1	1	1	1	1	1	1		x^2,y^2,z^2
B_{1g}	1	1	-1	-1	1	1	-1	-1	R_z	xy
B_{2g}	1	-1	1	-1	1	-1	1	-1	R_y	xz
B_{3g}	1	-1	-1	1	1	-1	-1	1	R_x	yz
A_u	1	1	1	1	-1	-1	-1	-1		
B_{1u}	1	1	-1	-1	-1	-1	1	1	z	
B_{2u}	1	-1	1	-1	-1	1	-1	1	y	
B_{3u}	1	-1	-1	1	-1	1	1	-1	x	
$\Gamma_{2r2\alpha}$	4	0	0	0	-2	2	2	2		

根据 D_{2h} 点群特征标表，对四维可约表示 $\Gamma_{2r2\alpha}$ 约化有

$$\Gamma_{2r2\alpha}=A_g+B_{1u}+B_{2u}+B_{3u}\approx\Sigma_g^++\Sigma_u^++\Pi_u.$$

显然，上面的结果和采用 $D_{\infty h}$ 对称点群分析一样，反对称伸缩 (Σ_u^+) 和面外面内弯曲 (Π_u) 简正振动模式都有红外活性，对称伸缩 (Σ_g^+) 具有拉曼活性。采用投影算符作用对应的内坐标，可以获得各类对称简正模式的表达式：

键伸缩振动

$$\begin{matrix}\Sigma_g^+\\\Sigma_u^+\end{matrix}\left\{\begin{aligned}&P^{A_g}r_1=\frac{1}{8}(r_1+r_1+r_2+r_2+r_2+r_2+r_1+r_1)=\frac{1}{2}(r_1+r_2),\\&P^{B_{1u}}r_1=\frac{1}{2}(r_1-r_2).\end{aligned}\right.$$

即面外面内弯曲振动

$$\Pi_u\left\{\begin{aligned}&P^{B_{2u}}\alpha_1=\frac{1}{8}(\alpha_1+\alpha_1+\alpha_1+\alpha_1+\alpha_1+\alpha_1+\alpha_1+\alpha_1)=\alpha_1,\\&P^{B_{2u}}\alpha_2=\frac{1}{8}(\alpha_2+\alpha_2-\alpha_2-\alpha_2\cdots)=0.\end{aligned}\right.$$

$$\Pi_uP^{B_{3u}}\alpha_2=\alpha_2.$$

或 $\Pi_u\left\{\begin{matrix}\alpha_1\\\alpha_2\end{matrix}\right.$.

7.4　多原子分子红外和拉曼光谱

在 n 个原子的分子中，运动有 $3n$ 个自由度。其中 3 个为平动自由度，3 个为转动自由度。因此，对非线性分子有 $3n-6$ 个振动自由度，线性分子则只有 $3n-5$ 个振动自由度 (线性分子只有 2 个转动自由度)。

7.4.1　H_2O 振动光谱

以大家最熟悉的水分子为例，H_2O 是 V 型分子，属 C_{2v} 点群对称性。根据点群特征标表，水分子 3 个基本振动中，2 个属于 A_1，1 个属于 B_2 不可约表示。再根据不可约表示的基，可判断属于 A_1 的振动有 1 个是全对称伸缩振动，1 个是弯曲振动，B_2 对应非对称伸缩振动。3 个振动都有红外活性。

红外光谱实验提供的水蒸气光谱由 ν_1=3652cm^{-1}，ν_2=1542cm^{-1}，ν_3=3756cm^{-1} 3 个吸收谱带组成。但这 3 个振动对应哪一种振动，是必须回答的问题。水分子有 2 个 O—H 键，可期望有 2 个伸缩振动，而且能量非常接近。另有一个是键角的弯曲振动。通常改变角度的能量比伸缩振动能量要小，从而可以确定 1545cm^{-1} 为弯曲振动 (A_1)，而 3652cm^{-1} 和 3756cm^{-1} 对应伸缩振动，前者对应对称伸缩 (A_1)，后者对应反对称伸缩 (B_2)。

7.4.2　乙烯振动光谱

乙烯是 6 个原子的平面分子，有 $3n-6=12$ 个简正振动模式。应用上节的 D_{2h} 群特征标表，以乙烯 12 个内坐标在群对称操作下的可约表示为

$$\Gamma = 12, 0, 2, 2, 0, 0, 2, 6.$$

可分解为下列不可约表示的直和：

$$\Gamma = 3A_g + 2B_{2g} + B_{3g} + A_u + B_{1u} + 2B_{2u} + 2B_{3u}.$$

乙烯分子有 5 个键，因此可期望有 5 个伸缩振动，其中有 1 个是 C═C 键，明显是属于 A_g 表示的 ν_2 振动 (图 7-2)，其余 4 个 C—H 键伸缩振动。显然有 1 个属于 A_g 表示 ν_1 振动，该振动 4 个 C—H 键都同时伸缩，其余 3 个 C—H 键是 2 个 C—H 键伸长、1 个 C—H 键收缩，它们分别属 $B_{3g}(\nu_{10})$、$B_{2u}(\nu_8)$ 和 $B_{1u}(\nu_5)$ 表示。

在确定了 5 种伸缩振动后，还要确定另外 7 个与键角变化有关的弯曲振动。乙烯分子平面共有 6 个角，4 个 <HCC 和 2 个 <HCH，如果分子保持平面，6 个角中只有 4 个是独立的，每个 C 原子上有 2 个。这样，分子平面 4 个弯曲振动，其中 2 个与 <HCH 弯曲相关，2 个 <HCH 作同向变化为一个弯曲振动，<HCH 作异

相变化是另一个振动。这 2 个振动分别是 $\nu_3(A_{\rm g})$ 和 $\nu_6(B_{\rm 1u})$。平面内还有 2 个弯曲振动与 <HCC 有关，另外 3 个振动模式，分别为通过 C═C 键扭转 $\nu_4(A_{\rm u})$ 和 2 个 CH_2 平面结构单元的面外弯曲 $\nu_7(A_{\rm 2g})$ 和 $\nu_{12}(B_{\rm 3u})$。

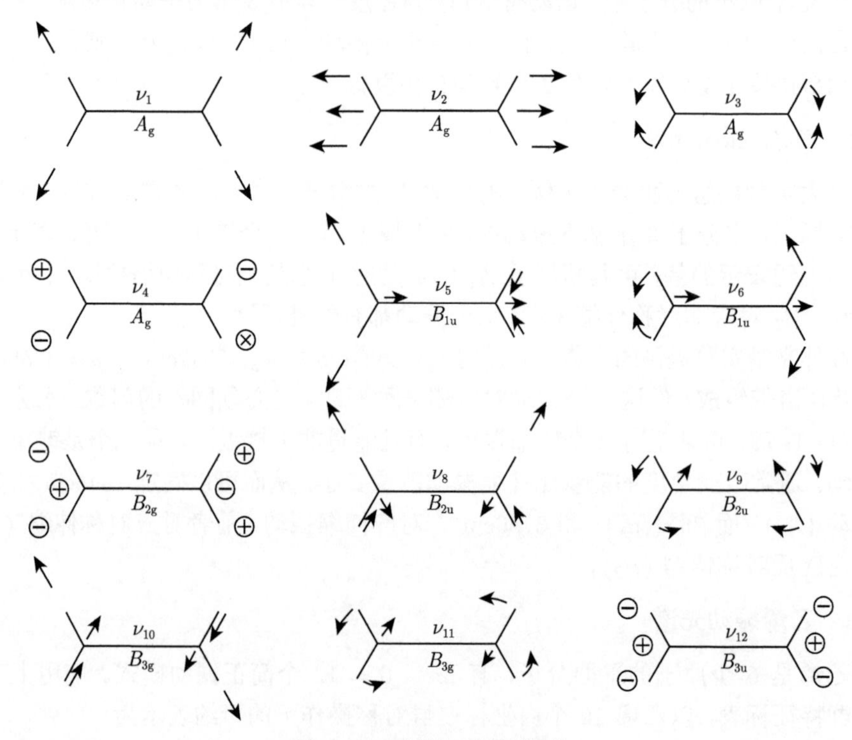

图 7-2　乙烯简正振动模式

C_2H_4 有 12 个简正振动，我们来讨论它们的红外与拉曼活性。对红外光谱，可用跃迁的始态 ψ_α 波函数、终态 ψ_ω 波函数和偶极矩 μ 的矩阵元 $\langle\psi_\alpha|\,\mu\,|\psi_\omega\rangle$ 是否为零来判断。

用群论的方法，则是由始态 ψ_α、终态 ψ_ω 和偶极矩 μ 表示的直积来确定：

$$\Gamma_{\rm IR} = \Gamma^\alpha \otimes \Gamma^\mu \otimes \Gamma^\omega.$$

这样有两种情况：

(1) 当直积结果是点群的不可约表示，且是全对称表示时，矩阵元有非零值。这在始态、终态及偶极矩表示都是一维表示时才能发生。

(2) 直积结果是可约表示，只有表示中含全对称表示，矩阵元有非零值。这在其中两个是简并时才能发生。

对拉曼光谱，则用跃迁的始态 ψ_α 波函数、终态 ψ_ω 波函数和极化率 P 的矩阵元 $\langle\psi_\alpha\,|P|\,\psi_\omega\rangle$ 是否为零来判断。同样也可以用它们的直积来判断，振动基态一般

是全对称态，当振动激发态与极化率分量的对称性相同时，跃迁具有拉曼活性。

$$A_{\mathrm{g}} \otimes B_{3\mathrm{u}} \otimes A_{\mathrm{g}} = B_{3\mathrm{u}}$$

例如，乙烯的红外光谱：$B_{1\mathrm{g}} \otimes B_{3\mathrm{u}} \otimes A_{\mathrm{g}} = B_{2\mathrm{u}}$ 非活性

$$B_{3\mathrm{u}} \otimes B_{3\mathrm{u}} \otimes A_{\mathrm{g}} = A_{\mathrm{g}} \quad 活性$$

乙烯的拉曼光谱: 从 $D_{2\mathrm{h}}$ 特征标表可知，极化率 P 的 6 个分量属于 A_{g}、$B_{1\mathrm{g}}$、$B_{2\mathrm{g}}$ 和 $B_{3\mathrm{g}}$，所以与这几个不可约表示相同的振动有拉曼活性。

乙烯的振动光谱活性如下：$3A_{\mathrm{g}}$(拉曼)、A_{u}(无活性)、$B_{1\mathrm{u}}$(红外)、$2B_{2\mathrm{g}}$(拉曼)、$2B_{2\mathrm{u}}$(红外)、$B_{3\mathrm{g}}$(拉曼)、$2B_{3\mathrm{u}}$(红外)。3 条最强的拉曼谱线 3019cm^{-1}、1623cm^{-1}、1342cm^{-1}，归属于 3 个全对称的基本振动 $\nu_1(A_{\mathrm{g}})$、$\nu_2(A_{\mathrm{g}})$、$\nu_3(A_{\mathrm{g}})$，第一简正振动对应 C—H 键伸缩振动，第二对应 C═C 键伸缩振动，第三振动对应 CH_2 基中 2 个 H 的相向振动。2 个较弱的拉曼谱线 $\nu_7(B_{2\mathrm{g}})$、$\nu_{10}(B_{3\mathrm{g}})$, 则对应整个分子的弯曲振动。$C_2H_4$ 在 2989cm^{-1}、1443cm^{-1} 的红外强带归属于 $B_{3\mathrm{u}}$ 的对称性，而 3105cm^{-1}、949cm^{-1} 红外谱带与 C═C 轴方向的偶极矩变化有关。频率较高的谱带与偶极矩在分子平面内变化有关，频率较低的谱带对应偶极矩在垂直于分子平面的振动。强度较弱的谱带对应一些泛频或组合频率。

表 7-6 列出了乙烯的振动光谱及其所属的不可约表示。

表 7-6　乙烯的振动光谱及其所属不可约表示

不可约表示	C—C 伸缩	C—H 伸缩	<HCH 弯曲	摆动	异面扭曲	观察值/cm^{-1}	光谱
A_{g}	1	1	1			3019,1623,1342	R
A_{u}					1		禁阻
$B_{1\mathrm{g}}$							
$B_{1\mathrm{u}}$					1	949	IR
$B_{2\mathrm{g}}$		1		1		3272(CH)	R
$B_{2\mathrm{u}}$		1			1	3106(CH),995	IR
$B_{3\mathrm{g}}$					1	943	R
$B_{3\mathrm{u}}$		1		1		2990(CH),1444	IR

注：IR 为红外, R 为拉曼。

对称性坐标只能提供简正振动的近似概念，特别是要求能量差别相当大的伸缩振动与弯曲振动相混合时。因此，从表 7-6 可见，出现在高频区 3000cm^{-1} 左右的谱带，基本上由 C—H 伸缩振动贡献。一个不在分子平面的振动出现在 950cm^{-1} 左右；另一个不在分子平面内的振动无论在红外还是拉曼光谱中都是禁阻的，其光谱信息可以通过组合谱带或电子发射光谱的振动结构得到。

7.4.3　四面体 CH_4 振动光谱

四面体分子甲烷 CH_4，它属 T_{d} 对称群。

从表 7-7 可以看出，五原子的四面体分子，它有 9 个简正振动模式分属于

A_1、E、T_2，对称性 $\Gamma_{基} = A_1 \oplus E \oplus 2T_2$，可以观测到 4 个基频谱带，即 1 个全对称的振动 (A_1)，1 个二重简并的振动 (E) 和 2 个三重简并的振动 (T_2)，这 4 个振动模式均具有拉曼活性，而只有 T_2 对称性的振动模式具有红外活性。这可从 $T_{\rm d}$ 的特征标表看出，极化率张量的 6 个分量分属 A_1、E 和 T_2，偶极矩的 3 个分量具有 T_2 对称性。CH_4 的拉曼光谱观察到的 3 个谱带分别位于 2914cm^{-1}、3022cm^{-1}、3017cm^{-1}，最强的 $\nu_1(2914\text{cm}^{-1})$ 对应 C—H 键伸缩的全对称模式。CH_4 分子的简正振动模式见图 7-3。

表 7-7　$T_{\rm d}$ 特征标表和甲烷振动自由度坐标系的可约表示

$T_{\rm d}$	E	$8C_3$	$6\sigma_{\rm v}$	$6S_4$	$3C_2$		
A_1	1	1	1	1	1		$x^2+y^2+z^2$
A_2	1	1	−1	−1	1		
E	2	−1	0	0	2		$(2z^2-x^2-y^2, x^2-y^2)$
T_1	3	0	−1	1	−1	(R_x, R_y, R_z)	
T_2	3	0	1	−1	−1	(x, y, z)	(xy, xz, yz)
$\Gamma_{基}$	9	0	3	−1	1		
$\Gamma_{合}(\Gamma^{T_2} \otimes \Gamma^{T_2})$	9	0	1	1	1		

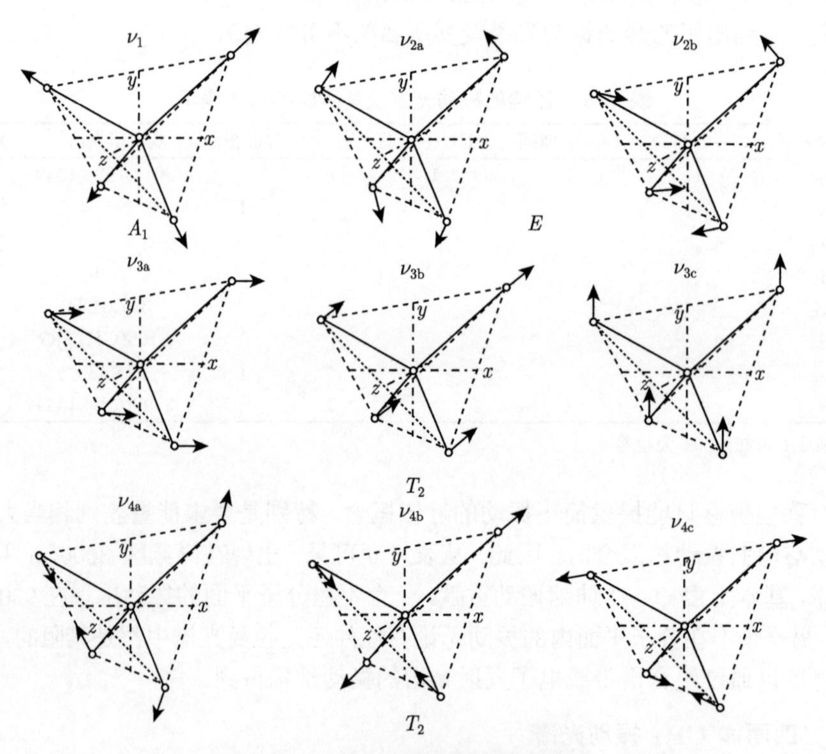

图 7-3　CH_4 分子的简正振动模式

CH_4 的红外光谱有 2 个极强的谱带分别位于 1306cm^{-1} 和 3018cm^{-1}，对应 2

个三重简并的振动 ν_3、ν_4。CH_4 有大量的泛频谱带与组合谱带在红外区被观察到。对于 2 个三重简并的合频，对应的波函数有 9 个：

$$\psi_{(3a)(4a)},\quad \psi_{(3a)(4b)},\quad \psi_{(3a)(4c)},\quad \psi_{(3b)(4a)},\quad \psi_{(3b)(4b)},\quad \psi_{(3b)(4c)},$$
$$\psi_{(3c)(4a)},\quad \psi_{(3c)(4b)},\quad \psi_{(3c)(4c)}.$$

合频的可约表示可分解为 $\Gamma = \Gamma^{T_2}\otimes\Gamma^{T_2} = A_1 \oplus E \oplus T_1 \oplus T_2$, 合频包括 T_2 对称类，都是红外活性的。由于甲烷的基频都有拉曼活性，合频与泛频也都有拉曼活性。

7.5　电子光谱

电子光谱讨论分子从一个电子态至另一电子态的跃迁。电子间能量差值一般对应可见及紫光区域的辐射， 这些光谱对有机、 无机化合物的特性研究非常有用。

在电子吸收光谱中常用一种简化符号标记低能价电子跃迁，分子中成键轨道能量较低，单键称为 σ 轨道，双键标为 π 轨道，非键轨道 n 能量与原子轨道相近。能量较高的反键轨道为 σ^* 或 π^*。在电子光谱经常发生 4 种类型的跃迁：$n \to \pi^*$、$\sigma \to \sigma^*$、$\pi \to \pi^*$ 和 $\sigma \to \sigma^*$。

1) $\sigma \to \sigma^*$ 和 $n \to \sigma^*$ 跃迁

没有孤对电子的饱和化合物只能发生 $\sigma \to \sigma^*$ 跃迁，跃迁能量常高于 200nm，谱带在真空紫外区。甲烷在 122nm，乙烷在 135nm 吸收极大，就属于这类跃迁。

有孤对电子的分子，除 $\sigma \to \sigma^*$ 跃迁外，还可观察到能量较低的 $n \to \sigma^*$ 跃迁。水、甲醇及一些低醇的 $n \to \sigma^*$ 跃迁也在真空紫外区。这类化合物在电子吸收光谱中常用作溶剂。

2) $\pi \to \pi^*$ 和 $n \to \pi^*$

这是两类重要跃迁，有机化合物中引起光吸收的基团习惯上称为生色基。饱和碳生色基引起 $\sigma \to \sigma^*$ 跃迁，典型 $\lambda_{\max} = 150$nm。引起 $n \to \sigma^*$ 跃迁生色基，典型 $\lambda_{\max} = 200$nm。引起 $\pi \to \pi^*$ 或 $n \to \pi^*$ 跃迁的生色基，典型的有 C═O、C═C、N═N、NO_2，吸收谱在 200~750nm。有些取代基本身不是生色基，但能使光谱发生某种变化，这类基因称之为助色基，典型助色基有 CH_3、Cl、NH_2、OH 等。助色基主要是一种电子诱导效应，使生色基中轨道能量或电子集居数发生变化，从而升高或降低电子跃迁能量，或改变吸收强度。助色效应有多种，主要是增色、减色 (使吸收强度增大或减小)、红移或蓝移 (使吸收带极大向长波或短波方向移动)。

一个 C═C 生色基的 $\pi \to \pi^*$ 跃迁发生在 190nm 附近，$\pi \to \pi^*$ 跃迁吸收很强，通常比 $n \to \sigma^*$、$n \to \pi^*$ 跃迁强 1~2 个数量级。两个或多个 C═C 键 π 发生

增色和红移效应，如 β-胡萝卜素，含 11 个共价双键。胡萝卜的橙红色就是由这种色素产生的。

现以甲醛 CH_2O 为例，说明羰基中的电子跃迁。

先分析甲醛的电子结构，甲醛的 C 以 sp^2 杂化与 O、H^1、H^2 形成 3 个 σ 键。O 以 sp 杂化轨道与 C 形成 σ 键，还有一对电子占据 sp 杂化轨道 (非键电子 n_1)。C 与 O 还形成 π 键，O 还有另一对孤对电子 (n_2) 占据 p 轨道。CH_2O 为平面分子，属 C_{2v} 对称点群。C_2 主轴穿过 C—O 键，平分 2 个 C—H 键。分子轨道对称性按能量顺序排列为：3 个 σ 键分别为 $1a_1$(C—O)、$2a_1$ (C—H)、$1b_1$ (C—H′)，第一个非键轨道 n_1 为 $3a_1$(O)，π 键轨道为 $1b_1$ (C—O)，第二个非键轨道 n_2 为 $2b_2$ (O)。现在我们可写出甲醛基态的电子组态：

$$(O_{1S})^2(C_{1S})^2(1a_1)^2(2a_1)^2(1b_2)^2(3a_1)^2(1b_1)^2(2b_2)^2(2b_1)^0(4a_1)^0.$$

基态所有轨道都是双占据，闭壳层全对称，基态谱项为 $^1A_1$。现研究羰基电子跃迁，$3a_1$ 以内的电子作为内部电子不考虑，π 键的 $1b_1$ 和非键的 $2b_2$ 上的电子可能跃上低能空轨道 $2b_1$ 与 $4a_1$。情况如表 7-8 分析。

表 7-8　甲醛分子可能的单态电子跃迁

跃迁类别	态	电子组态	谱项	对称性选则
	基态	[内部电子] $(1b_1)^2(2b_2)^2$	$^1A_1$	
$n \to \pi^*$	激发态 1	[内部电子] $(1b_1)^2(2b_2)^1(2b_1)^1$	$B_2 \times B_1 = {}^1A_2$	禁阻
$\pi \to \pi^*$	2	[内部电子] $(1b_1)^1(2b_2)^2(2b_1)^1$	$B_1 \times B_1 = {}^1A_1$	允许
$n \to \pi^*$	3	[内部电子] $(1b_1)^2(2b_2)^1(4a_1)^1$	$B_2 \times A_1 = {}^1B_2$	允许

由于闭壳层对谱项无贡献，只需考虑开壳层轨道。应用群论知识，从各激发轨道的不可约表示的直积，可得到 3 个激发态分属 $^1A_2$、$^1A_1$ 和 $^1B_2$ 对称性。由 C_{2v} 群特征标表得知，A_1 不可约表示与偶极算符 z 分量对称性一致，B_2 与 y 分量对称性一致，所以 $\pi \to \pi^*$ 和 $n \to \sigma^*$ 跃迁为偶极允许，而 A_2 和偶极算符任一分量对称性不一致，$n \to \pi^*$ 跃迁为禁阻。

禁阻的电子跃迁可以被振电相互作用激活，产生振电吸收。当然，考虑到振电效应，偶极允许的电子跃迁会形成振动分辨的电子光谱。下面以对–二氟苯为例，简要讨论对称性在振电光谱分析中的应用。

由图 7-4 可以看出，二氟苯的基态是 X^1A_g，HOMO→LUMO 跃迁形成的单态激发态为 $^1B_{2u}$ $[(b_{1g})^2(b_{2g})^1(a_u)^1]$。偶极矩 3 个分量在 D_{2h} 中的对称性分别为 B_{1u}、B_{2u}、B_{3u}，因此，电子跃迁 $X^1A_g \to {}^1B_{2u}$ 是允许的，且 y 方向极化的。对–二氟苯的有 30 个简正振动模式，其对称性分类如下:

$$\Gamma = 6a_g + b_{1g} + 3b_{2g} + 5b_{3g} + 2a_u + 5b_{1u} + 5b_{2u} + 3b_{3u}.$$

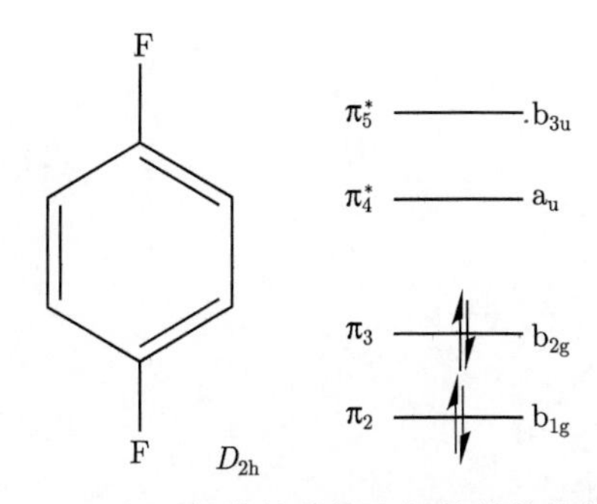

图 7-4　对–二氟苯的结构和相关的前线轨道

显然，其中 12 个具有 a_g、b_{1g}、b_{3g} 对称性的简正模式在电子跃迁 $X^1A_g \rightarrow {}^1B_{2u}$ 中具有振电光谱活性，即基态振电波函数 $\psi_e^0\psi_v^0$ 是全对称的。这些模式的振电激发态波函数 $\psi_e'\psi_v'$ 的对称性为 B_{1u}、B_{2u}、B_{3u}，和偶极矩分量对称性一致，其偶极跃迁矩不为零。类似地，具有 b_{1g}、b_{2g}、b_{3g} 对称性的简正模式可以激活偶极禁阻的高能电子跃迁 $X^1A_g \rightarrow {}^1A_u$，产生振电吸收。

参考文献

奥钦 M, 雅费 H H. 1981. 对称性、轨道与光谱. 朱维嘉, 曲绍清, 等译. 北京：科学出版社.

梁映秋, 赵文运. 1990. 分子振动和振动光谱. 北京：北京大学出版社.

Harris D C, Bertolucci M D. 1989.Symmetry and Spectroscopy. New York: Dover Publications, Inc.

Herzberg G. 1986. 分子光谱与分子结构第二卷，多原子分子的红外光谱与拉曼光谱. 王鼎昌译. 北京：科学出版社.

习　题　7

7-1　SO_2 分子属 C_{2v} 点群，写出其简正振动模式及所属的不可约表示。

7-2　P_4 是四面体构型，作出分子的简正振动模式，并判断其红外、拉曼光谱活性。

7-3　应用群论方法构造甲醛分子 (图 1) 对称性匹配的分子轨道 (极小基组)，基态与第一激发态的电子组态，分析基态到第一激发态跃迁的光谱活性，详细讨论分子体系的振动光谱性质。

7-4　考虑甲醛分子振动与电子跃迁的耦合 (振电光谱)，指出振动模式对基态到第一激发态跃迁活性的影响。

7-5　应用群论方法和休克尔近似，确定图 2 体系对称性匹配的 π 分子轨道 (极小基组) 及其能级、基态与第一激发态的电子组态，分析基态到第一激发态跃迁的光谱活性。

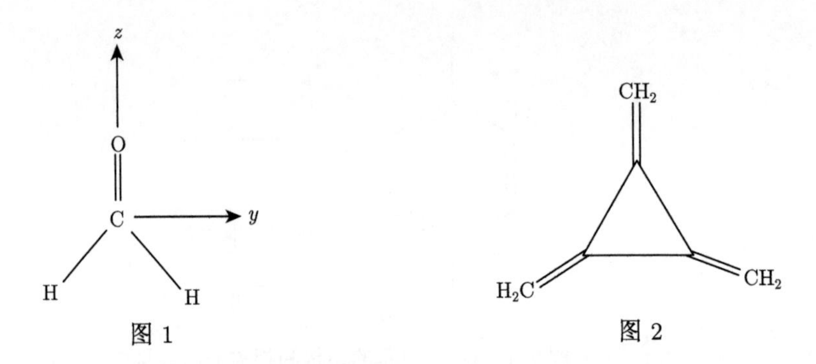

图 1　　　　图 2

7-6　以 PH_3 分子的键长、键角的变化为基, 构造 C_{3v} 点群的一个六维表示, 将其约化, 讨论基频的红外、拉曼活性, 确定描述全对称振动模式的内坐标形式。

7-7　确定丙酮的简正振动个数及所属的不可约表示。

7-8　讨论萘分子的简正振动模式，并判断其红外、拉曼活性。

7-9　由分子对称性讨论反式乙二醛电子光谱中 $n \rightarrow \pi^*$ 跃迁是允许还是禁阻的?

7-10　写出对称性属 C_{4v} 群的$ClMn(CO)_5$ 分子中，5 个 CO 伸缩振动所属的不可约表示，并预测该化合物的红外光谱中有多少 CO 谱带?

附　　录

A. 几种常用的矩阵

1. 酉矩阵

若 R 矩阵的共轭矩阵等于它的逆矩阵，则称 R 为酉矩阵

$$R^{+}=R^{-1},\quad R^{+}R=RR^{+}=1.$$

酉矩阵的行列式模为 1。酉矩阵相乘仍为酉矩阵，在酉相似变换中，酉矩阵保持不变，把上式写成矩阵元素形式

$$\sum_{\rho}(R^{+})_{\mu\rho}R_{\rho\nu}=\sum_{\rho}R^{\bullet}_{\rho\mu}R_{\rho\nu}=\delta_{\mu\nu},$$

$$\sum_{\rho}R_{\mu\rho}(R^{+})_{\rho\nu}=\sum_{\rho}R_{\mu\rho}R^{\bullet}_{\nu\rho}=\delta_{\mu\nu}.$$

即酉矩阵的各列作为列矩阵相互正交归一，它的各行矩阵也相互正交归一。酉矩阵的作用不改变列矩阵的内积，即对任意同维列矩阵 a 和 b，有

$$(Ra)^{+}(Rb)=a^{+}R^{+}Rb=a^{+}b.$$

酉矩阵的本征值模为 1，不同本征值的本征列矩阵相互正交。

2. 埃尔米特矩阵

若矩阵与它的共轭矩阵相等，此矩阵称为埃尔米特矩阵

$$R^{+}=R,\quad R^{\bullet}_{\mu\nu}=R_{\mu\nu}.$$

埃尔米特矩阵的对角元素是实数，非对角元素成对地互为复共轭。埃尔米特矩阵之和是埃尔米特矩阵。在酉相似变换中，埃尔米特矩阵的埃尔米特性保持不变。对任意同维列矩阵a和b，埃尔米特矩阵 R 满足

$$(R\ a)^{+}\ b=\ a^{+}R\ b.$$

埃尔米特矩阵的本征值是实数，埃尔米特矩阵不同本征值的列矩阵相互正交。埃尔米特矩阵可通过相似变换对角化，且仍是埃尔米特矩阵。

本征值都大于零的埃尔米特矩阵称为正定的埃尔米特矩阵，本征值不小于零的埃尔米特矩阵称为半正定矩阵。

3. 正交矩阵和实正交矩阵

若 R 矩阵的转置等于它的逆矩阵，则 R 为正交矩阵

$$R^{\mathrm{T}} = R^{-1}, \quad R^{\mathrm{T}}R = RR^{\mathrm{T}} = 1.$$

正交矩阵的行列式等于 $+1$ 或 -1。正交矩阵的乘积仍是正交矩阵，在正交相似变换中，正交矩阵的正交性保持不变。正交矩阵的列 (或行) 矩阵满足

$$\sum_{\rho} R_{\rho\mu}R_{\rho\nu} = \sum_{\rho} R_{\mu\rho}R_{\nu\rho} = \delta_{\mu\nu}.$$

设 a 为正交矩阵 R 的本征列矩阵，$Ra=\lambda a$，本征值 $\lambda \neq \pm 1$，则

$$a^{\mathrm{T}}a = (Ra)^{\mathrm{T}}(Ra) = \lambda^2 a^{\mathrm{T}}a = 0.$$

即本征值不为 ± 1 的本征列矩阵的分量平方和为零。

矩阵元素是实数的正交矩阵称为实正交矩阵。实正交矩阵既是正交矩阵，又是酉矩阵，因而同时具有两类矩阵的性质。实正交矩阵的列 (或行) 矩阵相互正交归一，行列式为 $+1$ 或 -1。对任意同维列矩阵 a 和 b，实正交矩阵 R 满足

$$(Ra)^{+}(Rb) = a^{+}b, \quad (Ra)^{\mathrm{T}}(Rb) = a^{\mathrm{T}}b.$$

实正交矩阵的本征值模为 1，复本征值两两成对，互为复共轭，对应的本征列矩阵也互为复共轭。不同本征值的本征列矩阵相互正交。在本征值为 ± 1 时，本征列矩阵可组合成实正交矩阵。在本征值不为 ± 1 时，本征列矩阵的分量平方和为零。

实正交矩阵的乘积仍为实正交矩阵，在实正交相似变换中，它的实正交性保持不变。实正交矩阵可通过酉相似变换对角化，但不一定能通过实正交相似变换对角化。

4. 实对称矩阵

实埃尔米特矩阵称为实对称矩阵。实对称矩阵之和仍是实对称矩阵，在实正交相似变换中，矩阵的实对称性保持不变。实对称矩阵的本征值是实数。实对称矩阵可通过实正交相似变换对角化。

B. 群的特征标表

(表中符号: $\varepsilon = e^{2\pi i/3}$, $\eta_+ = \dfrac{\sqrt{5}+1}{2}$, $\eta_- = \dfrac{\sqrt{5}-1}{2}$)

(表中右边两列为可作不可约表示基的原子轨道)

表 1　$\mathscr{S}_2$、C_i、C_s、C_2 群

$\mathscr{S}_2$				(1^2)	(2)		
	C_i			E	i		
		C_s		E	σ		
			C_2	E	C_2		
$[2]$	A_g	A'	A	1	1	$R_x, R_y, R_z(x, y, R_z)[z, R_z]$	$x^2, y^2, z^2, xy, xz, yz$
$[1^2]$	A_u	A''	B	1	-1	$x, y, z, (z, R_x, R_y)[x, y, R_x, R_y]$	$[(yz, xz)]$

注: ( ) 内为 C_s 基, [ ] 内为 C_2 基。

表 2　C_3 群

C_3	E	C_3^1	C_3^2		
A	1	1	1	z, R_z	x^2+y^2, z^2
E	1	ε^*	ε	$(x, y)(R_x, R_y)$	(x^2-y^2, xy)
	1	ε	ε^*		(xz, yz)

表 3　C_{2h}、C_{2v}、D_2 群

C_{2h}			E	C_2	σ_h	i		
	C_{2v}		E	C_2	σ	σ'		
		D_2	E	C_2	C_2'	C_2''		
A_g	A_1	A_1	1	1	1	1	$z\ (R_z)$	$x^2, y^2, z^2(xy)$
A_u	A_2	B_1	1	1	-1	-1	$R_z(z)$	xy
B_g	B_1	B_2	1	-1	1	-1	$y, R_y(R_x, R_y)$	$xz(xz, yz)$
B_u	B_2	B_3	1	-1	-1	1	$x, R_x(x, y)$	yz

注: ( ) 内为 C_{2h} 基, 括号优先。

表 4　S_4、C_4 群

S_4	E	S_4^3	S_4^2	S_4		
C_4	E	C_4	C_4^2	C_4^3		
A	1	1	1	1	z, R_z	x^2+y^2, z^2
B	1	-1	1	-1		x^2-y^2, xy
E	1	i	-1	$-$i	(x, y)	(yz, xz)
	1	$-$i	-1	i	(R_x, R_y)	

表 5　$\mathscr{S}_3$、C_{3v}、D_3 群

$\mathscr{S}_3$		(1^3)	(3)	$(1,2)$		
	C_{3v}	E	$2C_3$	$3\sigma_v$		
	D_3	E	$2C_3$	$3C_2$		
$[3]$	A_1	1	1	1	z	x^2+y^2, z^2
$[1^3]$	A_2	1	1	-1	R_z	
$[2,1]$	E	2	-1	0	$(x,y),(R_x,R_y)$	$(x^2-y^2,xy)(xz,yz)$

表 6　C_{3h}、C_6 群

C_{3h}		E	S_3	C_3	σ_h	C_3^2	S_3^5		
	C_6	E	C_6	C_3	C_2	C_3^2	C_6^5		
A'	A	1	1	1	1	1	1	$R_z\{z\}$	x^2+y^2, z^2
A''	B	1	-1	1	-1	1	-1	z	
E'	E_1	1	ε	ε^*	1	ε	ε^*	(x,y)	(x^2-y^2, xy)
		1	ε^*	ε	1	ε^*	ε	$\{R_x,R_y\}$	
E''	E_2	1	$-\varepsilon$	ε^*	-1	ε	$-\varepsilon^*$	(R_x, R_y)	(xz,yz)
		1	$-\varepsilon^*$	ε	-1	ε^*	$-\varepsilon$		

注：{ }为 C_6 群基与 C_{3h} 不同处。

表 7　D_{2d}、C_{4v}、D_4 群

D_{2d}	E	$2S_4$	C_2	$2C_2'$	$2\sigma_v'$		
C_{4v}	E	$2C_4$	C_2	$2\sigma_v$	$2\sigma_v'$		
D_4	E	$2C_4$	C_2	$2C_2'$	$2C_2''$		
A_1	1	1	1	1	1	z	x^2+y^2, z^2
A_2	1	1	1	-1	-1	$[z], R_z$	
B_1	1	-1	1	1	-1		x^2-y^2
B_2	1	-1	1	-1	1	(z)	xy
E	2	0	-2	0	0	$(x,y)(R_x,R_y)$	(xz,yz)

注：(z) 用于 D_{2d}，$[z]$ 用于 D_4。

表 8　D_{3d}、D_{3h}、C_{6v}、D_6 群

D_{3d}				E	i	$2C_3$	$2S_6$	$3C_2$	$3\sigma_d$		
	D_{3h}			E	σ_h	$2C_3$	$2S_3$	$3C_2'$	$3\sigma_v$		
		C_{6v}		E	C_2	$2C_3$	$2C_6$	$3\sigma_v$	$3\sigma_v'$		
			D_6	E	C_2	$2C_3$	$2C_6$	$3C_2'$	$3C_2''$		
A_{1g}	A_1'	A_1	A_1	1	1	1	1	1	1		x^2+y^2, z^2
A_{2g}	A_2'	A_2	A_2	1	1	1	1	-1	-1	z，R_z	
A_{1u}	A_1''	B_2	B_1	1	-1	1	-1	1	-1		
A_{2u}	A_2''	B_1	B_2	1	-1	1	-1	-1	1	$[z]$	
E_g	E''	E_1	E_1	2	-2	-1	1	0	0	$(x,y)(R_x,R_y)$	$(xz,yz)[x^2-y^2,xy]$
E_u	E'	E_2	E_2	2	2	-1	-1	0	0	$[x,y]$	(x^2-y^2,xy)

注：[ ] 用于 D_{3d}。

表 9　T-T_h 群

T_h	E	$3C_2$	$4C_3$	$4C_3'$	i	$4S_6$	$4S_6^5$	$3\sigma_h$		
A_g	1	1	1	1	1	1	1	1		$x^2+y^2+z^2$,
E_g	1	1	ε	ε^*	1	1	ε	ε^*		$(2z^2-x^2-y^2, x^2-y^2)$
	1	1	ε^*	ε	1	1	ε^*	ε		
T_g	3	-1	0	0	3	-1	0	0	(R_x,R_y,R_z)	(xy,xz,yz)
A_u	1	1	1	1	-1	-1	-1	-1		
E_u	1	1	ε	ε^*	-1	-1	$-\varepsilon$	$-\varepsilon^*$		
	1	1	ε^*	ε	-1	-1	$-\varepsilon^*$	$-\varepsilon$		
T_u	3	-1	0	0	-3	1	0	0	(x,y,z)	

注：方框内为 T 群。

表 10　$\mathscr{S}_4$、T_d、O 群

$\mathscr{S}_4$			(1^4)	(1,3)	$(1^2,2)$	(4)	(2^2)		
	T_d		E	$8C_3$	$6\sigma_d$	$6S_4$	$3C_2$		
		O	E	$8C_3$	$6C_2'$	$6C_4$	$3C_2$		
[4]	A_1	A_1	1	1	1	1	1		$x^2+y^2+z^2$
$[1^4]$	A_2	A_2	1	1	-1	-1	1		
[2,2]	E	E	2	-1	0	0	2		$(2z^2-x^2-y^2, x^2-y^2)$
$[2,1^2]$	T_1	T_1	3	0	-1	1	-1	(R_x,R_y,R_z)	
[3,1]	T_2	T_2	3	0	1	-1	-1	(x,y,z)	(xy,xz,yz)

注：$O\times C_i=O_h$。

表 11　I-I_h 群

I_h	E	$12C_5$	$12C_5^2$	$20C_3$	$15C_2$	i	$12S_{10}$	$12S_{10}^3$	$20S_6$	15σ		
A_g	1	1	1	1	1	1	1	1	1	1		$x^2+y^2+z^2$
T_{1g}	3	η_+	η_-	0	-1	3	η_+	η_-	0	-1	(R_x, R_y)	
T_{2g}	3	$-\eta_-$	$-\eta_+$	0	-1	3	$-\eta_-$	$-\eta_+$	0	-1		
G_g	4	-1	-1	1	0	4	-1	-1	1	0		$2z^2-x^2-y^2, x^2-y^2$
H_g	5	0	0	-1	1	5	0	0	-1	1		xy,xz,yz
A_u	1	1	1	1	1	-1	-1	-1	-1	-1		
T_{1u}	3	η_+	η_-	0	-1	-3	$-\eta_+$	$-\eta_-$	0	1	(x,y,z)	
T_{2u}	3	$-\eta_-$	$-\eta_+$	0	-1	-3	η_-	η_+	0	1		
G_u	4	-1	-1	1	0	-4	1	1	-1	0		
H_u	5	0	0	-1	1	-5	0	0	1	-1		

注：方框内为 I 群。

表 12　$\mathscr{S}_5$ 群

$\mathscr{S}_5$	(1^5)	$(1^3,2)$	$(1,2^2)$	$(1^2,3)$	(2,3)	(1,4)	(5)
[5]	1	1	1	1	1	1	1
[4,1]	4	2	0	1	-1	0	-1
[3,2]	5	1	1	-1	1	-1	0
$[3,1^2]$	6	0	-2	0	0	0	1
$[2^2,1]$	5	-1	1	-1	-1	1	0
$[2,1^3]$	4	-2	0	1	1	0	-1
$[1^5]$	1	-1	1	1	-1	-1	1

表 13　$C_{\infty v}$、D_∞ 群

$C_{\infty v}$		E	$2C(\varphi)$	σ_v
	D_∞	E	$2C(\varphi)$	C_2
Σ	A_1	1	1	1
Σ	A_2	1	1	-1
Π	E_1	2	$2\cos\varphi$	0
Δ	E_2	2	$2\cos 2\varphi$	0
$\vdots$	$\vdots$	$\vdots$	$\vdots$	$\vdots$
$\vdots$	E_m	2	$2\cos m\varphi$	0
	$\vdots$	$\vdots$	$\vdots$	$\vdots$

注：$D_{\infty h} = D_\infty \times C_i$。

C. 230 个空间群

C_1^1	$P1$	
C_i^1	$P\bar{1}$	
C_s^1	Pm	
C_s^2	Pc	
C_s^3	Cm	
C_s^4	Cc	
C_2^1	$P2$	
C_2^2	$P2_1$	
C_2^3	$C2$	
C_{2h}^1	$P\frac{2}{m}$	
C_{2h}^2	$P\frac{2_1}{m}$	
C_{2h}^3	$C\frac{2}{m}$	
C_{2h}^4	$P\frac{2}{c}$	
C_{2h}^5	$P\frac{2_1}{c}$	
C_{2h}^6	$C\frac{2}{c}$	
C_{2v}^1	$Pmm2$	Pmm
C_{2v}^2	$Pmc2_1$	Pmc
C_{2v}^3	$Pcc2$	Pcc
C_{2v}^4	$Pma2$	Pma
C_{2v}^5	$Pca2_1$	Pca
C_{2v}^6	$Pnc2$	Pna
C_{2v}^7	$Pmn2_1$	Pmn
C_{2v}^8	$Pba2$	Pba
C_{2v}^9	$Pna2_1$	Pna
C_{2v}^{10}	$Pnn2$	Pnn
C_{2v}^{11}	$Cmm2$	Cmm
C_{2v}^{12}	$Cmc2_1$	Cmc
C_{2v}^{13}	$Ccc2$	Ccc
C_{2v}^{14}	$Amm2$	Amm
C_{2v}^{15}	$Abm2$	Abm
C_{2v}^{16}	$Ama2$	Ama
C_{2v}^{17}	$Aba2$	Aba
C_{2v}^{18}	$Fmm2$	Fmm
C_{2v}^{19}	$Fdd2$	Fdd
C_{2v}^{20}	$Imm2$	Imm
C_{2v}^{21}	$Iba2$	Iba
C_{2v}^{22}	$Ima2$	Ima
D_2^1	$P222$	
D_2^2	$P222_1$	
D_3^2	$P2_12_12$	
D_2^4	$P2_12_12_1$	
D_2^5	$C222_1$	
D_2^6	$C222$	
D_2^7	$F222$	
D_2^8	$I222$	
D_2^9	$I2_12_12_1$	
D_{2h}^1	$P\frac{2}{m}\frac{2}{m}\frac{2}{m}$	$Pmmm$
D_{2h}^2	$P\frac{2}{n}\frac{2}{n}\frac{2}{n}$	$Pnnn$
D_{2h}^3	$P\frac{2}{c}\frac{2}{c}\frac{2}{m}$	$Pccm$
D_{2h}^4	$P\frac{2}{b}\frac{2}{a}\frac{2}{n}$	$Pban$
D_{2h}^5	$P\frac{2_1}{m}\frac{2}{m}\frac{2}{a}$	$Pmma$
D_{2h}^6	$P\frac{2}{n}\frac{2_1}{n}\frac{2}{a}$	$Pnna$
D_{2h}^7	$P\frac{2}{m}\frac{2}{n}\frac{2_1}{a}$	$Pmna$
D_{2h}^8	$P\frac{2_1}{c}\frac{2}{c}\frac{2}{a}$	$Pcca$
D_{2h}^9	$P\frac{2_1}{b}\frac{2_1}{a}\frac{2}{m}$	$Pbam$
D_{2h}^{10}	$P\frac{2_1}{c}\frac{2_1}{c}\frac{2}{n}$	$Pccn$
D_{2h}^{11}	$P\frac{2}{b}\frac{2_1}{c}\frac{2_1}{m}$	$Pbcm$
D_{2h}^{12}	$P\frac{2_1}{n}\frac{2_1}{n}\frac{2}{m}$	$Pnnm$
D_{2h}^{13}	$P\frac{2_1}{m}\frac{2_1}{m}\frac{2}{n}$	$Pmmn$
D_{2h}^{14}	$P\frac{2_1}{b}\frac{2}{c}\frac{2_1}{n}$	$Pbcn$
D_{2h}^{15}	$P\frac{2_1}{b}\frac{2_1}{c}\frac{2_1}{a}$	$Pbca$
D_{2h}^{16}	$P\frac{2_1}{n}\frac{2_1}{m}\frac{2_1}{a}$	$Pnma$
D_{2h}^{17}	$C\frac{2}{m}\frac{2}{c}\frac{2_1}{m}$	$Cmcm$
D_{2h}^{18}	$C\frac{2}{m}\frac{2}{c}\frac{2_1}{a}$	$Cmca$
D_{2h}^{19}	$C\frac{2}{m}\frac{2}{m}\frac{2}{m}$	$Cmmm$
D_{2h}^{20}	$C\frac{2}{c}\frac{2}{c}\frac{2}{m}$	$Cccm$
D_{2h}^{21}	$C\frac{2}{m}\frac{2}{m}\frac{2}{a}$	$Cmma$
D_{2h}^{22}	$C\frac{2}{c}\frac{2}{c}\frac{2}{a}$	$Ccca$
D_{2h}^{23}	$F\frac{2}{m}\frac{2}{m}\frac{2}{m}$	$Fmmm$
D_{2h}^{24}	$F\frac{2}{d}\frac{2}{d}\frac{2}{d}$	$Fddd$
D_{2h}^{25}	$I\frac{2}{m}\frac{2}{m}\frac{2}{m}$	$Immm$
D_{2h}^{26}	$I\frac{2}{b}\frac{2}{a}\frac{2}{m}$	$Ibam$
D_{2h}^{27}	$I\frac{2_1}{b}\frac{2_1}{c}\frac{2_1}{a}$	$Ibca$
D_{2h}^{28}	$I\frac{2_1}{m}\frac{2_1}{m}\frac{2_1}{a}$	$Imma$
S_4^1	$P\bar{4}$	
S_4^2	$I\bar{4}$	
C_4^1	$P4$	
C_4^2	$P4_1$	
C_4^3	$P4_2$	
C_4^4	$P4_3$	
C_4^5	$I4$	
C_4^6	$I4_2$	
C_{4h}^1	$P\frac{4}{m}$	
C_{4h}^2	$P\frac{4_2}{m}$	
C_{4h}^3	$P\frac{4}{n}$	
C_{4h}^4	$P\frac{4_2}{n}$	
C_{4h}^5	$I\frac{4}{m}$	
C_{4h}^6	$I\frac{4_1}{a}$	
D_{2d}^1	$P\bar{4}2m$	
D_{2d}^2	$P\bar{4}2c$	
D_{2d}^3	$P\bar{4}2_1m$	
D_{2d}^4	$P\bar{4}2_1c$	
D_{2d}^5	$P\bar{4}m2$	
D_{2d}^6	$P\bar{4}c2$	
D_{2d}^7	$P\bar{4}b2$	
D_{2d}^8	$P\bar{4}n2$	
D_{2d}^9	$I\bar{4}m2$	
D_{2d}^{10}	$I\bar{4}c2$	
D_{2d}^{11}	$I\bar{4}2m$	
D_{2d}^{12}	$I\bar{4}2d$	
C_{4v}^1	$P4mm$	$P4mm$
C_{4v}^2	$P4bm$	$P4bm$
C_{4v}^3	$P4_2cm$	$P4cm$
C_{4v}^4	$P4_2nm$	$P4nm$
C_{4v}^5	$P4cc$	$P4cc$

续表

C_{4v}^6	$P4nc$	$P4nc$
C_{4v}^7	$P4_2mc$	$P4mc$
C_{4v}^8	$P4_2bc$	$P4bc$
C_{4v}^9	$I4mm$	$I4mm$
C_{4v}^{10}	$I4cm$	$I4cm$
C_{4v}^{11}	$I4_1md$	$I4md$
C_{4v}^{12}	$I4_1cd$	$I4cd$
D_4^1	$P422$	$P42$
D_4^2	$P42_12$	$P42_1$
D_4^3	$P4_122$	$P4_12$
D_4^4	$P4_12_12$	$P4_12_1$
D_4^5	$P4_222$	$P4_22$
D_4^6	$P4_22_12$	$P4_22_1$
D_4^7	$P4_322$	$P4_32$
D_4^8	$P4_32_12$	$P4_32_1$
D_4^9	$I422$	$I42$
D_4^{10}	$I4_122$	$I4_12$
D_{4h}^1	$P\frac{4}{m}\frac{2}{m}\frac{2}{m}$	$P\frac{4}{m}mm$
D_{4h}^2	$P\frac{4}{m}\frac{2}{c}\frac{2}{c}$	$P\frac{4}{m}cc$
D_{4h}^3	$P\frac{4}{n}\frac{2}{b}\frac{2}{m}$	$P\frac{4}{n}bm$
D_{4h}^4	$P\frac{4}{n}\frac{2}{n}\frac{2}{c}$	$P\frac{4}{n}nc$
D_{4h}^5	$P\frac{4}{m}\frac{2_1}{b}\frac{2}{m}$	$P\frac{4}{m}bm$
D_{4h}^6	$P\frac{4}{m}\frac{2_1}{n}\frac{2}{c}$	$P\frac{4}{m}nc$
D_{4h}^7	$P\frac{4}{n}\frac{2_1}{m}\frac{2}{m}$	$P\frac{4}{n}mm$
D_{4h}^8	$P\frac{4}{n}\frac{2_1}{c}\frac{2}{c}$	$P\frac{4}{n}cc$
D_{4h}^9	$P\frac{4_2}{m}\frac{2}{m}\frac{2}{c}$	$P\frac{4_2}{m}mc$
D_{4h}^{10}	$P\frac{4_2}{m}\frac{2}{c}\frac{2}{m}$	$P\frac{4_2}{m}cm$
D_{4h}^{11}	$P\frac{4_2}{n}\frac{2}{b}\frac{2}{c}$	$P\frac{4_2}{n}bc$
D_{4h}^{12}	$P\frac{4_2}{n}\frac{2}{n}\frac{2}{m}$	$P\frac{4_2}{n}nm$
D_{4h}^{13}	$P\frac{4_2}{m}\frac{2_1}{b}\frac{2}{c}$	$P\frac{4_2}{m}bc$
D_{4h}^{14}	$P\frac{4_2}{m}\frac{2_1}{n}\frac{2}{m}$	$P\frac{4_2}{m}nm$
D_{4h}^{15}	$P\frac{4_2}{n}\frac{2_1}{m}\frac{2}{c}$	$P\frac{4_2}{n}mc$
D_{4h}^{16}	$P\frac{4_2}{n}\frac{2_1}{c}\frac{2}{m}$	$P\frac{4_2}{n}cm$
D_{4h}^{17}	$I\frac{4}{m}\frac{2}{m}\frac{2}{m}$	$I\frac{4}{m}mm$
D_{4h}^{18}	$I\frac{4}{m}\frac{2}{c}\frac{2}{m}$	$I\frac{4}{m}cm$
D_{4h}^{19}		$I\frac{4_1}{a}md$
D_{4h}^{20}	$I\frac{4_1}{a}\frac{2}{c}\frac{2}{d}$	$I\frac{4_1}{a}cd$
C_3^1	$P3$	
C_3^2	$P3_1$	
C_3^3	$P3_2$	
C_3^4	$R3$	

C_{3i}^1	$P\bar{3}$	
C_{3i}^2	$P\bar{3}$	
C_{3v}^1	$P3m1$	$P3m$
C_{3v}^2	$P31m$	
C_{3v}^3	$P3c1$	$P3c$
C_{3v}^4	$P31c$	
C_{3v}^5	$R3m$	
C_{3v}^6	$R3c$	
D_3^1	$P312$	
D_3^2	$P321$	$P32$
D_3^3	$P3_112$	
D_3^4	$P3_121$	$P3_12$
D_3^5	$P3_212$	
D_3^6	$P3_221$	$P3_22$
D_3^7	$R32$	
D_{3d}^1	$P\bar{3}1\frac{2}{m}$	$P\bar{3}1m$
D_{3d}^2	$P\bar{3}1\frac{2}{c}$	$P\bar{3}1c$
D_{3d}^3	$P\bar{3}\frac{2}{m}1$	$P\bar{3}m1$
D_{3d}^4	$P\bar{3}\frac{2}{c}1$	$P\bar{3}c1$
D_{3d}^5	$P\bar{3}\frac{2}{m}$	$R\bar{3}m$
D_{3d}^6	$P\bar{3}\frac{2}{c}$	$R\bar{3}c$
C_{3h}^1	$P\bar{6}$	
C_6^1	$P6$	
C_6^2	$P6_1$	
C_6^3	$P6_5$	
C_6^4	$P6_2$	
C_6^5	$P6_4$	
C_6^6	$P6_3$	
C_{6h}^1	$P\frac{6}{m}$	
C_{6h}^2	$P\frac{6_3}{m}$	
D_{3h}^1	$P\bar{6}m2$	
D_{3h}^2	$P\bar{6}c2$	
D_{3h}^3	$P\bar{6}2m$	
D_{3h}^4	$P\bar{6}2c$	
C_{6v}^1	$P6mm$	$P6mm$
C_{6v}^2	$P6cc$	$P6cc$
C_{6v}^3	$P6_3cm$	$P6cm$
C_{6v}^4	$P6_3mc$	$P6mc$
D_6^1	$P622$	$P62$
D_6^2	$P6_122$	$P6_12$
D_6^3	$P6_522$	$P6_52$
D_6^4	$P6_222$	$P6_22$
D_6^5	$P6_422$	$P6_42$
D_6^6	$P6_322$	$P6_32$

D_{6h}^1	$P\frac{6}{m}\frac{2}{m}\frac{2}{m}$	$P\frac{6}{m}mm$
D_{6h}^2	$P\frac{6}{m}\frac{2}{c}\frac{2}{c}$	$P\frac{6}{m}cc$
D_{6h}^3	$P\frac{6_3}{m}\frac{2}{c}\frac{2}{m}$	$P\frac{6_3}{m}cm$
D_{6h}^4	$P\frac{6_3}{m}\frac{2}{m}\frac{2}{c}$	$P\frac{6_3}{m}mc$
T^1	$P23$	
T^2	$F23$	
T^3	$I23$	
T^4	$P2_13$	
T^5	$I2_13$	
T_h^1	$P\frac{2}{m}\bar{3}$	$Pm\bar{3}$
T_h^2	$P\frac{2}{n}\bar{3}$	$Pn\bar{3}$
T_h^3	$F\frac{2}{m}\bar{3}$	$Fm\bar{3}$
T_h^4	$F\frac{2}{d}\bar{3}$	$Fd\bar{3}$
T_h^5	$I\frac{2}{m}\bar{3}$	$Im\bar{3}$
T_h^6	$P\frac{2_1}{a}\bar{3}$	$Pa\bar{3}$
T_h^7	$I\frac{2_1}{a}\bar{3}$	$Ia\bar{3}$
T_d^1	$P\bar{4}3m$	
T_d^2	$F\bar{4}3m$	
T_d^3	$I\bar{4}3m$	
T_d^4	$P\bar{4}3n$	
T_d^5	$F\bar{4}3c$	
T_d^6	$I\bar{4}3d$	
O^1	$P432$	
O^2	$P4_232$	
O^3	$F432$	
O^4	$F4_132$	
O^5	$I432$	
O^6	$P4_332$	
O^7	$P4_132$	
O^8	$I4_132$	
O_h^1	$P\frac{4}{m}\bar{3}\frac{2}{m}$	$Pm\bar{3}m$
O_h^2	$P\frac{4}{n}\bar{3}\frac{2}{n}$	$Pn\bar{3}n$
O_h^3	$P\frac{4_2}{m}\bar{3}\frac{2}{n}$	$Pm\bar{3}n$
O_h^4	$P\frac{4_2}{n}\bar{3}\frac{2}{n}$	$Pn\bar{3}m$
O_h^5	$F\frac{4}{m}\bar{3}\frac{2}{m}$	$Fm\bar{3}m$
O_h^6	$F\frac{4}{m}\bar{3}\frac{2}{c}$	$Fm\bar{3}c$
O_h^7	$F\frac{4_1}{d}\bar{3}\frac{2}{m}$	$Fd\bar{3}m$
O_h^8	$F\frac{4_1}{d}\bar{3}\frac{2}{c}$	$Fd\bar{3}c$
O_h^9	$I\frac{4}{m}\bar{3}\frac{2}{m}$	$Im\bar{3}m$
O_h^{10}	$I\frac{4_1}{a}\bar{3}\frac{2}{d}$	$Ia\bar{3}d$

D. 基本粒子的波函数

重子的波函数 $|d, T, m_t, Y\rangle$

$\mid 1{,}0{,}0{,}0{,}\rangle = \mid \Lambda^*\rangle = \frac{1}{\sqrt{6}}(\mathrm{uds}+\mathrm{sud}+\mathrm{dsu}-\mathrm{dus}-\mathrm{sdu}-\mathrm{usd})$	
$\mid 8{,}1/2{,}1/2{,}1\rangle_1 = \lvert\mathrm{p}\rangle_1 = \frac{1}{\sqrt{2}}(\mathrm{uud}-\mathrm{duu})$	$\mid 8{,}1/2{,}1/2{,}1\rangle_2 = \lvert\mathrm{p}\rangle_2 = \frac{1}{\sqrt{2}}(\mathrm{duu}-\mathrm{udu})$
$\mid 8{,}1/2{,}\text{-}1/2{,}1\rangle_1 = \lvert\mathrm{n}\rangle_1 = \frac{1}{\sqrt{2}}(\mathrm{udd}-\mathrm{ddu})$	$\mid 8{,}1/2{,}\text{-}1/2{,}1\rangle_2 = \lvert\mathrm{n}\rangle_2 = \frac{1}{\sqrt{2}}(\mathrm{udd}-\mathrm{dud})$
$\mid 8{,}1{,}\ 1{,}\ 0\rangle_1 = \mid \Sigma^+\rangle_1 = \frac{1}{\sqrt{2}}(\mathrm{uus}-\mathrm{suu})$	$\mid 8{,}1{,}\ 1{,}\ 0\rangle_2 = \mid \Sigma^+\rangle_2 = \frac{1}{\sqrt{2}}(\mathrm{suu}-\mathrm{usu})$
$\mid 8{,}1{,}\ 0{,}\ 0\rangle_1 = \mid \Sigma^0\rangle_1$ $= \frac{1}{2}(\mathrm{uds}-\mathrm{sdu}+\mathrm{dus}-\mathrm{sud})$	$\mid 8{,}1{,}0{,}0\rangle_2 = \mid \Sigma^0\rangle_2$ $= \frac{1}{2}(\mathrm{usd}-\mathrm{sdu}+\mathrm{dus}-\mathrm{sdu})$
$\mid 8{,}\ 1{,}\text{-}1{,}0\rangle_1 = \mid \Sigma^-\rangle_1 = \frac{1}{\sqrt{2}}(\mathrm{dds}-\mathrm{sdd})$	$\mid 8{,}\ 1{,}\text{-}1{,}0\rangle_2 = \mid \Sigma^-\rangle_2 = \frac{1}{\sqrt{2}}(\mathrm{sdd}-\mathrm{dsd})$
$\mid 8{,}0{,}0{,}0\rangle_1 = \mid \Lambda^0\rangle_1$ $= \frac{1}{\sqrt{12}}(\mathrm{uds}-\mathrm{sdu}-\mathrm{dus}+\mathrm{sud}+2\mathrm{usd}-2\mathrm{dsu})$	$\mid 8{,}0{,}0{,}0\rangle_2 = \mid \Lambda^0\rangle_2$ $= \frac{1}{\sqrt{12}}(\mathrm{udu}-\mathrm{dsu}+\mathrm{usd}-\mathrm{sdu}+2\mathrm{uds}-2\mathrm{dus})$
$\mid 8{,}1/2{,}1/2{,}\text{-}1\rangle_1 = \mid \Xi^0\rangle_1 = \frac{1}{\sqrt{2}}(\mathrm{uss}-\mathrm{ssu})$	$\mid 8{,}1/2{,}1/2{,}\text{-}1\rangle_2 = \mid \Xi^0\rangle_2 = \frac{1}{\sqrt{2}}(\mathrm{uss}-\mathrm{sus})$
$\mid 8{,}1/2{,}\text{-}1/2{,}\text{-}1\rangle_1 = \mid \Xi^-\rangle_1 = \frac{1}{\sqrt{2}}(\mathrm{dss}-\mathrm{ssd})$	$\mid 8{,}1/2{,}\text{-}1/2{,}\text{-}1\rangle_2 = \mid \Xi^-\rangle_2 = \frac{1}{\sqrt{2}}(\mathrm{dss}-\mathrm{sds})$
$\mid 10{,}3/2{,}3/2{,}1\rangle = \mid \Delta^{2+}\rangle = \mathrm{uuu}$	
$\mid 10{,}3/2{,}1/2{,}1\rangle = \mid \Delta^+\rangle = \frac{1}{\sqrt{3}}(\mathrm{uud}+\mathrm{udu}+\mathrm{duu})$	
$\mid 10{,}3/2{,}\text{-}1/2{,}1\rangle = \mid \Delta^0\rangle = \frac{1}{\sqrt{3}}(\mathrm{udd}+\mathrm{dud}+\mathrm{ddu})$	
$\mid 10{,}3/2{,}\text{-}3/2{,}1\rangle = \mid \Delta^-\rangle = \mathrm{ddd}$	
$\mid 10{,}1{,}1{,}0\rangle = \mid \Sigma^{+*}\rangle = \frac{1}{\sqrt{3}}(\mathrm{uus}+\mathrm{usu}+\mathrm{suu})$	
$\mid 10{,}1{,}0{,}0\rangle = \mid \Sigma^{0*}\rangle$ $= \frac{1}{\sqrt{6}}(\mathrm{uds}+\mathrm{sud}+\mathrm{dsu}+\mathrm{dus}+\mathrm{sdu}+\mathrm{usd})$	
$\mid 10{,}1{,}\text{-}1{,}0\rangle = \mid \Sigma^{-*}\rangle = \frac{1}{\sqrt{3}}(\mathrm{dds}+\mathrm{dsd}+\mathrm{sdd})$	
$\mid 10{,}1/2{,}1/2{,}\text{-}1\rangle = \mid \Xi^{0*}\rangle = \frac{1}{\sqrt{3}}(\mathrm{uss}+\mathrm{sus}+\mathrm{ssu})$	
$\mid 10{,}1/2{,}\text{-}1/2{,}\text{-}1\rangle = \mid \Xi^{-*}\rangle = \frac{1}{\sqrt{3}}(\mathrm{dss}+\mathrm{sds}+\mathrm{ssd})$	
$\mid 10{,}0{,}0{,}\text{-}2\rangle = \mid \Omega^-\rangle = \mathrm{sss}$	

介子波函数

	赝价介子	矢量介子	
$\|8,1,1,0\rangle$	π^+	ρ^+	$\bar{d}u$
$\|8,1,0,0\rangle$	π^0	ρ^0	$\frac{1}{\sqrt{2}}(\bar{u}u-\bar{d}d)$
$\|8,1,-1,0\rangle$	π^-	ρ^-	$\bar{u}d$
$\left\|8,\frac{1}{2},\frac{1}{2},1\right\rangle$	K^+	K^{*+}	$\bar{s}u$
$\left\|8,\frac{1}{2},-\frac{1}{2},1\right\rangle$	K^0	K^{*0}	$\bar{s}d$
$\left\|8,\frac{1}{2},\frac{1}{2},-1\right\rangle$	$-\bar{K}^0$	$\bar{K}^{0*}$	$\bar{d}s$
$\left\|8,\frac{1}{2},-\frac{1}{2},-1\right\rangle$	K^-	K^{-*}	$\bar{u}s$
$\|8,0,0,0\rangle$	η^0	φ	$\frac{1}{\sqrt{6}}(2\bar{s}s-\bar{u}u-\bar{d}d)$
$\|1,0,0,0\rangle$	η	ω	$\frac{1}{\sqrt{3}}(\bar{s}s+\bar{u}u+\bar{d}d)$

E. 部分习题参考答案

习题 1

1-2 与 C_{3v} 同构的群 D_3。

1-3 S_4 群群阶为 4，不变子群 S_2。

1-4 与 C_6 同态的阿贝尔群 C_3、C_2

1-7 $A=D_3, B=S_2, A\otimes B=D_{3d}$。

D_{3d} 群的对称元素

$C_i\backslash D_3$	E	C_3	C_3^2	C_2	C_2'	C_2'
E	E	C_3	C_3^2	C_2	C_2'	C_2''
i	i	S_6	S_6^5	σ_d	σ_d'	σ_d''

$D_3\otimes C_i=D_{3d}$, $\{E\}\{2C_3\}\{3C_2\}\{i\}\{2S_6\}\{3\sigma_d\}$.

D_{3d} 群的不可约表示，可从 D_3 与 C_i 群的不可约表示直积获得：

$A_1\otimes A_g=A_{1g}$, $A_1\otimes A_u=A_{1u}$, $E\otimes A_g=E_g$,

$A_2\otimes A_g=A_{2g}$, $A_2\otimes A_u=A_{2u}$, $E\otimes A_u=E_u$.

1-8 D_4 的共轭类：$\{E\}\{2C_4\}\{C_2\}\{2C_2'\}\{2C_2''\}$。

习题 2

2-2 $a=\begin{pmatrix}5&3\\6&2\end{pmatrix}$, $b=\begin{pmatrix}2&6\\3&5\end{pmatrix}$, 结果说明矩阵乘法与它的顺序有关。

2-3 $AB=\begin{pmatrix}3&15&12\\-9&-20&5\\1&5&8\end{pmatrix}$, $AD=\begin{pmatrix}8+3i\\-12\\4+2i\end{pmatrix}$, CD=$3i$,

$$DC=\begin{pmatrix}0&0&0\\4&4i&-4\\i&-1&-i\end{pmatrix}.$$

2-4 因为 $A^{\mathrm{T}}=A^{-1}$，$B^{\mathrm{T}}=B^{-1}$，所以 A、B 是正交矩阵；因为 $C^{+}=C^{-1}, C^{+}C=CC^{+}=1$, 所以 C 是酉矩阵。

2-11 $A^{-1}=A$，$B^{-1}=\begin{pmatrix}0&-1&0\\0&0&1\\-1&0&0\end{pmatrix}$, $C^{-1}=\begin{pmatrix}\cos\phi&-\sin\phi&0\\\sin\phi&\cos\phi&0\\0&0&-1\end{pmatrix}$.

2-12 O_{h} 群的子群 O、$D_{4\mathrm{h}}$、D_4、$D_{2\mathrm{h}}$、D_2、$D_{3\mathrm{d}}$、D_3、$C_{4\mathrm{v}}$、$C_{2\mathrm{v}}$, $C_{3\mathrm{v}}$、C_4、C_3、C_2; $D_{6\mathrm{h}}$ 的子群为 D_6、D_3、D_2、$D_{3\mathrm{h}}$、$D_{2\mathrm{h}}$、C_6、$C_{6\mathrm{h}}$、$C_{3\mathrm{h}}$、C_3、$C_{2\mathrm{h}}$、C_2。

2-13 设 $\begin{pmatrix}2&5&9\\1&4&7\\3&3&3\end{pmatrix}=A$, $\begin{pmatrix}6&4\\2&7\end{pmatrix}=B$，

则直积为 $\begin{pmatrix}2\times B&5\times B&9\times B\\1\times B&4\times B&7\times B\\3\times B&3\times B&3\times B\end{pmatrix}$，是 6×6 矩阵。

2-14 可约表示可化为 $\varGamma=2\varGamma_1+2\varGamma_3$。

2-17 $A_{1\mathrm{g}}\otimes B_{1\mathrm{g}}=B_{1\mathrm{g}}$, $B_{2\mathrm{u}}\otimes E_{1\mathrm{g}}=E_{2\mathrm{u}}$, $E_{1\mathrm{g}}\otimes E_{2\mathrm{u}}=B_{1\mathrm{u}}+B_{2\mathrm{u}}+E_{1\mathrm{u}}$。

2-18 $C_4\otimes C_i=C_{4\mathrm{h}}$, $D_3\otimes C_i=D_{3\mathrm{d}}$。

习题 3

3-1 与 C_6 同构的点群：$C_{3\mathrm{h}}$、D_3。

3-2 与 T_{d} 群同态的小群：S_4、$D_3\cdots$

3-4 $D_{3\mathrm{d}}$ 的类：$\{E, 2C_3, 3C_2, I, 2S_6, 3\sigma_{\mathrm{d}}\}$;

D_6 的类：$\{E, 2C_3, 3C_2', C_2, 2C_6, 3C_2''\}$。

3-6 $C_{3\mathrm{v}}$：$\varGamma=E\otimes E=A_1+A_2+E$。

3-7 O：$\varGamma=T_1\otimes T_2=A_2+E+T_1+T_2$。

3-8

$$
\begin{array}{lccccc}
 & O_{\mathrm{h}}\text{ 环境} & & D_{4\mathrm{h}}\text{ 环境} & & C_{2\mathrm{h}}\text{ 环境} \\
\text{p 轨道:} & T_{1\mathrm{g}} & \rightarrow & A_{2\mathrm{g}}+E_{\mathrm{g}} & \rightarrow & A_{\mathrm{g}}+2B_{\mathrm{g}} \\
\text{d 轨道:} & E_{\mathrm{g}} & \rightarrow & A_{1\mathrm{g}}+B_{1\mathrm{g}} & \rightarrow & 2A_{\mathrm{g}} \\
 & + & & & & \\
 & T_{2\mathrm{g}} & \rightarrow & B_{2\mathrm{g}}+E_{\mathrm{g}} & \rightarrow & A_{\mathrm{g}}+2B_{\mathrm{g}}
\end{array}
$$

3-9

$$
\begin{array}{lccccc}
 & \text{f 轨道} & & & & \\
T_{\mathrm{d}}\text{ 环境} & A_2 & + & T_1 & + & T_2 \\
 & \downarrow & & \downarrow & & \downarrow \\
D_3 & A_2 & & A_2+E & & A_1+E
\end{array}
$$

3-11　① $O_{\mathrm{h}} \rightarrow D_{3\mathrm{d}}$;　　② $O_{\mathrm{h}} \rightarrow D_{4\mathrm{h}}$。

习题 4

4-1　(1 2 3)(4 5)(6 7)。

4-2　(1 2 4)(3 6)(5)。

4-3　(1 2)(3)(4) 类的置换：(1 2)(3)(4), (1 3)(2)(4), (1 4)(2)(3), (2 3)(1)(4), (2 4)(1)(3),(3 4)(1)(2)。

4-5　$\mathscr{S}_4$ 的五个共轭类：

e: (1 2),(1 3),(1 4),(2 3),(2 4)(3 4);

(1 2)(3 4),(1 3)(2 4),(1 4)(2 3);

(1 2 3),(1 3 2),(1 2 4),(1 4 2),(1 3 4),(1 4 3),(2 3 4),(2 4 3);

(1 2 3 4),(1 2 4 3),(1 3 2 4),(1 3 4 2),(1 4 2 3),(1 4 3 2)。

4-6　$\mathscr{S}_5$ 的 [3,2] 表示所有的杨表如下，共五维。

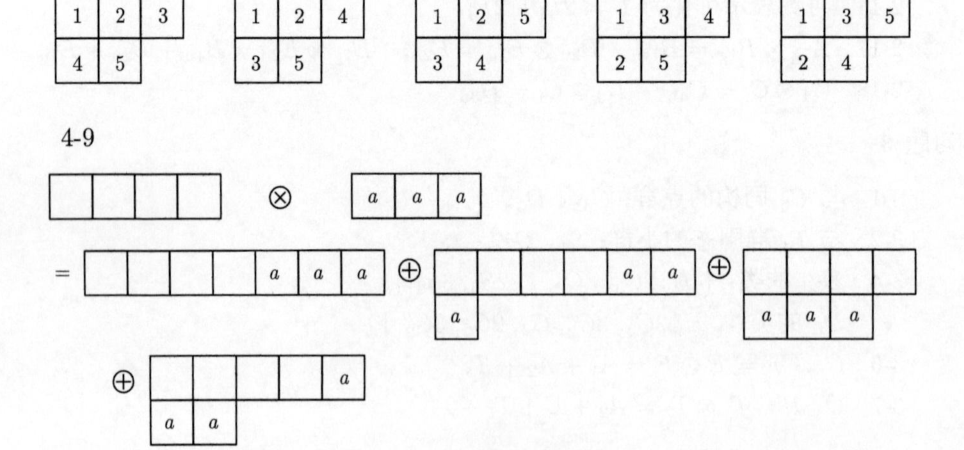

$D^{(4)} \otimes D^{(3)} = D^{[7]} \oplus D^{[6\ 1]} \oplus D^{[4\ 3]} \oplus D^{[5\ 2]}$。

4-10

1	2	3
4		

$P_1 = e + (1\ 2) + (2\ 3) + (1\ 3) + (1\ 2\ 3) + (1\ 3\ 2)$,

$Q_1 = e - (1\ 4), \quad Y_1 = Q_1 P_1$.

1	2	4
3		

$P_2 = e + (1\ 2) + (1\ 4) + (2\ 4) + (1\ 2\ 4) + (1\ 4\ 2)$,

$Q_2 = e - (1\ 3), \quad Y_2 = Q_2 P_2$.

1	3	4
2		

$P_3 = e + (1\ 3) + (1\ 4) + (3\ 4) + (1\ 3\ 4) + (1\ 4\ 3)$,

$Q_3 = e - (1\ 2), \quad Y_3 = Q_3 P_3$.

习题 5

5-1　C_{2v}^3—$Pcc2$, D_{2h}^5—$Pmma$, T_h^2—$Pn\bar{3}$, D_{3d}^3—$P\bar{3}m1$, S_4^1—$P\bar{4}$。

5-2　23—T, $Pm\bar{3}m$—O_h^1, $P422$—D_4^1, $P\bar{4}2_1m$—D_{2d}^3, $Pmm2$—C_{2v}^1。

5-3　(a) D_{3d}, (b) D_{2h}, (c) O_h, (d) D_{2h}。

5-5　^{18}O 和 ^{18}Ne 中 $T=0$、$T\geqslant 1$ 的态与 ^{18}F 的态相同。

5-6　$T=0$。

5-7　由普通夸克 (u、d) 可组成质子 ($T=1/2$)、中子 ($T=1/2$)，还可组成 Δ 粒子 (包括 Δ^{2+}、Δ^{+}、Δ^{0}、Δ^{-})，同位旋 $T=3/2$。

5-9
$$|\Sigma^+\rangle = (2/3)^{1/2}|u^\uparrow u^\uparrow s^\downarrow\rangle - (1/3)^{1/2}|u^\uparrow u^\downarrow s^\uparrow\rangle,$$
$$|\Lambda\rangle = (1/2)^{1/2}|u^\uparrow s^\uparrow d^\downarrow\rangle - (1/2)^{1/2}|d^\uparrow s^\uparrow u^\downarrow\rangle。$$

习题 6

6-1　反式丁二烯分子属 C_{2h} 点群，π 轨道可约表示可约化为 $\Gamma=2A_u+2B_g$。从投影算符可得分子轨道为

$$A_u:\ \begin{array}{l}\psi_1 = \dfrac{1}{\sqrt{2}}(\phi_1+\phi_4)\\ \psi_2 = \dfrac{1}{\sqrt{2}}(\phi_2+\phi_3)\end{array},\quad B_g:\ \begin{array}{l}\psi_3 = \dfrac{1}{\sqrt{2}}(\phi_1-\phi_4)\\ \psi_4 = \dfrac{1}{\sqrt{2}}(\phi_2-\phi_3)\end{array},$$

能量 4 阶行列式约化为两个 2 阶行列式：

$$\begin{vmatrix} \alpha\text{-}E & \beta \\ \beta & \alpha-\beta-E \end{vmatrix}=0 \quad \begin{vmatrix} \alpha\text{-}E & \beta \\ \beta & \alpha+\beta-E \end{vmatrix}=0.$$

$$E_{1,2}=\alpha+\frac{1\pm\sqrt{5}}{2}\beta, \quad E_{3,4}=\alpha-\frac{1\pm\sqrt{5}}{2}\beta.$$

6-2 根据先定系数法 $\psi_m(\pi)=\sqrt{\dfrac{2}{n+1}}\sum_r \sin r\dfrac{m\pi}{n+1}\phi_r$，戊二烯基阴离子的边界条件为 $\sin 6\theta=0$，$\theta=m\pi/6$，可写出分子轨道为

$$\begin{aligned}
\psi_1&=\frac{1}{2\sqrt{3}}(\phi_1+\sqrt{3}\phi_2+2\phi_3+\sqrt{3}\phi_4+\phi_5),\\
\psi_2&=\frac{1}{2}(\phi_1+\phi_2-\phi_4-\phi_5),\\
\psi_3&=\frac{1}{\sqrt{3}}(\phi_1-\phi_3+\phi_5),\\
\psi_4&=\frac{1}{2}(\phi_1-\phi_2+\phi_4-\phi_5),\\
\psi_1&=\frac{1}{2\sqrt{3}}(\phi_1-\sqrt{3}\phi_2+2\phi_3-\sqrt{3}\phi_4+\phi_5).
\end{aligned}$$

6-4 Pt^{2+} 以 sd^2 杂化，与 4 个 Cl^- 形成 σ 键，对称轨道为

A_{1g}：$\psi_1=\varphi_{sd_z}+1/2(\sigma_1+\sigma_2+\sigma_3+\sigma_4)$.

B_{1g}：$\psi_2=\varphi_{d_{x^2-y^2}}+1/2(\sigma_1-\sigma_2+\sigma_3-\sigma_4)$.

Pt^{2+} 还以 p_z、d_{xz}、d_{yz} 等轨道与 Cl 形成 π 键：

A_{2u}：$\psi_3=\varphi_{p_z}+1/2(\pi_1+\pi_2+\pi_3+\pi_4)$.

B_{2g}：$\psi_4=\varphi_{d_{xy}}+1/2(\pi_1-\pi_2+\pi_3-\pi_4)$.

E_g：$\psi_5=\varphi_{d_{xz}}+1/\sqrt{2}(\pi_2-\pi_4)$,
$\psi_6=\varphi_{d_{yz}}+1/\sqrt{2}(\pi_1-\pi_3)$.

6-5 BF_3 分子中，B 原子作 sp^2 杂化与 3 个 F 原子形成 σ 键，B 原子 p_z 轨道与 F 原子的 p_z 轨道形成共轭 π 键。BF_3 分子属 D_{3h} 点群。

σ 轨道的可约表示约化为

$$\Gamma=A_1'+E'.$$

π 轨道的可约表示约化为

$$\Gamma=A_2''+E''.$$

$$\psi_A = {}^1\!\Big/\!\sqrt{3}(\phi_1+\phi_2+\phi_3),$$

是 F 原子对称匹配群轨道之一。

$$\psi_{E_a} = {}^1\!\Big/\!\sqrt{6}(2\phi_1-\phi_2-\phi_3),$$

$$\psi_{E_b} = {}^1\!\Big/\!\sqrt{2}(\phi_2-\phi_3).$$

以上式中，A 代表 A_1' 或 A_2''；E 代表 E' 或 E''。

BF_3 的 σ 键分子轨道是

$$\Psi_{A'1} = \psi_{\mathrm{sp}^2}(\mathrm{B}) + \psi_{A1}(\mathrm{F}),$$
$$\Psi_{E'} = \psi_{\mathrm{sp}^2}(\mathrm{B}) + \psi_{E'}(\mathrm{F}).$$

π 键分子轨道是

$$\Psi_{A''2} = \psi_{\mathrm{p}_z}(\mathrm{B}) + \psi_{A''2}(\mathrm{F}),$$
$$\Psi_{E''} = \psi_{\mathrm{p}_z}(\mathrm{B}) + \psi_{E''}(\mathrm{F}).$$

6-7　若以三甲基甲烷中心 C 为 1 号，周围分别为 2、3、4 号，则它的 π 分子轨道和能量为

$$\psi_1 = \frac{1}{\sqrt{6}}(\sqrt{3}\phi_1+\phi_2+\phi_3+\phi_4),\quad E_1=\alpha+\sqrt{3}\beta.$$

$$\psi_2 = \frac{1}{\sqrt{2}}(\phi_2-\phi_4),\quad E_2=\alpha.$$

$$\psi_3 = \frac{1}{\sqrt{6}}(\phi_2-2\phi_3+\phi_4),\quad E_3=\alpha.$$

$$\psi_4 = \frac{1}{\sqrt{6}}(\phi_2+\phi_3+\phi_4-\sqrt{3}\phi_1),\quad E_4=\alpha-\sqrt{3}\beta.$$

6-8　各 C 原子上的 π 电荷集居为

$$\rho_1 = \sum_{occ} n\cdot c_i^2 = \left(\frac{\sqrt{3}}{\sqrt{6}}\right)^2\times 2 = 1.00,$$

$$\rho_2 = \left(\frac{1}{\sqrt{6}}\right)^2\times 2+\left(\frac{1}{\sqrt{2}}\right)^2+\left(\frac{1}{\sqrt{6}}\right)^2 = \frac{1}{3}+\frac{1}{2}+\frac{1}{6} = 1.00 = \rho_4,$$

$$\rho_3 = \left(\frac{1}{\sqrt{6}}\right)^2\times 2+\left(\frac{-2}{\sqrt{6}}\right)^2 = \frac{1}{3}+\frac{2}{3} = 1.00.$$

中心 C 与周围 C 原子的键级

$$P_{12}=P_{13}=P_{14}=\sum_{occ} n\cdot c_ic_j = 2\times\frac{1}{\sqrt{2}}\times\frac{1}{\sqrt{6}} = \frac{1}{\sqrt{3}}\approx 0.577.$$

6-10　环己三烯分子属 $D_{2\mathrm{h}}$ 点群，若以它的子群 D_2 处理 π 电子 p_z 轨道，可约表示为

D_2	E	$C_2(z)$	$C_2(y)$	$C_2(x)$
Γ	6	0	0	−2

约化成不可约表示是

$$\Gamma = A + 2B_1 + 2B_2 + B_3.$$

若用 $D_{2\mathrm{h}}$ 群，结果为

$$\Gamma = A_{\mathrm{u}} + 2B_{1\mathrm{u}} + 2B_{2\mathrm{g}} + B_{3\mathrm{g}},$$

计算量大一倍。

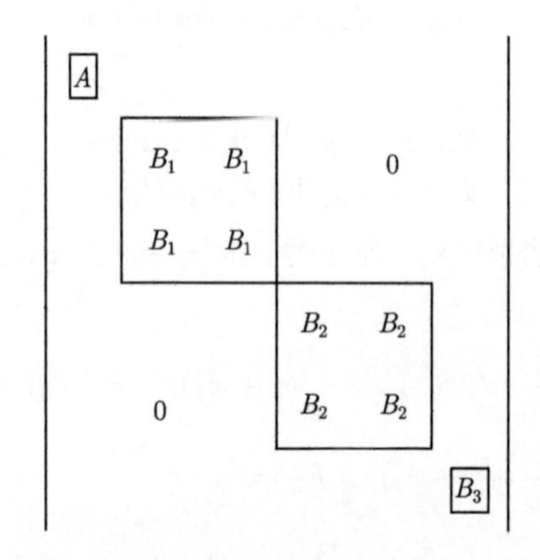

6-11 用投影算符得到各分子轨道, 能量矩阵元约化为两个一维、两个二维的矩阵

$$A: \psi_1 = \frac{1}{2}(\phi_1 - \phi_3 + \phi_4 - \phi_6).$$

$$B_1: \psi_2 = \frac{1}{2}(\phi_1 + \phi_3 + \phi_4 + \phi_6),$$

$$\psi_3 = \frac{1}{\sqrt{2}}(\phi_2 + \phi_5).$$

$$B_2: \psi_4 = \frac{1}{2}(\phi_1 + \phi_3 - \phi_4 - \phi_6),$$

$$\psi_5 = \frac{1}{\sqrt{2}}(\phi_2 - \phi_5).$$

$$B_3: \psi_6 = \frac{1}{2}(\phi_1 - \phi_3 - \phi_4 + \phi_6).$$

$A: \langle\psi_1| H |\psi_1\rangle = E_1 = \alpha - \beta.$

$B_1: \begin{vmatrix} H_{22} - E & H_{23} \\ H_{32} & H_{33} - E \end{vmatrix} = \begin{vmatrix} (\alpha+\beta) - E & \sqrt{2}\beta \\ \sqrt{2}\beta & (\alpha+\beta) - E \end{vmatrix}.$

$$E_{2,3} = \alpha + (1 \pm \sqrt{2})\beta.$$

$$B_2:\begin{vmatrix} H_{44}-E & H_{45} \\ H_{54} & H_{55}-E \end{vmatrix} = \begin{vmatrix} \alpha-E & \sqrt{2}\beta \\ \sqrt{2}\beta & \alpha-E \end{vmatrix}.$$

$E_{4,5}=\alpha\pm\sqrt{2}\beta.$

$B_3: H_{66}=E_6=\alpha+\beta.$

习题 7

7-1 SO_2 分子有 3 个简正振动模式，分别对应 2 个 S—O 键伸缩，1 个是键角弯曲振动，不可约表示为 $\Gamma=2A_1+B_2$。

7-3 甲醛分子为 C_{2v} 对称性，

基态电子组态：(内层轨道)$(1a_1)^2(2a_1)^2(1b_2)^2(3a_1)^2(1b_1)^2(2b_2)^2(2b_1)^0(4a_1)^0$。

激发态：$n\to\pi^*$ HOMO: $(1b_1)^2(2b_2)^1(2b_1)^1$　$B_2\times B_1=A_2$，对称禁阻。

激发态：$\pi\to\pi^*$ HOMO: $(1b_1)^1(2b_2)^2(2b_1)^1$　$B_1\times B_1=A_1$，对称允许。

激发态：$n\to n^*$ HOMO: $(1b_1)^2(2b_2)^1(4a_1)^1$　$B_2\times A_1=B_2$，对称允许。

7-5 三亚甲基环丙烯 $(D_{3h})\pi$ 轨道可约表示 $\Gamma=2A_2''+E''$。

基态前线轨道：$(a_2'')^2(e_1'')^2(e_2'')^2(a_2''^*)^0(e_1''^*)^0(e_2'')^0$。

第一激发态：$(a_2'')^2\ (e_1'')^2(e_2'')^1(a_2''^*)^1(e_1''^*)^0(e_2'')^0$。

$E''\times A_2''=E'$，E' 表示以 $(x,\ y)$ 为基，对称允许。

7-6 PH_3(三角锥) 共有 6 个简正振动模式，以内坐标为基，对 C_{3v} 群的可约表示 Γ 为

$$E(6),\ 2C_3(0),\ 3\sigma_v(2),$$

可约化为

$$\Gamma=2A_1+2E,$$

这两个表示都有红外和拉曼活性。

7-7 丙酮 10 个原子，属 C_{2v} 对称性，有 24 个简正振动模式。

$$\Gamma=8A_1+4A_2+5B_1+7B_2.$$

7-8 萘分子有 18 个原子，属 D_{2h} 对称性，48 个简正振动。

$$\Gamma=9A_g+4A_u+3B_{1g}+8B_{1u}+4B_{2g}+8B_{2u}+8B_{3g}+4B_{3u}.$$

其中，B_{1u}、B_{2u}、B_{3u} 表示为红外活性；A_g、B_{1g}、B_{2g}、B_{3g} 为拉曼活性。

7-9 反式乙二醛 22 个价电子 11 个占据轨道 (C_{2h})。

(HOMO): $\Psi_{10}(n)\to$(LUMO)$\Psi_{13}(\pi^*)$ 对称允许，但跃迁信号很弱，因为 $\Psi_{10}\Psi_{13}$ 没有共同对称轨道。

7-10 5 个 CO 伸缩振动在 C_{4v} 群的可约表示为 Γ: $5(E)$, $1(C_4)$, $1(C_2)$, $3(\sigma_v)$, $1(\sigma_d)$，可约化为 $\Gamma=2A_1+B_1+E$。